职业教育云计算应用系列教材

云基础与应用实战

郭 伟 编

机械工业出版社

本书为云计算应用型人才培养的入门教材，旨在帮助学生初步构建起云计算知识架构，理解并熟悉常见云计算服务及云服务系统的构建方法。全书可分为3个学习阶段：首先，循序渐进地学习云计算技术的演进背景、概念、原理、体系结构、关键技术等基础知识；随后，学习并掌握亚马逊云科技常见云计算服务以及典型云服务系统的构建方法；最后，结合亚马逊云科技的云转型与云采用框架、云服务与云架构完善框架，以及若干云转型成功案例，理解如何通过云计算技术推动组织和企业的发展。

本书可作为高等职业教育专科、本科云计算技术应用、网络工程技术、软件工程技术等专业云计算课程的教材，同时也可作为希望了解云计算相关知识的读者的参考书。

为方便教学，本书配有电子课件，凡选用本书作为教学用书的教师，可登录机械工业出版社教育服务网（www.cmpedu.com），注册、免费下载。

图书在版编目（CIP）数据

云基础与应用实战 / 郭伟编. —— 北京：机械工业出版社，2024.6

职业教育云计算应用系列教材

ISBN 978-7-111-75849-5

I. ①云… II. ①郭… III. ①云计算—高等职业教育—教材 IV. ①TP393.027

中国国家版本馆CIP数据核字（2024）第100014号

机械工业出版社（北京市百万庄大街22号　邮政编码100037）
策划编辑：赵志鹏　　　　　　　　责任编辑：赵志鹏　徐梦然
责任校对：杜丹丹　王小童　景　飞　封面设计：马精明
责任印制：李　昂
北京捷迅佳彩印刷有限公司印刷
2025年1月第1版第1次印刷
184mm×260mm·17.5印张·445千字
标准书号：ISBN 978-7-111-75849-5
定价：54.00元

电话服务　　　　　　　　网络服务
客服电话：010-88361066　　机　工　官　网：www.cmpbook.com
　　　　　010-88379833　　机　工　官　博：weibo.com/cmp1952
　　　　　010-68326294　　金　书　网：www.golden-book.com
封底无防伪标均为盗版　　机工教育服务网：www.cmpedu.com

前言

近年来，云计算行业在全球飞速发展。作为全球云计算市场领导者的亚马逊云科技（Amazon Web Services），以全球覆盖、服务丰富、应用广泛而著称，在中国、美国、澳大利亚等国家向客户提供功能强大的服务，涵盖计算、存储、数据库、分析、机器学习与人工智能、物联网、安全、混合云、虚拟现实与增强现实、媒体，以及应用服务、部署与管理等方面。在全球已经有数百万家企业用户使用亚马逊云科技提供的服务来部署应用，服务客户。随着云计算行业的快速发展，带来了人才紧缺的问题，全球云计算人才缺口达百万之多。世界技能组织（WSI）也看到了全球云计算行业的兴起，和亚马逊云科技合作，在2019年俄罗斯喀山第45届世界技能大赛中新设了云计算赛项，鼓励更多年轻人投入到云计算行业中来。

在我国，云计算市场的发展更为迅猛，增速领先全球，云计算以及相关高科技产业已经成为未来我国经济增长的强大驱动力之一。伴随着"互联网+"进程的推进，传统行业纷纷开始着手转型升级。未来，以云计算为代表的高科技产业会不断加深与传统行业的融合，推动大数据、物联网和人工智能技术的落地，推动各个行业数字化转型升级的发展。我国政府相关部门也不断推出了鼓励云计算行业发展的相关政策，促进国内云计算市场的快速发展。在国家及地方政策的持续鼓励下，可以预见我国云计算行业发展前景十分乐观，而行业的快速发展必将对云计算工程技术人员产生更多的需求。根据工信部的统计，我国云计算将进入高速发展期，每年人才缺口达数十万。

自从2013年亚马逊云科技进入我国以来，非常重视在我国的投入以及长期发展，通过与合作伙伴合作或者自营的方式开设了

3个区域，并在2016年与教育部签署了合作协议，积极推进全球云计算教育项目落地我国。截至2022年，亚马逊云科技已经为200多所高等院校、数十万学生提供了免费的云计算课程和资源，帮助学生掌握前沿技术，提高就业竞争力。随着行业的发展和世界技能大赛在我国的推广，越来越多的国内高职院校也展示出对云计算学科的浓厚兴趣。职业教育作为我国建设人才强国事业的重要组成部分，是与社会经济发展联系最紧密、最直接的教育类型，但是在信息技术领域尤其是云计算领域，如何体现职业教育技能型人才培养的优势是亟待解决的问题，编纂一套行之有效的云计算技能型人才培养教材迫在眉睫。2019年起，亚马逊云科技联合机械工业出版社和以深圳信息职业技术学院为代表的一批国内重点"双高"职业院校进行合作，积累了很多实际教学成果，基于这些合作成果，我们编写了这套全新的云计算系列教材，希望能让更多的职业院校学生更好地了解和学习云计算。

本书是该系列教材中的《云基础与应用实战》，面向云计算技术应用、网络工程技术、软件工程技术等专业，主要介绍了云计算的概念、原理、体系结构、关键技术等基础知识，以及常见云计算服务和云服务系统的构建方法。本书分为3篇。第1篇"初识云计算"，从云计算技术演进、基础知识和云计算经济等方面概述云计算的发展背景、知识和优势，并结合亚马逊云科技常见云服务，对云计算体系结构及其关键技术进行了介绍。第2篇"玩转云计算"，通过4个结构规模逐步扩大，技术难度由浅至深的实战项目，引导学生学习如何应用亚马逊云科技服务构建云服务系统，进而理解云基础设施自动化部署相关知识和方法，为进阶更高层次的云计算学习奠定基础。第3篇"进阶云计算"，通过介绍亚马逊云科技的云转型与云采用框架，云服务与云架构完善框架，以及若干云转型成功案例，帮助学生进一步了解如何通过云计算技术推动组织和企业的发展。

本书注重实践教学，一方面，希望通过系统的理论学习与配套项目实战相结合的编写方式，在培养学生云计算技术应用能力的同时，加深其对云计算理论知识的理解；另一方面，根据教学目的对项目实操进行分解和编排，帮助初学者理解如何组织与协调云服务集合，培养学生的工程意识。

本书在编写过程中得到了亚马逊云科技的大力支持，王晓薇、孙展鹏、王向炜、马仲恺、田锴、王宇博、费良宏、周一川、薛东、苑斌、刘夔、李聪、徐晓等专家对本书的内容组织、技术审定给予了悉心指导，在此一并表示诚挚的感谢。本书也得到了教育部—亚马逊云科技就业实习基地项目（20230103473）的支持。

限于编者的水平，书中难免存在不妥之处，敬请各位读者批评指正。

编　者

二维码索引

序号	名称	二维码	页码	序号	名称	二维码	页码
1	注册 AWS Educate 账户		019	4	创建 EC2 实例		087
2	注册 AWS Global 账户		022	5	连接 EC2 实例并制作备份		092
3	创建单子网 VPC		084				

目录

前言

二维码索引

第 1 篇 初识云计算

第 1 章 云计算概述 ... 001
1.1 云计算技术演进 ... 002
1.2 走进公有云从业者的世界 ... 004
1.3 云计算基础知识 ... 009
1.4 云计算经济 ... 014
1.5 实践：申请亚马逊云科技账户 ... 017

第 2 章 云计算体系结构 ... 027
2.1 云计算系统模型 ... 027
 2.1.1 云信息系统架构 ... 027
 2.1.2 云计算服务模式 ... 029
 2.1.3 云计算部署模式 ... 030
2.2 云计算基础设施 ... 032
 2.2.1 云数据中心 ... 032
 2.2.2 网络系统 ... 035
 2.2.3 存储系统 ... 036
 2.2.4 服务器系统 ... 038
2.3 实践：初识亚马逊云科技服务 ... 040
 2.3.1 熟悉亚马逊云科技管理控制台 ... 040
 2.3.2 浏览亚马逊云科技各类服务 ... 041

第 3 章 云计算关键技术 ... 043
3.1 计算服务 ... 043
 3.1.1 虚拟化技术 ... 043

3.1.2 云服务器 ... 045
3.2 存储服务 ... 048
　3.2.1 块存储 ... 048
　3.2.2 文件存储 ... 049
　3.2.3 对象存储 ... 052
3.3 联网与路由 ... 056
　3.3.1 VPC ... 056
　3.3.2 网络访问控制 ... 061
　3.3.3 路由服务 ... 063
3.4 云计算安全 ... 067
　3.4.1 安全责任共担机制 ... 067
　3.4.2 身份认证与访问控制 ... 071
3.5 实践：认识亚马逊云科技 EC2 ... 074

第 2 篇 玩转云计算

第 4 章 创建公有云服务器 ... 079

4.1 系统架构规划 ... 080
　4.1.1 LAMP Web 应用平台 ... 080
　4.1.2 网络基础架构 ... 082
4.2 系统架构部署 ... 083
　4.2.1 部署基础设施 ... 084
　4.2.2 架设 LAMP 服务器 ... 097
4.3 架设 WordPress 博客服务器 ... 108
　4.3.1 WordPress 服务器环境 ... 108
　4.3.2 安装并配置 WordPress 服务器 ... 109

第 5 章 使用云存储资源 ... 119

5.1 存储系统规划 ... 119
　5.1.1 Amazon S3 托管静态网站 ... 119
　5.1.2 内容分发服务 ... 123
5.2 使用 Amazon S3 托管静态网站 ... 124
　5.2.1 部署 Amazon S3 存储系统 ... 124
　5.2.2 部署 Amazon S3 托管静态网站 ... 135

第 6 章　构建高可用公有云服务器　　…140

6.1　高可用云系统架构规划　　…140
- 6.1.1　影响系统可用性因素　　…140
- 6.1.2　高可用系统架构设计原则　　…142
- 6.1.3　构建弹性系统架构的服务　　…144
- 6.1.4　高可用系统架构设计　　…150

6.2　高可用系统架构部署　　…152
- 6.2.1　部署多可用区网络环境　　…152
- 6.2.2　部署多可用区数据库服务器　　…166
- 6.2.3　多可用区部署 Web 服务器　　…179
- 6.2.4　实现基础架构的自动扩展　　…196

第 7 章　公有云基础设施部署自动化　　…210

7.1　CloudFormation 原理概述　　…210
- 7.1.1　CloudFormation 模板　　…211
- 7.1.2　CloudFormation 堆栈　　…213

7.2　使用 CloudFormation 部署 Web 网站　　…216
- 7.2.1　使用 CloudFormation Designer 创建堆栈　　…216
- 7.2.2　使用 CloudFormation 模板部署 Web 网站　　…244

第 3 篇　进阶云计算

第 8 章　云架构设计与行业实践　　…253

8.1　云转型与云采用框架　　…254
- 8.1.1　云转型影响分析　　…254
- 8.1.2　云采用框架　　…256

8.2　云服务与云架构完善框架　　…260
- 8.2.1　云服务系统架构环境　　…260
- 8.2.2　云架构完善框架　　…261
- 8.2.3　云转型案例简介　　…267

参考文献　　…272

第 1 篇 初识云计算

第 1 章 云计算概述

概述

云计算（Cloud Computing）将计算、网络、存储等各种计算资源与应用程序加以整合，并以按需付费服务形式通过互联网提供给广大用户。云计算不仅是一系列技术进步的产物，更是数字时代重要的信息基础设施，正在为经济和社会发展提供强大的动力。

本章将从技术和应用角度解读云计算的起源和发展、技术特征和商业优势，帮助学生了解云计算的产生背景、基本要素和演化历程，理解并掌握云计算的概念、原理及其优势；进一步通过对云计算经济与云计算产业链的解析，让学生了解云计算的发展趋势，为将来从事云计算相关工作奠定基础。

学习目标

1. 了解云计算发展的历史；
2. 理解云计算的基本概念；
3. 掌握云计算的特征；
4. 认识云计算的商业优势；
5. 知晓云计算的未来发展。

随着计算机、互联网、移动通信、物联网等技术的快速发展，笔记本式计算机、智能手机等各类智能移动终端日益普及，Web 功能不断增强，特别是大数据、人工智能等新技术不断涌现，信息技术已经深度融入经济发展和社会生活的各个方面，并促使人类社会向数字化转型。云计算正是通过互联网将超大规模计算资源加以整合，并以服务形式按需提供给用户，在推动人们工作行为、商业模式发生变化的同时，也促使计算模式向商业服务演化。

1.1 云计算技术演进

1. 云计算产生背景

科学技术的不断进步,特别是近 20 年来新一代信息技术的快速发展及其在科学、工程、经济和社会领域的广泛应用,产生出大量规模庞大、结构复杂,需要保存并经过复杂计算才能分析处理的数据信息。2010~2025 年全球数据规模年增长趋势如图 1-1 所示。

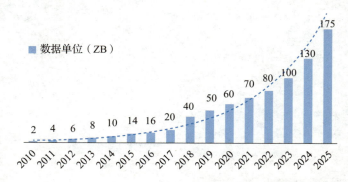

图 1-1 2010~2025 年全球数据规模年增长趋势

注:资料来源于 IDC《数据时代 2025》

传统高性能计算系统技术繁杂,价格昂贵,其系统架构与并行处理算法紧密相关,导致系统扩展缺乏弹性,通常只能依靠增加硬件规模来提升系统计算能力。传统高性能计算系统的升级及维护需要耗费大量的人力、物力、财力,不仅造成系统规模日渐庞大、结构日趋复杂,还会带来高能耗、机房空间紧张、系统成本上升等一系列问题。因此,面对海量数据存储和处理的巨大需求,迫切需要一种具有高可扩展性、容易部署与使用,并且成本低廉的新型计算模式,来应对数据规模和业务类型的快速增长。

云计算将计算资源和应用软件作为一种服务提供给用户按需使用,不仅价格低廉,而且就像使用水、电、煤气那样只依据其使用量收费。更重要的是,人们希望借鉴电力等传统公共基础设施在经济建设和社会生活中所发挥的重要作用,通过大力发展云计算,促进信息技术与社会经济深度融合,加快产业结构转型升级,推动社会经济全面进入信息时代。

2. 云计算服务基本要素

云计算成为支撑社会发展和保障人民生活的重要基础设施,需要具备 3 个要素:计算具有广泛的社会需求、计算资源管理与服务的远程按需获取、规模经济促使计算成本大幅降低。

(1)计算具有广泛的社会需求

传统模式下,组织(企业)使用的信息管理系统,通常包含支撑系统运行的基础设施、服务器、操作系统、数据库系统和应用软件等。为向更多用户提供更多、更好的服务,组织(企业)需要持续扩充基础设施、升级服务器硬件、改进软件业务系统来满足不断增长的业务需求。这势必导致业务系统规模不断扩大、结构日益复杂,系统运营费用也不断增加。

对于大多数个人计算机用户,由于不是计算机专业人士,通常不需要使用高性能计算对海量数据进行复杂处理。因此,个人计算机用户一般不会购买昂贵且使用率不高的高性能计算设备和收费软件，也会尽可能避免自行解决复杂的计算机软硬件问题。

这意味着，无论是组织（企业）还是个人计算机用户，购置计算机硬件、操作系统，乃至应用软件，人们更注重的是从中所获得的数据处理能力如何帮助其完成自身业务、提高工作效率、甚至个人消费和娱乐。

（2）计算资源管理与服务的远程按需获取

信息技术的进步，特别是互联网技术的发展，解决了云计算为广泛服务于社会需要解决的"计算"资源管理与服务的远程按需获取问题。

1961 年，John McCarthy 在 MIT（麻省理工学院）100 周年庆典上提出效用计算（Utility Computing）概念，设想以服务的形式提供计算资源——这是最早的云计算构想。

1963 年，ARPA（Advanced Research Projects Agency）在 MIT 利用分时复用技术实现一台 IBM 计算机连接 160 台终端供用户同时使用，如同他们各自在使用一台独立的计算机。

1969 年，ARPA 推出 ARPAnet 计划，利用分组交换技术将分布于 UCLA（加州大学洛杉矶分校）、SRI（斯坦福研究所）、UC Santa Barbara（加州大学圣芭芭拉分校）和 The University of Utah（犹他大学）的 4 台不同类型的计算机连接起来——这是现代互联网络的雏形。

1974 年，Popek 和 Goldberg 在其论文 Formal Requirements for Virtualizable Third Generation Architectures 中提出实现虚拟化的 3 个基本条件。

1978 年，IBM 利用独立磁盘冗余阵列（Redundant Arrays of Independent Disks，RAID）技术将存储设备整合为存储资源池，并使用逻辑单元号（Logical Unit Number）进行管理。

1984 年，Sun 公司联合创始人 John Gage 提出"网络就是计算机"的名言，描绘未来的网络互联新世界。

1991 年，Tim Berners Lee 在其 NeXT 工作站上架设的 Web 服务器正式上线，标志着万维网（World Wide Web）的诞生。

1997 年，USC（南加州大学）教授 Ramnath K Chellappa 提出云计算学术定义，认为：计算的边界可以不是技术局限，而是经济合理性。

1999 年，Marc Andreessen 创建第一个商业化 IaaS 平台：LoudCloud。

1999 年，Salesforce.com 公司成立，提出"No Software"口号，开启新的商业模式：软件即服务（Software as a Service）。

2002 年，亚马逊云计算平台 Amazon Web Services（亚马逊云科技）启用。

2003 年，谷歌发表 Google File System、MapReduce、BigTable 3 篇云计算经典论文，提出利用大量廉价的通用计算机实现可扩展、高并行、分布式计算和存储的方法。

至此，分布式技术、虚拟化技术，特别是互联网技术发展，奠定了分布式计算资源管理与计算服务远程按需获取的技术基础，实现了计算资源、数据库，乃至应用程序基于互联网的大规模协作与共享，使人们得以通过互联网远程按需获取计算资源与服务。

（3）规模经济促使计算成本大幅降低

2006 年，亚马逊在提供 Amazon Web Services 时提出"云计算"概念。

2006 年，亚马逊推出首个云服务产品 S3，同年 8 月推出弹性计算云 Amazon EC2 Beta 版，开始为公众提供云计算基础架构服务。

2006 年，谷歌推出"Google 101 计划"，正式提出"云计算（Cloud Computing）"一词。此后，IBM、微软、惠普、雅虎、英特尔等公司相继发布自己的"云计划"。

2008年1月，Salesforce.com推出随需应变平台DevForce，该平台是首个PaaS平台即服务产品。

2008年，Gartner发布报告，认为云计算未来将是计算的主流方向。同年12月，Gartner披露十大数据中心突破性技术，虚拟化和云计算上榜。

2008年6月，IBM成立IBM大中华区云计算中心，宣布在我国无锡太湖新城科教产业园建立第一个云计算中心，云计算正式进入国内。

2009年1月，阿里巴巴集团在江苏南京建立首个"电子商务云计算中心"。

2014年，亚马逊首次推出无服务器（Serverless）计算服务Amazon Lambda，用户无须管理服务器，可以更加专注自己业务。

经过二十多年的高速发展，云计算技术日渐成熟，云服务供应商不断增加，云服务类型日益拓展，越来越多的组织（企业）和个人转而使用云服务供应商提供的各种云计算服务，开启从本地计算模式向云计算模式的迁移。

规模扩张促使云服务供应商通过网络将海量服务器连接构成"云计算"服务平台，再通过互联网为全球用户按需提供计算资源和应用服务。效率提升和"规模经济"带来的云计算资源与服务成本下降，使云服务供应商能以降价方式回馈云计算消费者，吸引更多云计算用户。如图1-2所示，亚马逊云科技在2011~2020年间累计降价达87次。至此，云计算正迅速成为数字时代社会经济发展与人民生活保障的重要基础设施。

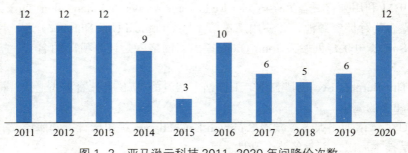

图1-2 亚马逊云科技2011~2020年间降价次数

1.2 走进公有云从业者的世界

1. 公有云从业者职业前景

作为目前发展最为迅速、未来最有前景的IT技术之一，云计算（特别是公有云）从业者具有广阔和良好的职业发展前景。

（1）从市场规模来看

近年来，全球云计算行业发展迅速，市场规模不断扩大。来自Gartner的数据显示，2021年全球公有云市场规模达到3307亿美元，较2020年增长32.5%。来自Gartner的数据显示，2022年全球云计算市场为4910亿美元，较2021年的4126亿美元增长19%以上。预计在大模型等高新技术持续推升算力需求的态势下，到2026年，全球云计算市场规模将突破万亿美元。而据中国信息通信研究院统计，2022年我国云计算市场规模达4550亿元，较2021年增长40.91%。

受政策红利的影响和数字化转型需求的拉动，云计算细分市场得到了超预期发展。以我国为例，2017~2021年，我国公有云市场规模增速持续保持在55%以上，增速明显高于私有云。

预计未来云计算行业规模，特别是公有云细分市场规模，仍将保持较高的增长速度。而此过程也必然会为云计算人才，特别是公有云从业者提供更为广阔的发展空间。

（2）从企业发展来看

2021年以来，我国先后发布《中华人民共和国国民经济和社会发展第十四个五年规划和2035年远景目标纲要》等一系列政策文件，将云计算列为数字经济重点产业，通过引领企业上公用云，赋能传统产业转型升级。为提升企业云计算应用能力和效果，2022年4月启动《上公用云实施指南（2022）》编制工作，助力各行业高质量上公用云。而在地方层面，截至2022年，已有31个省（自治区、直辖市）根据地方发展情况发布云计算产业引导性政策文件。

在国家和地方政策的持续激励下，云计算应用已从互联网拓展至政务、金融、工业、医疗、交通等领域。特别值得注意的是，国家和各省市发展规划都十分重视加速推动中小企业"上公用云"。这意味着，随着云计算技术，特别是公有云计算应用的深化，各行业领域未来将为云从业者提供更多的岗位。

（3）从人才需求来看

云计算技术体系的成熟和发展，促使越来越多的组织开始从传统IT架构向云计算架构转型。Gartner预测，到2025年，将会有超过85%的组织采用云优先原则。随着云计算与各行业领域广泛、持续的深度融合，规模型企业陆续实现业务云端化，必将产生对云计算技术人才的大量需求。

进入云计算普惠发展期，各行业企业的日常运营高度依赖云业务系统。面对激烈的市场竞争，作为云计算应用实施和优化的主体，云计算技术人才的竞争也将成为充分发挥协同效应，为企业和社会发展提供持续稳定的增长动力的不容忽视和最重要的一环。据工信部统计预测，未来数年将是我国云计算技术人才需求相对集中的时期，预计每年云计算技术人才总体需求缺口将高达数十万。

2. 公有云从业者岗位认知及所需技能

2021年9月29日，中华人民共和国人力资源社会保障部、工业和信息化部颁布云计算工程技术人员国家职业技术技能标准，将云计算工程技术人员定义为从事云计算研究，云系统构建、部署、运维、云资源管理、应用和服务的工程技术人员。

该职业技术技能标准将专业技术等级划分为：初级，中级，高级；职业发展方向包括：云计算运维和云计算开发。针对云计算的不同专业技术等级和职业发展方向，该标准提出了不同的要求，见表1-1。

表1-1 云计算相关工作的要求

云计算专业技术等级	云计算运维方向	云计算开发方向
初级	云计算平台搭建，云计算平台运维，云计算平台应用，云安全管理	云计算平台开发，云应用开发，云计算平台应用，云安全管理
中级	云计算平台搭建，云计算平台运维，云计算平台应用，云安全管理，云技术服务（含技术咨询，解决方案设计，培训）	云计算平台开发，云应用开发，云计算平台应用，云安全管理，云技术服务（含技术咨询，解决方案设计，培训）
高级	云计算平台搭建，云计算平台开发，云计算平台运维，云应用开发，云计算平台应用，云安全管理，云技术服务（含技术咨询，解决方案设计，培训）	

对于云计算从业者，除学习云计算本身的技术之外，还需要具备一定广度的 IT 基础知识和理论作为铺垫，才能知其所以然，从而更好地理解云计算，并将其灵活地应用到工作生产中。为此，职业技术技能标准从基础理论知识、技术基础知识、安全知识、相关法律法规知识和其他相关知识 5 个方面对该职业所需掌握的基础知识进行了介绍。其中，对基础理论知识、技术基础知识和安全知识的要求如下。

（1）基础理论知识

基础理论知识包括操作系统知识、计算机网络知识、程序设计知识、数据库知识、软件工程知识、分布式系统知识、信息安全知识。

（2）技术基础知识

技术基础知识包括服务器、网络、存储等硬件知识，虚拟化和容器技术知识，分布式数据存储、任务调度知识，云服务技术知识，高可用与负载均衡知识，云计算平台安装、配置和调试知识，云资源管理和分发知识，云计算平台开发知识，云计算平台网络、存储、监控知识，云应用开发知识，云计算平台架构知识，云计算平台服务管理知识。

（3）安全知识

安全知识包括云服务器、网络、存储等硬件设备安全管理知识，云机房安全管理知识，云计算平台用户身份鉴别与访问安全控制知识，云安全管理知识，云计算平台应急响应管理知识，信息系统安全等级保护知识。

3. 证明自己——亚马逊云科技认证及学习路径

如前文所述，公有云发展前景将大大优于私有云的发展。为此，建议学习者应该更加注重公有云知识的学习。而在完成公有云知识学习之后，如何在就职过程中证明自己的能力？获取公有云厂商的认证则是一个重要途径！

国内外公有云厂商众多，竞争激烈。经过市场竞争和筛选，一些中小型公有云厂商逐渐退出历史舞台，更多是一些大型厂商瓜分市场，例如，国外的 Amazon Web Services（亚马逊云科技）、GCP（谷歌云）、Azure（微软云）；国内的阿里云、腾讯云、华为云等。亚马逊云科技是全球市场占有率最大的公有云厂商之一，其认证不仅本身具有相当的含金量，而且作为公有云计算厂商中的翘楚，亚马逊云科技的认证也得到了其他公有云厂商的高度认可。下面对亚马逊云科技的认证体系及学习路径做简要介绍。

首先了解亚马逊云科技认证的全貌，亚马逊云科技认证路径如图 1-3 所示。

根据图 1-3 中的认证徽章可以看到，亚马逊云科技认证路径，与国家"云计算工程技术人员"职业标准基本匹配。同样分为 3 个级别：Foundational（基础级）、Associate（助理级）、Professional（高级）。其中助理级包括：Solutions Architect（架构）、SysOps Administrator（运维）、Developer（开发）3 个职业发展方向；高级则包括：Solutions Architect（架构）、DevOps Engineer 两个职业发展方向。

针对特殊专项技能，亚马逊云科技提供 Specialty（专业级）认证，主要包括：Advanced Networking（高级网络）、Data Analytics（数据分析）、Database（数据库）、Machine Learning（机器学习）、Security（安全）以及 SAP on Amazon Web Services（亚马逊云服务上的 SAP）等。高级别认证和专项认证的取得，不需要任何低级别认证作为前提。

在系统学习本系列教材内容后，适合取得 Fundational 和 Associate 级别的 4 个认证。更为详细的认证介绍、应试者能力要求、考试大纲、认证相关备考资料等可以参阅亚马逊云科技相关网站。

FOUNDATIONAL
为期6个月的基础AWS云和行业知识

PROFESSIONAL
具有2年使用AWS云设计、操作解决方案及进行问题排查的经验

ASSOCIATE
具有1年使用AWS云解决问题和实施解决方案的经验

SPECIALTY
具有考试指南中指定Specialty领域的AWS云技术经验

图 1-3　亚马逊云科技认证路径

（1）亚马逊云科技 Certified Cloud Practitioner（云从业者认证）

亚马逊云科技 Certified Cloud Practitioner 考试面向能够有效证明亚马逊云科技云知识总体掌握情况（与具体的工作职务无关）的个人。

目标应试者应有 6 个月（或等效时间）积极参与亚马逊云科技云事务的经验，即能够接触亚马逊云的设计、实施和 / 或运营。应试者需要展示出对精心设计的亚马逊云科技云解决方案的了解。

目标应试者应该掌握以下知识：

- 了解亚马逊云科技云概念；
- 了解亚马逊云科技云中的安全性和合规性；
- 了解核心亚马逊云科技服务；
- 了解亚马逊云科技云的经济性。

内容大纲（见表 1-2）：

表 1-2　亚马逊云科技云从业者认证内容大纲

领域	在考试中所占的百分比
领域 1：云概念	26%
领域 2：安全性与合规性	25%
领域 3：技术	33%
领域 4：账单和定价	16%
总计	100%

（2）Solutions Architect-Associate（助理级架构认证）

亚马逊云科技 Certified Solutions Architect-Associate 考试面向担任解决方案架构师的人员。

目标应试者应具有至少 1 年设计使用亚马逊云科技服务的云科技解决方案的实践经验。

目标应试者应该掌握以下知识:

- 具有亚马逊云科技计算、网络、存储和数据库等服务和管理方面的知识和技能;
- 能够识别和定义涉及亚马逊云科技技术的解决方案的技术要求;
- 能够识别哪些亚马逊云科技服务满足给定的技术要求;
- 了解在亚马逊云科技上构建架构完善的解决方案的最佳实践方法;
- 了解亚马逊云科技全球基础设施;
- 了解与传统服务相关的亚马逊云科技安全服务和功能。

内容大纲(见表 1-3):

表 1-3 亚马逊云科技助理级架构认证内容大纲

领域	在考试中所占的百分比
领域 1:设计安全的架构	30%
领域 2:设计弹性架构	26%
领域 3:设计高性能架构	24%
领域 4:设计成本优化型架构	20%
总计	100%

(3) SysOps Administrator–Associate(助理级运维认证)

亚马逊云科技 Certified SysOps Administrator–Associate 考试面向担任云运营角色的系统管理员。

目标应试者应具有 1 年以上使用亚马逊云科技服务设计云解决方案的实践经验。

目标应试者应该掌握以下知识:

- 具有至少 1 年的亚马逊云科技技术实践经验;
- 具有在亚马逊云科技上部署、管理和运行工作负载的经验;
- 了解亚马逊云科技架构完善的框架;
- 了解亚马逊云科技管理控制台和亚马逊云科技服务 CLI 的实践经验;
- 了解亚马逊云科技网络和安全服务;
- 实施安全控制和合规性要求的实践经验。

内容大纲(见表 1-4):

表 1-4 亚马逊云科技助理级运维认证内容大纲

领域	在考试中所占的百分比
领域 1:监控、日志记录和修复	20%
领域 2:可靠性和业务连续性	16%
领域 3:部署、预置和自动化	18%
领域 4:安全性和合规性	16%
领域 5:网络和内容分发	18%
领域 6:成本和性能优化	12%
总计	100%

（4）Developer-Associate（助理级开发认证）

亚马逊云科技 Certified Developer-Associate 考试面向担任开发人员角色的人员。
目标应试者应具有至少 1 年开发和维护基于亚马逊云科技的应用程序的实践经验。
目标应试者应该掌握以下知识：

- 深入了解至少一种高级编程语言；
- 使用亚马逊云科技服务 API、CLI 和软件开发工具包（SDK）编写应用程序；
- 确定亚马逊云科技服务的主要功能；
- 了解亚马逊云科技责任共担模式；
- 使用持续集成和持续交付（CI/CD）管道在亚马逊云科技上部署应用程序；
- 使用亚马逊云科技服务并与之交互；
- 应用对云原生应用程序的基本理解来编写代码；
- 使用亚马逊云科技安全最佳实践编写代码（例如，在代码中使用 IAM 角色而不是使用秘有密钥和访问密钥）；
- 在亚马逊云科技上制作、维护和调试代码模块。

内容大纲（见表 1–5）：

表 1–5　亚马逊云科技助理级开发认证内容大纲

领域	在考试中所占的百分比
领域 1：部署	22%
领域 2：安全性	26%
领域 3：使用 AWS 服务进行开发	30%
领域 4：重构	10%
领域 5：监控和故障排除	12%
总计	100%

1.3　云计算基础知识

1. 云计算概念

云计算技术广泛，服务内容与服务模式众多，对于云计算概念，存在多种观点。其中，亚马逊和加州大学伯克利分校的 Michael 等人认为云计算是互联网应用服务及提供这些服务的软硬件设施；IBM 基于用户体验和业务计算，认为云计算是一种新型计算模式，是一种计算资源池，并将应用、数据及其他资源以服务形式通过网络提供给最终用户；美国阿贡国家实验室则从运行机制角度，认为云计算是一种大规模、分布式计算机制，由规模经济效应驱动，可根据用户需求通过互联网提供抽象的、虚拟的、可动态伸缩的计算能力、存储容量、平台和服务；Luis 等人则将云计算视为虚拟化资源池，认为云计算是大规模的便于获取和使用的虚拟化的资源池（如硬件、开发平台、服务等），这些资源可根据需要重新动态配置，以实现有效负载和最优资源利用。

2011 年，美国国家标准与技术研究院（NIST）提出：云计算是一种能够通过网络便捷、按需访问的可配置计算资源（例如，网络、服务器、存储、应用程序和服务）共享池模型，这些资源只需要较少的管理工作或与服务提供者的交互就能够快速配置和发布。NIST 的云计算定义，是对各种主流云计算定义的综合归纳，而不是对某个组织或企业的云计算定义的解释，因而得到业界普遍认可和广泛采用。

2. 云计算技术特征

NIST 认为云计算具有：按需自助服务、广泛的网络接入、计算资源池化、快速弹性架构和可度量的服务等五大技术特征。

（1）按需自助服务

云计算平台利用虚拟化技术实现计算资源的池化和可度量，并以此为基础实现平台的 CPU、内存、存储设备、网络等硬件资源和服务管理的自动化，从而大幅提升云计算平台应对频繁变化而又难以预测的服务环境的能力。

云计算平台计算资源和服务管理的自动化对云计算用户也是透明的，用户可以通过自助方式，按需获取并配置云计算资源和服务，包括资源与服务的申请、注销、使用、管理等。云计算平台将根据云计算用户的设置自动为其分配所需计算资源和服务，而不需要云服务供应商人工加以配置。

（2）广泛的网络接入

云计算平台以互联网为基础，联接分布于不同地理位置的数据中心并将其 CPU、内存、存储设备、网络等资源整合为相应的计算资源池、内存资源池、存储资源池等虚拟资源池，进而构建成大型分布式计算资源与服务共享系统。用户可以使用各种类型智能终端（笔记本计算机、平板计算机、手机等），通过标准网络协议，便捷访问并获取云计算资源和服务。

云服务供应商可以从全局视角综合分析、统一协调、高效可靠地管理各数据中心的计算资源和服务，并在广大地域范围内实施资源部署、迁移和云计算服务，快速发现并恢复系统故障，进而通过自动化、智能化手段实现整个云计算平台的可靠运营，为用户提供更好的云计算资源和服务。

（3）计算资源池化

云服务供应商运用虚拟化技术，一方面，将 CPU、内存、存储设备、网络等计算资源整合成虚拟资源池，并根据云计算用户的需求，采用"多租户模型"在用户间动态分配计算资源池的资源（物理的或者虚拟的），为众多云计算用户同时提供服务；另一方面，通过对池化的计算资源进行更为精细的划分，可以提高计算资源的分配和使用效率。

云计算用户不需要控制或了解其所获取计算资源的确切地理位置，只需要在更高层面（如国家或数据中心）指定区域。

（4）快速弹性架构（Rapid Elasticity）

云服务供应商使用资源池的虚拟化 CPU、内存、存储设备、网络等资源构建虚拟计算架构，一方面，通过计算资源加入或撤出计算系统，可以实现系统架构的快速扩展和收缩；另一方面，不同型号的计算设备可以方便地加入或撤出资源池，避免传统解决方案由于购置不同型号计算设备而导致的机型繁杂、管理困难等问题，大幅降低硬件采购成本，减轻平台运行维护难度和工作量。

由于业务变化及其不同的计算资源消耗特性，用户对计算资源的需求可能出现快速扩展或收缩。因此，要及时满足云计算用户的业务需求，需要云计算平台能够快速部署或释放计算资源。对于云计算用户而言，云计算平台可以视为能够无限提供计算资源。

（5）可度量的服务

基于对 CPU、内存、存储设备、网络等资源使用情况的实时、持续监控，云服务供应商恰当地运用指标量化计算资源、核算服务成本，并自动配置云计算资源和服务，以优化计算资源使用率，提升云服务质量。云计算用户则可以在自身业务变化与计算资源和服务需求间建立某种动态关联，使其可以根据其业务需求自动、快速、灵活扩展或收缩所使用的计算资源和服务，保障其业务性能并降低成本。

此外，云服务供应商通过选择不同的度量指标，监控并报告不同类型的服务对计算资源的使用情况，可以深度分析并刻画云计算用户需求变化与云计算资源和服务间的潜在关系，为云计算平台未来发展战略提供参考。

3. 云计算商务优势

2022 年 Gartner 云基础设施与平台服务（CIPS）魔力象限如图 1-4 所示，其中，亚马逊云科技再次获评行业领导者。而此前，亚马逊云科技已连续 9 年获评 Gartner 云基础设施即服务（IaaS）魔力象限领导者。作为优秀的云服务供应商，也是全球云服务市场最大份额占有者，亚马逊云科技关于云计算商务优势的论述无疑是具有说服力的。

（1）资本支出（CAPEX）转化为运营成本（OPEX）

资本支出是用于购置各种长期资产（主要包括固定资产、无形资产以及在建工程）的开销。IT 企业资本支出主要是用于基础设施建设，以及计算机、存储和网络等硬件设备购置。由于基础设施和硬件设备投入大、更新快，导致 IT 企业资本支出不仅在总资产中占据较大比重，并且因为硬件设备折旧率高而快速贬值。

运营成本是用于购买生产要素的费用，通常在生产过程开始后才需要支付，并且会随产量变化而变化，是一种可变支出。IT 企业的运营成本主要是购买辅助材料、电力消耗，支付员工工资等。

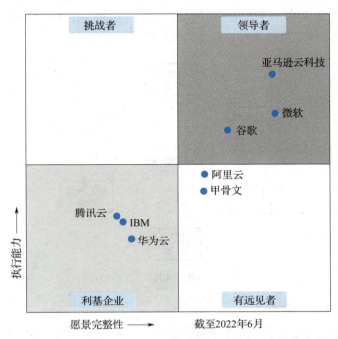

图 1-4　Gartner：2022 年云基础设施和平台服务魔力象限

云计算用户只需要根据其使用云计算资源与服务的实际情况支付相应费用。而庞大的基础设施建设，计算机、存储和网络设备等硬件设备购置等前期投资则不仅转移至云服务供应商成为运营成本，并且云计算资源和服务的营运支出作为可预测成本纳入整体运营预算，可以使云计算用户通过成本分析与控制，获得更好的经济效益。

（2）规模经济带来的巨大效益

1993 年，以太网之父 Robert Metcalfe 提出"网络价值和网络发展规律"，认为互联网公司的价值与其用户数平方成正比。即网络用户越多，互联网公司的价值就越高；而互联网公司价值越高，就越能吸引更多用户，并提高整个互联网公司总价值。Metcalfe 定律如图 1-5 所示。

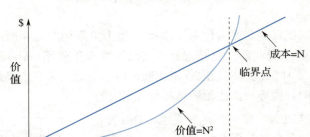

图 1-5 Metcalfe 定律

根据 Metcalfe 定律，由于没有传统的前期资本支出，云计算用户可以大幅降低其产品生产和服务的成本，而成本降低使其经济效益与市场竞争力得到提高，并可以通过降低产品与服务的价格回馈老客户，吸引新客户。云计算用户的增加，又使得云服务供应商通过"规模经济"进一步增加收益，进而又可以转化为更低的产品与服务价格。图 1-6 所示的亚马逊云科技"飞轮效应"（Flywheel Effect）就是这种企业运营良性循环的形象诠释。

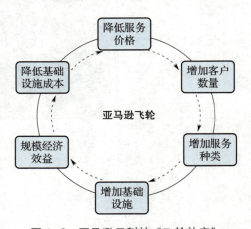

图 1-6 亚马逊云科技"飞轮效应"

（3）无须预留基础设施容量

传统应用系统部署之前，需要对系统运行环境，特别是 CPU、内存、存储、网络等设备的容量、性能等进行评估并预留，以避免由于配置过度或不足，造成不必要的设备闲置或超载，甚至影响应用系统服务性能。以 CPU 为例，最简单的经验估算方法是服务器 CPU 利用率在一天的高峰时段应该是 60% 左右，据此为业务系统预留出适当的性能提升空间。显然，这种预留不可避免会造成 CPU 计算力的闲置。

云计算服务快速弹性伸缩的特性，使其只需要简单设置即可在数分钟内完成计算资源的调整。云计算用户可以根据业务访问量及其性能需求，及时扩展或收缩计算资源，而不需要像传统应用系统那样为未来发展预留计算资源而投入大量资金，使云计算用户资本投入可以维持在较低水平。预置容量与实际消耗如图 1-7 所示。

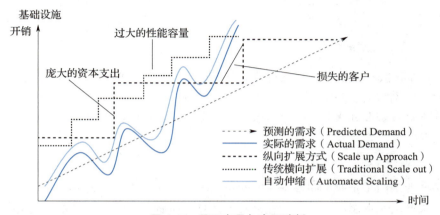

图 1-7　预置容量与实际消耗

注：资料来源于亚马逊云科技

（4）提高速度与敏捷性

机房建设与装修，电力设备购置与安装，综合布线与环控系统安装、机柜布放与服务器安装调试等，都需要一定的时间。这些无疑会影响依赖其提供计算资源和服务的应用产品的研发进度。

云计算用户可以便捷地通过网络自助获得并配置所需的计算资源和服务。这些资源的获得时间从传统模式的数周甚至数月，缩短至仅数分钟，意味着其所支撑的应用产品研发周期将大幅度缩短，进而极大提高应用产品研发的敏捷性。

（5）不再自行维护数据中心

自行建设并维护数据中心，其成本主要包括用于基础设施建设和硬件设备购置并随时间推移而折旧贬值的一次性资本支出；用于雇佣运行维护人员、不定期改造和升级基础设施与硬件设备的后期运营成本。如果出现资源闲置状况，不仅导致资源浪费问题，还将增加数据中心建设与维护成本。

云计算用户摆脱了繁重的基础设施建设、硬件设备部署、运行和维护等业务支撑工作，可以将精力专注于自身业务，集中人力、物力和财力用于主营业务的拓展。

（6）业务可快速扩展至全球

云计算基于互联网的基础架构及其遍布全球的基础设施，使云计算用户不仅可以快速、灵活地完成应用程序全球化部署、扩展与迁移，而且可以在更接近其最终客户的地理位置部署特定应用程序来降低延迟，以尽可能小的成本为其客户提供更好的服务体验。

以亚马逊云科技为例，如图 1-8 所示，其遍布全球的基础设施提供有超过 175 种商用云服务，几乎覆盖所有行业的各类 IT 需求。显然，这是传统数据中心所难以企及的。

图 1-8 亚马逊云科技全球基础设施（截至 2022 年 10 月）

1.4 云计算经济

云经济（Cloud Economic）是以云计算为基础产生的一种新兴生产力与生产关系。云经济的本质是通过互联网将云服务中心计算资源以服务的方式，按需提供给政府、组织、企业及个人消费者，实现计算资源和服务的共享。云经济是互联网经济的再一次升级，并伴随着云计算的发展而不断发展。

1. 云计算产业链不断完善

产业链是产业部门（企业）间基于一定的技术经济关联，依据特定逻辑关系和时空布局关系形成的链式关联关系形态。云计算产业链是云计算产品研发、生产、服务，直至最终用户全过程所涉及的各类企业基于云计算技术经济相关性而形成的链式企业群结构。云计算产业链是构建云经济体系的关键，从云服务视角可以进一步划分为 5 个环节，如图 1-9 所示。

（1）基础设施服务商

基础设施服务商主要涉及云计算基础设施所需服务器、存储、网络等各类底层硬件设备，以及机柜、UPS 不间断电源、精密空调、监控设施等机房设备，是云计算重要的物质基础。云服务供应商将这些物理硬件资源整合为各类虚拟计算资源和服务，通过互联网以按需方式提供给云用户。

各主流计算机制造厂商不仅为云计算产业提供构建基础设施建设所需要的底层硬件产品和技术保障，有些厂商甚至拥有自主研发的云基础设施服务产品。

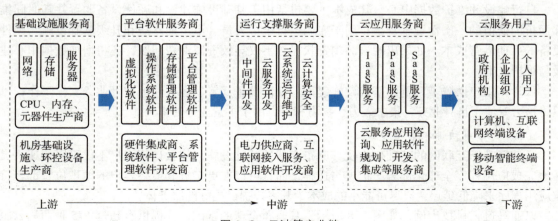

图 1-9 云计算产业链

（2）平台软件服务商

平台软件服务商主要涉及云计算平台运行所需各类基础软件、管理软件和平台开发软件的生产厂商，是云计算产业重要的发展动力。云服务供应商将面向云计算的操作系统、虚拟化软件、安全管理软件等云服务基础软件、云应用产品及其开发软件，以软件服务形式提供给云用户。

众多主流软件厂商均结合自身技术特点为云计算产业提供云服务基础软件、平台管理工具软件，以及应用软件开发的相关产品。

（3）运行支撑服务商

运行支撑服务商主要涉及云计算应用开发相关的应用系统规划、咨询、开发、集成厂商，云安全等服务厂商，是云计算产业中最活跃、发展最快的产业集群，其业务模式也处于快速发展状态。云服务供应商通过云数据中心整合基础设施资源为云计算平台的运行提供重要支撑，实现云计算服务、运行维护以及培训等服务。

云计算运行支撑涉及提供云计算软硬件产品整合与系统集成服务的系统集成服务，提供云计算用户与云数据中心、云数据中心之间的网络连接服务，为云数据中心运行提供电力服务，以及提供数据中心环境和运营保障服务等。

（4）云应用服务商

云应用服务商主要涉及为用户提供基础设施即服务（IaaS）、平台即服务（PaaS）、软件即服务（SaaS）等相关服务的云服务供应商，是云计算产业的核心和持续发展的动力。

云服务供应商面向政府、组织、企业和个人提供各种弹性可扩展计算资源和云服务解决方案，帮助用户基于云服务实现计算、存储、网络资源的管理、调度与访问；基于底层基础设施提供平台中间件服务，帮助用户利用云计算平台构建为其客户提供任务管理、资源协同服务平台；或者以自身云计算平台为基础，为用户提供定制软件服务。

（5）云服务用户

云服务用户主要是各类向云服务供应商按需购买各种云服务的消费者，包括政府、组织、企业，以及个人云服务使用者。正是云服务的广泛使用，特别是政府、组织、企业基于云服务构建各类业务系统，实现业务从本地向云端迁移，使得计算资源和服务得以实现商品化，云计算经济效益得以传导，从而最终构建起完整的云计算产业链。

近年来，随着智能手机、平板计算机、可穿戴设备等智能终端的快速发展，云服务需求不断提升，云计算应用空间不断拓展，进而推动云服务不断变革创新，促进云经济快速发展。

2. 云计算经济效益快速显现

随着应用领域日益拓展，服务规模不断扩大，世界各国的支持力度持续提升，云经济已成为推动社会转型和经济快速发展的重要力量，并将逐渐成为数字时代重要的经济支柱。

（1）云经济规模持续扩张

在规模经济效益和完善的产业链推动下，全球云计算市场近年来持续保持高速增长态势。如图 1-10 所示，全球云计算市场增速于 2020 年实现触底反弹，预计 2023 年全球云计算市场规模将达到近 6000 亿美元，较 2022 年的 4910 亿美元增长达 19% 以上，未来几年，伴随着经济回暖和数字化转型的进一步深入，全球云计算市场仍将呈现出高速增长态势。

图 1-10 全球公有云计算市场规模及增速

注：数据来源于 Gartner，2022 年 4 月

近年来，我国云计算市场也同样得到快速发展。2021 年，我国云计算市场规模达 3229 亿元，较 2020 年增长 54.4%。我国公有云市场规模及增速如图 1-11 所示。其中，2021 年公有云市场取得爆发式增长，达到 2181 亿元，较 2020 年增长 70.8%，其规模首次超过私有云。预计未来数年内，我国云计算市场，特别是公有云市场仍将保持快速增长态势。

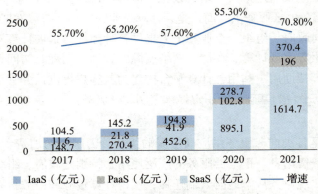

图 1-11 我国公有云市场规模及增速

注：数据来源于中国信息通信研究院，2022 年 7 月

（2）云计算普及率持续提升

云计算市场规模持续保持高速增长，正是近年来越来越多的组织和企业的业务系统从传统模式向云计算模式迁移的真实写照。2019 年，全球云计算使用率处于中级和高级阶段的企业，占受访者的 68%，而 2018 年为 66%。目前，这一比例还在持续上升。

我国云计算发展虽然起步较晚，但是在向云计算迁移方面实现了跨越式发展。中国信息通信研究院《云计算发展白皮书》显示，2019 年我国已经应用云计算的企业占比达到 66.1%，较 2018 年上升 7.5%。我国云计算应用企业占比如图 1-12 所示。其中，2019 年采用公有云的企业占比为 41.6%，较 2018 年提高 5.2%；采用私有云企业占比为 14.7%，与 2018 年相比有小幅提升；有 9.8% 的企业采用混合云，同 2018 年相比提高 1.7%。

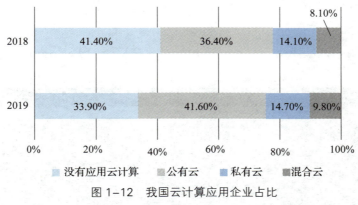

图 1-12 我国云计算应用企业占比

注：数据来源于中国信息通信研究院，2020 年 5 月

相关数据显示，我国现存云计算相关企业 32.8 万家。仅 2022 年上半年，我国新增云计算相关企业就达 6 万家，同比增加 53%。2012~2021 年我国云计算相关应用企业注册增速如图 1-13 所示，我国云计算相关企业仅 2019 年注册量有所减少，其余年份注册量规模均逐年扩大。其中，2014 年和 2021 年注册量增速最大，同比分别增加 88% 和 193%。

图 1-13 2012~2021 我国云计算相关应用企业注册增速

注：1. 数据来源于企查查

2. 统计口径说明：企业名称、经营范围、产品标签、产品简介中包含"云计算"的企业

1.5 实践：申请亚马逊云科技账户

1. 了解亚马逊云科技账户分类

（1）亚马逊云科技 Educate 账户

亚马逊云科技 Educate 项目如图 1-14 所示。用户可以通过 URL 链接访问亚马逊云科技教育网站 https://aws.amazon.com/cn/education/awseducate/，了解亚马逊云科技 Educate 项目。

用户可以申请加入亚马逊云科技 Educate 项目，免费获取亚马逊云科技线上培训资源，以学习、培养和评估自己在云计算方面的技能，了解全球企业需要员工具备的云专业知识，而无须创建 Amazon 账户。用户还可以通过在线研讨会和网络研讨会继续在云计算技能方面获得帮助。

图 1-14　亚马逊云科技 Educate 项目

（2）亚马逊云科技 Global 账户

Global 账号是用户使用亚马逊云科技服务的唯一身份标识。亚马逊云科技网站如图 1-15 所示，用户可以通过 URL 链接 https://aws.amazon.com/，访问并了解亚马逊云科技网站。用户通

图 1-15　亚马逊云科技网站

过注册亚马逊云科技 Global 账户，可以方便地使用亚马逊云科技平台所有"区域（Region）"（除中国区域和美国政府区域之外）的各种服务。

（3）亚马逊云科技中国区账户

亚马逊云科技中国是亚马逊云科技在中国区域的服务。根据我国法律规定，亚马逊云科技中国必须是一套独立的账号系统，并且与其他国家和区域分开独立运营。为提供更好的用户体验并遵守我国的法律法规，亚马逊云科技中国与光环新网科技股份有限公司合作提供并运营北京区域的云服务；与宁夏西云数据科技有限公司合作提供并运营宁夏区域的云服务。用户可以通过 URL 链接 https://www.amazonaws.cn/，访问和了解亚马逊云科技中国网站，如图 1–16 所示。

图 1–16　亚马逊云科技中国网站

目前，注册亚马逊云科技中国区账户需要具有中国法人身份，且亚马逊云科技中国区域账户与全球区域账户彼此独立存在，无法自动对中国区域和全球区域账户实现统一访问管理。用户在亚马逊云科技全球区账户中的数据不能直接用于亚马逊云科技中国区服务。

通过注册亚马逊云科技中国区账户，用户能够获得亚马逊云科技全球区的绝大部分服务，且亚马逊云科技全球区的实施案例基本可以直接移植到亚马逊云科技中国区使用。

2. 申请亚马逊云科技 Educate 账户

（1）访问亚马逊云科技教育网站，申请加入亚马逊云科技 Educate 项目

1）通过链接 https://www.awseducate.com/registration/s/registration-detail?language=zh_CN 访问亚马逊云科技教育网站，或者在亚马逊云科技 Educate 项目首页上单击"立即注册"按钮，可以进入亚马逊云科技 Educate 账户注册流程。

注册 AWS Educate 账户

2）在亚马逊云科技 Educate 账户注册页面的"Preferred Language"下拉菜单中选择"Chinese（Simplified）"，将首选语言设置为中文。

3）按要求填写注册亚马逊云科技 Educate 账户所需要的相关信息，如图 1–17 所示。

4）按要求进行人机身份验证，如图 1–18 所示。

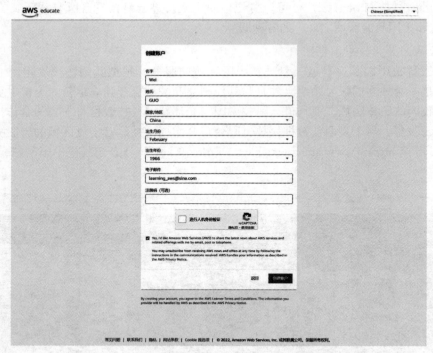

图 1-17 填写注册亚马逊云科技 Educate 账户相关信息

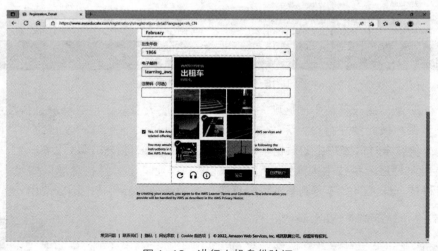

图 1-18 进行人机身份验证

（2）创建亚马逊云科技 Educate 账户

1）人机身份验证成功后，单击"创建账户"按钮申请创建亚马逊云科技 Educate 账户，如图 1-19 所示。

2）亚马逊云科技会向用户注册 Educate 账户时所填写的邮箱发送邮件，确认邮箱信息，如图 1-20 所示。

3）按照亚马逊云科技邮件的要求确认邮箱信息，并完成 Educate 账户注册，如图 1-21 所示。

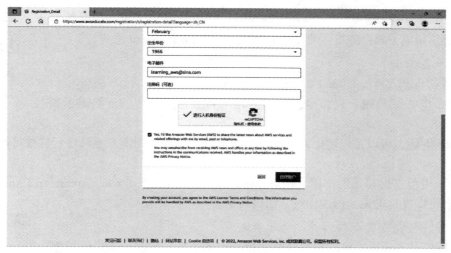

图 1-19　申请创建亚马逊云科技 Educate 账户

图 1-20　亚马逊云科技发送邮件确认邮箱信息

图 1-21　确认邮箱信息并注册亚马逊云科技 Educate 账户

3. 注册亚马逊云科技 Global 账户

下面将使用电子邮件地址注册创建一个亚马逊云科技 Global 账户。

（1）准备工作

在创建亚马逊云科技 Global 账户前，需要确保：

1）一个电子邮箱账户，该电子邮箱的地址将会作为用户的亚马逊云科技 Global 账户名。

2）一部电话，可以是固定电话，或者是手机。在注册过程中，亚马逊云科技可能会向用户致电验证。

3）一个可以支付美元的信用卡账户，可以是 Visa、MasterCard、American Express 外币信用卡，或者可以支付美元的国内银行双币信用卡。

（2）访问亚马逊云科技网站，创建新账户

1）访问亚马逊云科技管理控制台网站 https://console.aws.amazon.com/。用户浏览器可能会出现英文界面，可以单击右下角的"语言选项"下拉菜单并选择"中文（简体）"，如图 1-22 所示。

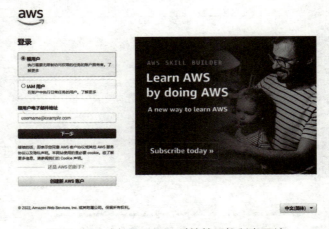

图 1-22　访问亚马逊云科技管理控制台网站

2）单击"创建新 AWS 账户"按钮，进入创建亚马逊云科技账户页面，按要求依次输入用户的电子邮箱地址、亚马逊云科技账户名称等注册信息，如图 1-23 所示。

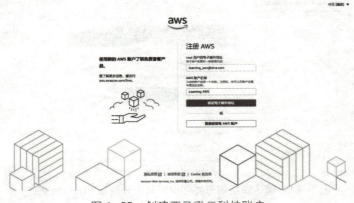

图 1-23　创建亚马逊云科技账户

其中，root 用户的电子邮件地址将会作为用户的账户名，因此必须保证其从来没有用于亚马逊云科技注册。亚马逊云科技账户名称建议使用英文或中文拼音。用户可以在完成注册后，通过"账户设置"更改该名称。

3）完成上述信息输入后，单击"验证电子邮件地址"。

（3）验证电子邮件地址

亚马逊云科技将向 root 用户的电子邮箱发送一封带有验证码的电子邮件。输入收到的验证码，然后单击"验证"，如图 1-24 所示。

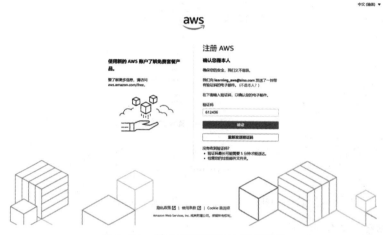

图 1-24　输入验证码确认邮箱信息

（4）创建根用户密码

输入"根用户密码"以及"确认根用户密码"，然后单击"继续"，如图 1-25 所示。

图 1-25　输入根用户密码

（5）添加账户联系信息

1）单击"个人"或"企业"。个人账户与企业账户具有相同的特性和功能。

2）输入个人或企业账户联系人信息，如图 1-26 所示。注意：对于企业账户，建议选择企业电话号码和企业电子邮件地址，以增加账户的安全性。

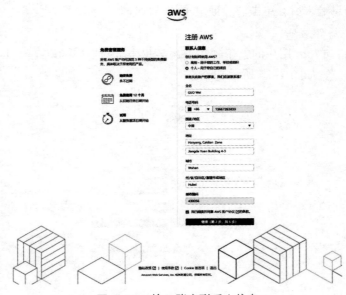

图 1-26　输入账户联系人信息

3）阅读并接受 AWS 客户协议。

4）单击"继续"，用户将会收到一封电子邮件，用于确认其已创建的账户。用户可以使用此前所填写的电子邮件地址和密码登录新账户。但是，只有完成"激活账户"后才能使用亚马逊云科技服务。

（6）添加支付方式

在"账单信息"页面上，输入账单付款方式信息，然后单击"验证并添加"，如图 1-27 所示。注意：用户只能在添加有效的支付方式后才能继续注册。

图 1-27　输入账单付款方式信息

（7）验证电话号码

1）在"确认您的身份"页面上，选择接收验证码的方式。

2）从列表中选择用户的电话号码所在国家或地区的代码，并输入一个现在就能联系到用户的手机号码。

3）识别并输入所显示的安全检查代码。

4）然后单击"发送短信"，如图1-28所示。

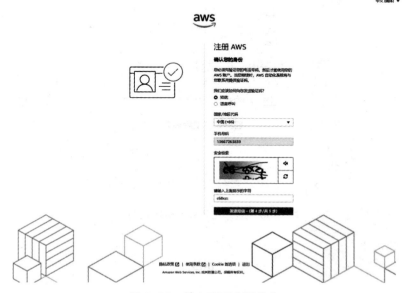

图 1-28　输入联系电话信息

5）等待片刻，系统会通过短信发送验证码到用户的手机上，输入收到的验证码，如图1-29所示。

图 1-29　输入收到的短信验证码

（8）选择亚马逊云科技支持计划并"完成注册"激活账户

1）在"选择支持计划"页面上，选择一个可用的支持计划。图1-30所示选择的是"基本支持—免费"。

2）单击"完成注册"，完成亚马逊云科技新账户的创建，如图1-31所示。

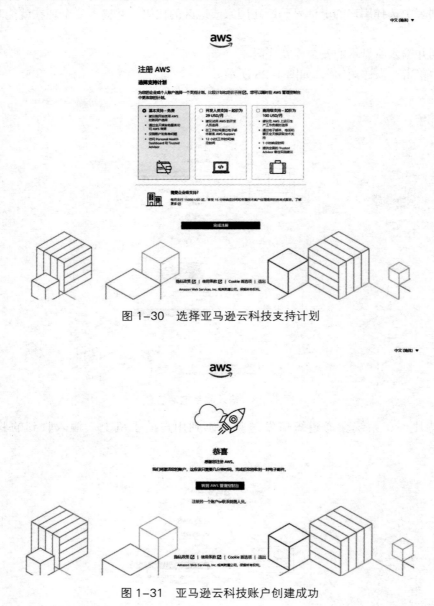

图1-30　选择亚马逊云科技支持计划

图1-31　亚马逊云科技账户创建成功

第 2 章　云计算体系结构

概述

云计算系统整合各种计算资源并以基础设施、平台和软件等服务形式在不同范围内提供给广大用户，供其根据自身应用目标和需求构建信息管理系统。借鉴传统信息系统层次化架构的特征并类比相关功能以形式化描述云计算系统架构，有助于深入理解云计算基础设施、云计算服务及部署模式，以及后续对云计算关键技术的剖析。

本章将对云计算系统层次架构及其功能进行介绍，帮助学生了解云数据中心，理解云计算系统基础设施、云计算服务及部署模式。学生还将通过登录亚马逊云科技管理控制台，部署一台云服务器（实例），进一步了解云服务供应商所提供的各种资源与服务。

学习目标

1. 了解数据中心基本功能；
2. 知晓计算基础设施建设；
3. 掌握云计算架构模型；
4. 理解云计算部署模型。

在云计算复杂的层次化系统架构中，云计算基础设施不仅负责提供云计算、存储和网络等计算资源服务，更是与操作系统、各类软件及其运行环境（包含监控与管理、安全与合规）整合构成云计算平台的基础，以在全球范围内为用户提供全面的服务。

2.1　云计算系统模型

2.1.1　云信息系统架构

1. 信息系统架构

信息系统（Information System）是由承载系统运行的计算机硬件（服务器、网络及存储设备）、操作系统、数据库，以及相关的业务功能、流程规则、策略实现和信息展示等应用软件及其运行环境共同构成的，涵盖业务数据处理全过程的人机一体化系统。

信息系统架构是信息系统各个组成部分之间、信息系统与相关业务之间、信息系统与相关技术之间关系的一种抽象描述，是对信息系统整体组织结构及其实现系统目标所需技术构件和技术方法的规定。IEEE 将"架构"定义为系统内部组件与组件之间、组件与外部环境之间的关系，以及指导上述关系设计与演化的环境和原则。信息系统通用架构如图 2-1 所示，NIST 将信息系统架构（不含仅为系统提供硬件设备安装场地及运行环境的机房基础设施）划分为自下而上功能相对独立的层次结构。下层为上层提供服务，层与层之间不构成循环结构。

①网络层：为系统提供服务器与服务器、服务器与互联网间高效、安全、可靠的数据传输。主要包括交换机、路由器等网络设备。

②存储层：为系统提供大容量、高性能、高可用、可管理的数据存储。主要包括磁盘阵列、存储局域网（SAN）、网络附属存储（NAS），以及磁带库、光盘库等。

③服务器层：为系统提供高性能、高可用的计算能力。主要是服务器（计算机）。

④操作系统层：为系统提供进程管理、文件管理、存储管理、设备管理和作业管理等功能，以有效管理服务器硬件与软件资源。

⑤中间件层：提供丰富的 API 函数，基于标准协议和接口在不同操作系统间、不同开发平台间、不同应用软件间实现数据交互操作和信息共享。

⑥运行环境层：为不同应用软件提供动态运行环境，解决应用软件间的运行环境冲突，帮助用户灵活、高效地开发和集成应用软件，实现资源、功能共享。主要包括各类开发工具与程序编译环境等。

⑦数据信息层：为系统提供对数据信息的操作访问服务，主要包括对数据的各种基本操作，并根据业务逻辑维护数据间的关系。

⑧应用软件层：是系统提供的各类业务软件，主要供用户使用以实现相关业务工作。

⑧应用软件层	应用软件
⑦数据信息层	数据
⑥运行环境层	运行环境
⑤中间件层	中间件
④操作系统层	操作系统
③服务器层	计算机/服务器
②存储层	存储设备
①网络层	计算机网络

图 2-1　信息系统通用架构

2. 云信息系统架构各层次功能

云信息系统与传统信息系统功能逻辑相同，区别在于用以构建云计算信息系统的计算资源，是通过网络使用云服务供应商所提供的应用程序接口，启用 API 命令行或云计算管理控制台 Web 图形界面按需获取的虚拟计算资源。而虚拟计算资源则是云计算平台使用虚拟化技术将服务器、存储、网络等各类计算设备抽象池化，使物理计算资源呈现为可供整合、划分和调度的虚拟化资源。

因此，云信息系统架构需要在传统信息系统架构中增加一个虚拟化层，将下面的网络层、存储层、服务器层与上面的操作系统层、中间件层、运行环境层、数据信息层、应用软件层分开，用于对底层物理资源的抽象重构和逻辑表示，两种架构的比较如图 2-2 所示。

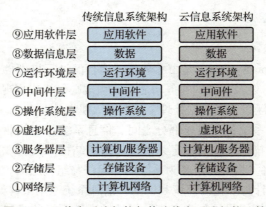

图 2-2　云信息系统架构与传统信息系统架构比较

2.1.2 云计算服务模式

NIST 根据交付资源和功能不同，将云计算服务划分为：基础设施即服务（IaaS）、平台即服务（PaaS）和软件即服务（SaaS）三种服务模式。不同云服务模式下，用户和云服务供应商对云计算资源的访问与控制范围与云信息系统架构各层次的对应关系，如图 2-3 所示。

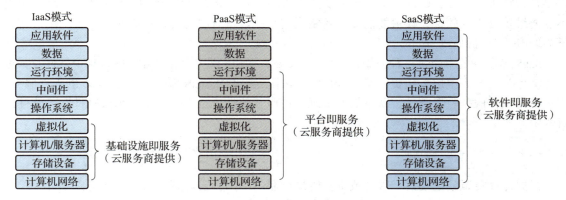

图 2-3 云计算服务模式比较

1. IaaS：基础设施即服务

基础设施即服务（Infrastructure as a Service）是将提供计算（虚拟或专用硬件）、数据存储和联网访问功能的虚拟基础设施（如云服务器、云存储空间，网络带宽等），作为云计算服务，通过互联网提供给用户的一种服务模式。

IaaS 用户按需租用 IaaS 服务供应商的虚拟"基础设施"，自行部署、运行和管理所需软件，包括操作系统、数据库、应用软件。IaaS 用户没有权限访问和管理底层硬件设备，包括物理服务器、交换机、硬盘等，但是拥有对网络组件（路由器、防火墙、负载均衡器等）的有限控制。

IaaS 服务的本质是一种对计算基础设施的可计量租用服务，所提供的基础设施和服务机制与传统 IT 资源完全一致，并具有高度可扩展性和自动化管理控制。IaaS 用户根据自身需要通过Web 浏览器或 API 接口等方式从 IaaS 云服务供应商处选择并管理所获取的基础设施资源服务，而不需要自行部署和维护这些资源。

2. PaaS：平台即服务

平台即服务（Platform as a Service）是将 IaaS 基础设施与操作系统、数据库、相关配置环境以及应用软件开发框架和工具、中间件等加以整合，作为应用软件运行所需要的支撑"平台"，通过互联网提供给用户的一种服务模式。

PaaS 用户使用 PaaS 服务供应商提供的包含软件开发平台（如 Java，Python，.Net 等应用程序开发语言和工具）、数据库服务器等在内的云端"平台"，开发、试验或部署自己的应用软件，并通过互联网为其用户提供业务服务。

PaaS 服务的本质是一种软件开发、测试和运维框架服务。云服务供应商将软件开发和运行环境作为一种云计算开发"平台"提供给用户，而屏蔽其对底层基础设施（包括硬件、操作系统和数据库系统等）的管理。PaaS 用户可以直接租用这些服务，快速构建自己的软件开发环境和系统运行环境，而不需要自行构建部署。

3. SaaS：软件即服务

软件即服务（Software as a Service）是将运行在云计算平台上的，由云服务供应商负责运行和管理的完整的应用程序，通过互联网提供给用户的一种服务模式。

SaaS 用户基于 Web 浏览器或程序接口 API 从智能终端访问所租用的 SaaS 软件服务，而不需要自行购买、安装、调试和运行相关硬件、软件，只需要支付服务的租赁费用。SaaS 用户也不需要维护硬件、软件，仅可能需要对特定应用程序进行有限配置，从而获得与传统模式相比更为低廉的使用和运营成本。

SaaS 云服务的本质是一种公用计算服务。SaaS 云服务供应商通过互联网将整个软件及其运行环境作为一个完整服务包提供给 SaaS 用户使用。典型的 SaaS 应用是基于 Web 的邮件服务，用户使用邮件服务收发邮件，既不需要管理邮件服务软件，也不需要维护承载邮件服务软件运行的服务器。

2.1.3 云计算部署模式

根据计算资源分配模式、服务范围和管理机制的不同，云计算的部署模式可以划分为：公有云、私有云、混合云，为云计算用户提供所需要的不同云业务承载环境。

1. 公有云（Public Cloud）

公有云计算资源和服务为云服务供应商所拥有和维护，并对公众开放，用户以"按需购买"方式获取各类计算资源和服务，并在云端部署和运行其应用程序。公有云部署模式如图 2-4 所示。

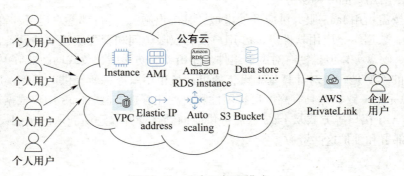

图 2-4　公有云部署模式

公有云服务供应商对服务对象（云计算用户）没有特定限制，以利用规模效益降低服务成本，吸引用户在云端部署业务系统，或将现有本地业务系统迁移到云端。公有云因聚集起规模庞大的云计算用户而成为主流云计算部署模式。亚马逊云科技、微软的 Azure、阿里云、Google 云等都是公有云。

公有云用户不能从物理上控制云基础设施，也不了解整个云基础架构如何实现，更不知道与哪些用户共享云资源。从云系统架构的基础设施到软件运行环境的管理、维护，乃至安全性和可靠性，均由云服务供应商负责。公有云具有以下优势。

- **规模大**：公有云的社会服务属性使其拥有规模庞大的云基础设施，以满足所承载的海量公共服务对计算资源和服务的需要。

- **价格低廉**：随着公有云规模不断增大，巨大的规模效益不仅使得云服务供应商成本降低，云服务用户也将随之获益。同时，公有云用户"按需购买"资源和服务，不需任何前期投入，因而拥有较大的成本优势。
- **无限弹性**：公有云可以提供近乎无限的资源供云计算用户按需灵活购买并快速获得，使其可以获得近似无限的横向扩展能力，轻松应对业务波动带来的资源消耗急剧变化。
- **功能全面**：公有云服务供应商拥有丰富的云服务产品可以提供给云计算用户购买使用，以满足其各种业务需求。例如，对主流操作系统和数据库的支持等。

2. 私有云（Private Cloud）

私有云是组织（企业）运用虚拟化技术和应用程序管理来提高本地部署计算资源的利用率，并且仅对内部用户提供专用资源。私有云基础设施通常部署在本地，故也称本地云（On-Premises）。私有云部署模式如图 2-5 所示。

图 2-5 私有云部署模式

组织（企业）可以从物理上控制私有云的基础设施，有效整合计算资源、控制数据安全和云服务质量，快速响应业务环境的变化。

组织（企业）对整个云系统架构及其数据拥有完全控制能力，整个私有云基础设施的管理、维护，乃至安全性和可靠性，均由组织（企业）自行负责，私有云具有以下优势。

- **特定法规遵从性**：私有云一般部署在组织（企业）防火墙内侧，组织（企业）对私有云基础架构及其设置具有完全控制能力，可以更好地根据自身业务目标建立需要遵从的特定法规，构建符合特殊法律和行业法规的云服务平台。
- **针对性解决遗留问题**：私有云可以通过定制个性化解决方案有针对性地解决遗留应用与现有硬件资源不兼容问题，更好地与现有业务流程进行整合，从而提高组织（企业）业务的连续性，以及使业务软件与硬件资源更好地集成。
- **获得定制服务质量（SLA）**：私有云资源部署完全为组织（企业）自主控制，内部员工主要通过不易受异常干扰的自主网络链路使用服务，因而可以根据业务特性需求，通过基础设施的定制获取相对较高的服务质量。例如，在更靠近用户的地理位置部署数据中心，获得相对更低的延时。

3. 混合云（Hybrid Cloud）

混合云是组织（企业）本地部署的基础设施和应用程序与部署在公有云的计算资源和应用程序相连接的方式。常见的连接方式是组织（企业）的本地基础设施与其公有云的计算资源连接，实现计算资源在本地基础设施和公有云之间的混合部署，故又称"混合云"。混合云部署模式如图2-6所示。

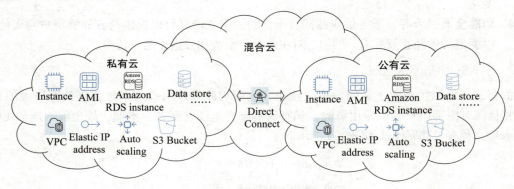

图2-6　混合云部署模式

混合云部署模式下，组织（企业）自主管理、维护的计算资源和服务与部署在公有云的计算资源和服务使用专用高速链路和协议绑定，并在两者之间实现应用程序数据共享，从而保障业务的本地部署和公有云部署能协同工作、无缝迁移。例如：组织（企业）使用亚马逊云科技计算资源的同时，可以将某些核心数据存储在本地基础设施中。通常，银行、金融机构、政府部门等大型企业和组织，会基于性能、合规性和安全性等需求采用混合部署。

混合云的实质是计算资源与服务基于私有云和公有云的定制化构建，是用户在私有云自主可控与公有云高弹性和低成本间的权衡，是一种云服务使用方式。混合云具有以下优势。

- **高灵活性**：组织（企业）可以根据业务需求在不同类型的云基础设施间优化云基础架构，充分利用公有云高弹性与低成本的优势和私有云的自主可控性等优势，在伸缩性、经济性等方面充分权衡并获得专用解决方案。组织（企业）能够快速做出调整以及时响应业务需求变化，避免对其性能产生影响，同时在成本、服务、性能和资源部署等方面具有较大灵活性，可以获得更好的成本效益。
- **高可靠性**：组织（企业）可以在本地部署并维护其关键业务和数据，而在公有云端部署副本，以在本地资源和服务出现异常时，仍能够保证业务正常进行，并继续处理数据。

2.2　云计算基础设施

云计算基础设施（Infrastructure）是云数据中心庞大的计算、存储、网络等硬件资源通过虚拟化整合并转化为资源池中作为服务按需提供给用户的虚拟计算资源集合。

2.2.1　云数据中心

云数据中心（Cloud Computing Data Center）通常是由一栋（包括建筑物的一部分）或几栋建筑物为主体构成的一整套复杂建筑设施，用于集中部署作为云计算基础设施的服务器、存储和网络设备等硬件设备、集群管理和控制系统，以及保障这些设备稳定、可靠运行的机房辅助设备。云数据中心通常由云服务供应商建设、运营和维护。某云计算供应商数据中心鸟瞰图如图2-7所示。

图2-7　某云计算供应商数据中心鸟瞰图

1. 基本功能

云数据中心应具备以下基本功能：
① 满足数据存储、计算、传输及与公用通信网络安全互通所需的设施安装场地；
② 保障所有设备持续运行所需的电力；
③ 为设备提供满足其技术参数要求的，温湿度受控的运行环境；
④ 为数据中心所有内部、外部及与公用网络互通设备提供安全可靠的网络连接；
⑤ 不会对周边环境构成各种危害；
⑥ 具有足够坚固的安全防范设施和防灾设施。

2. 规模与等级

（1）规模容量

云数据中心所承载的业务规模越繁重，需要部署设备的规模也越大。2013年1月，中华人民共和国工业和信息化部发布了《关于数据中心建设布局的指导意见》，将我国数据中心规模划分为：超大型数据中心、大型数据中心和中小型数据中心。

- **超大型数据中心**：指规模大于等于10000个标准机架的数据中心；
- **大型数据中心**：指规模大于等于3000个标准机架小于10000个标准机架的数据中心；
- **中小型数据中心**：指规模小于3000个标准机架的数据中心。

注：这里的标准机架是换算单位，每2.5kW负载被视为一个标准机架。

（2）安全等级

GB 50174—2017《数据中心设计规范》根据数据中心用途、数据丢失或网络中断对经济或社会造成的损失或影响程度，将数据中心划分为A、B、C三个等级。

① 符合下列情况之一的数据中心应为A级。
- 电子信息系统运行中断将造成重大的经济损失；
- 电子信息系统运行中断将造成公共场所秩序严重混乱。

例如，国家级信息中心，重要军事部门，交通指挥调度中心，应急指挥中心，国家气象台，广播电台，电视台，邮政以及金融、电信等行业数据中心及企业认为重要的数据中心。

② 符合下列情况之一的数据中心应为B级。
- 电子信息系统运行中断将造成较大的经济损失；
- 电子信息系统运行中断将造成公共场所秩序混乱。

例如，科研院所、高等院校、博物馆、档案馆、会展中心，以及政府办公楼等的数据中心。

③ 不属于A级或B级的数据中心归为C级。

对于在同城或异地建立的灾备数据中心，其设计应与主用数据中心等级相同。

3. 位置选择

云数据中心的布局和选址，不仅需要对候选地址的自然条件和社会环境进行详细评估，以尽可能避免或缓解自然灾害、社会风险带来的危害，而且是云服务供应商发展战略目标及数据中心总体拥有成本（TCO）等多方面的权衡。我国《大数据中心设计要求规范》（GB 50174-2019）等相关规范，规定数据中心选址应符合下列要求：

① 电力供给应充足可靠，通信应快速畅通，交通应便捷；
② 采用水蒸发冷却方式制冷的数据中心，水源应充足。
③ 自然环境应清洁，环境温度应有利于节约能源；
④ 应远离产生粉尘、油烟、有害气体以及生产或贮存具有腐蚀性、易燃、易爆物品的场所；
⑤ 应远离水灾、地震等自然灾害隐患区域；
⑥ 应远离强振源和强噪声源；
⑦ 应避开强电磁场干扰；
⑧ A级数据中心不宜建在公共停车库的正上方；
⑨ 大中型数据中心不宜建在住宅小区和商业区内。

4. 区域与可用区

为保持云平台的高可用性，云服务供应商通常用区域（Region）来描述数据中心的位置，而用可用区（Availability Zone）来指同一区域内，一组电力和网络等基础设施互相物理隔离的数据中心。可用区与可用区之间通过具有极低延时的高速网络连接，一个可用区出现问题不会影响其他的可用区。云服务供应商进而将多个可用区集合为区域（Region），利用更大地域范围的冗余来实现计算资源与服务的共享和高可用性。

用户通过区域（Region）选择，一方面可以将云业务系统的部署位置在地理上更加靠近用户，以提供低价、低时延的网络连接；另一方面用户可以选择不同区域存储其数据以满足当地法规方面的要求。而多可用区（Availability Zone）部署云业务系统，当某个可用区出现故障时，通过自动化流程将受影响业务从当前可用区转移至其他可用区，整个切换过程对用户是透明的，无须变更应用代码，从而满足用户构建高可用性系统的需求。区域、可用区、数据中心关系示意图如图2-8所示。

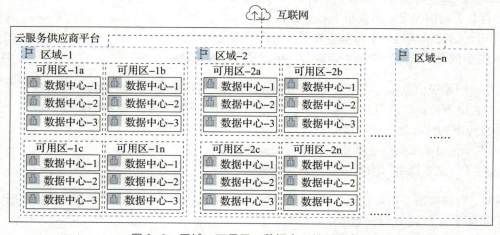

图2-8 区域、可用区、数据中心关系示意图

2.2.2 网络系统

网络系统是云数据中心内部服务器、存储等设备之间传输数据的核心通道，是云计算、数据存储与传输等服务质量和性能的重要保障。

1. 云数据中心网络流量特性

（1）网络流量分类

根据数据在设备间传输的逻辑关系，云数据中心网络流量可以分为如下 3 种类型：

- **数据中心与用户间流量**：数据中心内部不同层级设备间的数据传输，包括外部用户服务请求（如：网页、Email、视频点播、网络会议、在线游戏等）产生的内容传输流量，又称"南—北向流量"。
- **数据中心内部流量**：数据中心内部服务器、存储等同层级设备间基于协同计算、数据存储、数据同步等所产生的数据传输，又称"东—西向流量"。
- **数据中心之间流量**：数据中心之间使用专用高速链路进行数据迁移、复制、内容分发（CDN）等所产生的传输流量，由于需要在数据中心内部不同层级设备间传输数据，也属于"南—北向流量"。

云数据中心网络流量方向如图 2-9 所示。

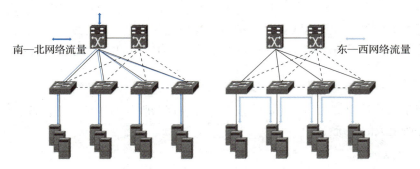

图 2-9 云数据中心网络流量方向

（2）流量规模特性

云计算基础设施的数据处理、存储、传输等服务均离不开云数据中心网络系统。面对海量、不同类型的业务系统，如 Web 服务、搜索引擎、在线购物、网络游戏，以及 MapReduce 大规模计算集群的集中承载，云数据中心内部网络呈现以下流量规模特性：

1）随着所承载业务量越来越大，数据中心内部流量越来越高，用户使用云服务的瓶颈逐渐从端到云的互联网传输转移至云数据中心内部网络。

2）随着网络规模越来越大，承载业务种类越来越多，流量负载越来越高，数据中心网络流量控制越来越难，即使微量调整网络流量，也会对云服务质量产生巨大影响。

3）不同类型业务所使用技术及服务特性对网络流量传输模式有着不同需求，有些甚至存在需求冲突。

与传统数据中心不同，云基础设施的虚拟化与资源池化，云计算的按需服务模式，使得云数据中心同层级设备间网络流量大幅增加。显然，通过内部网络流量控制优化网络传输性能、应对突发流量、避免网络拥塞、降低传输时延，对云数据中心所承载业务的服务质量和云服务的用户体验至关重要。

2. 网络核心设备

（1）交换机

交换机（Switch）工作在 OSI/RM 模型的数据链路层，使用内部高速交换矩阵（Switch Matrix），根据 MAC 地址在多个端口之间进行数据帧转发。交换机主要用于数据中心服务器及存储设备间的数据传输。高性能交换机拥有先进的交换架构，支持高带宽、高密度端口线速转发，并具有支持虚拟化技术避免物理结构限制、利用大缓存应对大规模突发流量等特点，可以有效满足云数据中心大量网络设备的接入和快速数据转发需求。

（2）路由器

路由器（Router）工作在 OSI/RM 模型的网络层，根据数据包的 IP 地址在不同网络间转发数据。路由器间通过路由协议相互交换网络信息，并利用所获得的网络信息使用指定路由算法计算到相关网络的最佳路径，用于实现网络间的互联和数据包转发。高性能路由器拥有先进的高性能、分布式、可扩展背板架构和高密度、高带宽接口，支持大缓存、负载均衡，可以满足云数据中心大量网络设备接入和海量数据高速转发对设备容量和性能的需求。

（3）防火墙

防火墙（Firewall）是一种网关设备，主要工作在 OSI/RM 模型的网络层和传输层，根据预先设置的访问控制规则或安全策略，在内部网络与外部网络、专用网络与公共网络的边界上对进出网络的访问流量和行为进行控制，用以构造安全防范屏障的隔离控制。防火墙主要根据数据包的源地址、目的地址和端口号、协议类型等标志来确定是否允许数据包通过，以保护网络免受来自外界的非法访问和恶意攻击，保护系统和信息的安全。高性能防火墙可以为云数据中心提供更为精准的访问控制、更为全面的威胁防护、更为便捷的配置管理和更高速的转发性能。

2.2.3 存储系统

存储系统是云数据中心用以存储海量数据并提供存储服务的各种存储设备、控制设备、管理与调度软件所组成的系统。

1. 存储数据特性

在计算机系统中，各类数据，包括信息处理过程中产生的临时数据，都需要以某种结构保存在计算机内部或外部的存储介质上。

（1）数据结构特性

云计算平台承载有各类应用系统，由于具有不同特征和信息编码格式，数据结构因此差异较大。根据数据存储结构，可以划分为结构化数据、非结构化数据、半结构化数据。

1）结构化数据（Structured Data）。结构化数据是以二维表结构来逻辑表达和实现的数据，严格遵循预定义的数据格式与长度规范，主要使用关系型数据库进行数据存储和管理。

结构化数据虽然使用广泛，但是数据记录规模相对较小，其在云数据中心内所聚集起的总吞吐量不会很大。由于在数据记录的随机查询中，查询快慢将直接影响系统效率，因此，结构化数据通常采用块（Block）存储方式，性能评价指标主要是每秒读写请求数 IOPS（Input/Output Operations Per Second）。

2）非结构化数据（Unstructured Data）。非结构化数据是指数据结构不规则，没有预定义的数据模型，不方便使用二维表结构来逻辑表达和实现的数据。非结构化数据常用文件系统来存储和管理。

非结构化数据包括各类办公文档、图片、XML、HTML、报表、图像和音频/视频信息等，数据记录体量差异巨大。由于文件通常是连续读写，并且以大文件为主，非结构化数据容易在云数据中心内聚集起规模庞大的数据总吞吐量，因此，存储系统的响应速度和吞吐率是影响非结构化数据存储质量的重要指标。非结构化数据通常采用分布式存储，以满足其在承载容量和读写性能方面的需求。

3）半结构化数据（Semi-Structured Data）。半结构化数据是指数据结构不严格，既不是非结构化数据的无数据结构，也不具有结构化数据严格的数据结构。半结构化数据具有数据结构复杂、变化大、不规范等特点。

半结构化数据包括日志文件、XML 文档、JSON 文档、E-mail 等，数据记录体量相对较大，主要用于数据存储、数据备份、数据共享以及数据归档等。由于响应时间要求相对较低，半结构化数据通常先经过模式抽取，将其映射为结构化数据，再使用关系型数据库进行存储和管理。

（2）存储系统特性

为充分满足所承载各类应用系统不同数据结构的海量数据的存储需求，云数据中心存储系统需要具有以下特性：

- **多样性**：云计算平台所承载应用系统的多样性，使其数据结构呈现出结构化、非结构化、半结构化形态，其数据存储和管理方式不同，读写操作特征不同，具有不同的存储特征。
- **高性能**：云计算平台承载有海量应用系统，其对各类数据存储的读写操作，需要存储系统具有极高的响应速度、并发读写能力和吞吐率，来满足各类应用业务对数据的需求。
- **大存储量**：信息技术的快速发展，使数据量呈爆炸性增长，由此，聚合在云数据中心集中存储的各类数据的规模也随之激增。目前，云数据中心数据存储规模是以 EB（1024TB=1PB，1024PB=1EB），甚至是 ZB（1024EB=1ZB）来衡量，并且还在快速扩大。
- **可扩展性**：为满足存储容量不断扩大的需求，数据中心存储系统不仅需要具有海量存储规模，还需要能够方便地加入新存储设备，以不宕机、无缝扩展存储容量。
- **可管理性**：云数据中心存储系统需要对所存储的海量业务数据，进行集中的、自动化管理，包括数据备份规则与策略、存储系统性能与流量特性、存储设备的监测与负载均衡等。并保证在数据文件因负载平衡或者其他原因需要在存储系统内部迁移时，不会造成数据文件对外属性发生改变。

2. 存储设备类型

云数据中心主要采用面向网络的存储设备，利用网络连接服务器和存储设备。如图 2-10 所示，根据存储设备与服务器（计算机）的连接方式，存储设备主要分为以下三种类型。

（1）直接附加存储

直接附加存储（Direct Attached Storage，DAS）通过电缆（通常是 SCSI 接口电缆）直接挂接到服务器总线上，依靠服务器操作系统进行数据读写，实现存储的维护和容量管理。DAS 外接存储设备主要是 RAID、JBOD 等配置的硬盘。

DAS 的优点是成本较低，配置简单；缺点是数据备份操作复杂，存储空间扩展能力依赖存储设备自身，并且无法在服务器间动态调度分配，容易造成资源浪费。DAS 通常用于小规模数据存储。

（2）网络附加存储

网络附加存储（Network Attached Storage，NAS）通过计算机网络结构将存储设备直接连接在网络上，服务器使用网络协议（如 TCP/IP）以文件存储方式实现数据的读写（输入/输出）。

NAS 本质上是一种专用网络文件存储与备份服务器。

NAS 的优点是易于安装和部署，管理使用方便；缺点是只能以文件形式存储，网络开销较大，不适用于大型数据库系统。此外，NAS 通过普通网络传输数据，容易受到网络性能波动影响。

（3）存储局域网络

存储局域网络（Storage Area Network，SAN）是一种专用、高可靠存储网络，通过专用高速交换机在高性能磁盘阵列与相关服务器间建立连接，同时可以对数据提供多种 RAID 级别保护。SAN 存储设备连接主要有 SCSI/iSCSI（Internet SCSI 接口）、SAS（串行 SCSI 接口），以及 FC（光纤通道接口）等连接。

SAN 的优点是存取速度快、扩展性强，可以高效实现数据的集中备份；缺点是价格昂贵，需要建立专用光纤网络，异地扩展困难。SAN 通过高速网络提供高性能分布式数据存储。

随着 TCP/IP 网络发展，其网络性能与 SAN 专用网络差距大幅缩小。iSCSI 就是使用 TCP/IP 网络替代 SAN 专用网络传输 SCSI 数据，实现与 SAN 相同的功能。iSCSI 的优点是成本相对较低，系统灵活性高。缺点是需要使用 CPU 进行 SCSI 转码，导致系统开销增加；通过普通数据网络传输，容易受网络性能波动影响，管理技术要求较高。

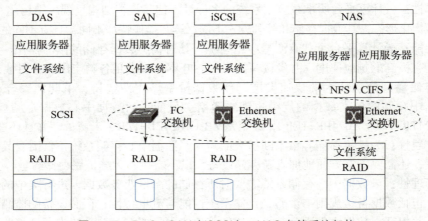

图 2-10　DAS、SAN（iSCSI）、NAS 存储系统架构

2.2.4　服务器系统

服务器是云数据中心实现信息处理的基础设备，其内部结构与普通计算机基本相同，但是在性能、稳定性、安全性等方面具有更高要求。

1. 体系架构

根据处理器所采用的体系架构，服务器可以分为 IA 体系架构和 RISC 体系架构。

（1）IA 体系架构

IA（Intel Architecture）体系架构的处理器使用 CISC（Complex Instruction Set Computer）复杂指令集，又称 CISC 体系架构。目前，IA 架构服务器主要是采用英特尔生产 IA-64 架构的 CPU 或 AMD 的 X86-64 CPU。

CISC 架构处理器用于计算和控制计算机系统的指令数量较多而且长度不同，每条指令的操作按顺序执行。由于指令长度不同，需要完成的时钟周期不同，如果某些指令执行较慢，将影响整个 CPU 的执行速度。

CISC 体系架构的优点是指令按顺序串行执行，控制相对简单。缺点是指令执行时需要完成较多处理工作，导致指令通常需要若干周期才能执行完毕，导致处理器各部分利用率不高，执行速度较慢。

CISC 架构服务器采用开放体系结构，运行 Windows 或 Linux 操作系统，价格低廉、兼容性好，但是稳定性和安全性相对较弱，主要用于中小企业和非关键业务系统。

（2）RISC 体系架构

RISC（Reduced Instruction Set Computing）体系架构的处理器使用 RISC 精简指令集。对 CPU 指令集分析表明，各种指令使用频率存在较大差异，其中最常使用的简单指令，约占指令总数的 20%，在程序中使用频率却达到 80%。据此，RISC 架构对 CPU 指令系统进行精简。目前，RISC 处理器主要有：IBM 的 PowerPC 处理器、SUN 的 SPARC 处理器、HP 的 PA-RISC 处理器，以及华为的鲲鹏处理器等。

RISC 体系架构对指令系统进行精简，指令长度固定。每条指令执行时间较短，完成操作也比较简单。在需要执行比较复杂的操作时，则使用多条指令来完成。由于每条指令长度相同，可以在一个单独操作中完成，并且大多数指令的执行时间都是一个机器周期，处理器可以在单位时间内执行较多指令。

RISC 体系架构优点是指令长度固定，指令和寻址方式经过精简，采用流水线执行指令，能够在单位时间内处理更多指令。缺点是执行复杂任务时需要大量指令，时间开销较大。

RISC 架构服务器多采用 UNIX（Linux）操作系统，性能强大、稳定性好，但是体系结构封闭，价格较贵，主要用于金融、电信等大型企业的核心系统。

2. 主要性能指标

服务器性能是指在给定硬件条件和单位时间内，服务器能够处理的任务量。常用衡量服务器系统核心组件性能的技术指标如下：

（1）CPU

中央处理器（Central Processing Unit，CPU）的类型、主频和数量从根本上决定了服务器的性能。CPU 主要评价技术指标如下。

- **频率**：是 CPU 内数字脉冲信号的振荡频率，也就是 CPU 的工作频率。频率越高，意味着 CPU 的运算速度越快，性能越高。
- **内核数量**：是 CPU 的基本计算单元。一个 CPU 可以有多个内核（多核处理器）。增加 CPU 内核数量可以增加线程的数量，进而增加单位时间内可执行任务数量，提升 CPU 性能。目前常见的 CPU 均为多核，如 4 核、8 核、16 核等。
- **字长**：是 CPU 一次能并行处理的二进制位数。在相同 CPU 频率下，如果某台计算机的 CPU 字长是另一台计算机的两倍，则在相同时间内，前者所完成的任务是后者两倍。目前常见 CPU 字长为 32 位、64 位。

（2）内存

随机存储器（RAM），俗称内存，主要用于暂时存放 CPU 运算的工作指令、原始数据和中间结果，并充当 CPU 与外部存储器（如硬盘）交换数据的媒介，对服务器整体性能影响较大。

内存主要评价技术指标如下:

- **频率(速度):** 与CPU频率一样,用以表示内存所能达到的最高工作频率。在其他参数不变的情况下,内存频率越高,内存存取速度越快,内存与CPU的数据交换速度越快,这也意味着服务器性能就越好。以双倍速率内存(Double Data Rate,DDR)为例,DDR4频率已达 3200MHz。
- **容量:** 即内存条的存储容量。服务器所有程序的运行都是在内存中进行的,如果内存容量过小,会导致占用率过高,进而造成服务器性能下降,甚至宕机。目前常见的内存条容量有 2GB、4GB、8GB、16GB、32GB、64GB 等。

(3)网络接口卡

网络接口卡(Network Interface Card,NIC)用于实现服务器与网络传输介质间的物理连接,是服务器通过网络与其他设备进行数据交换、资源共享的一种接口部件,又称网络适配器。一台服务器可以同时安装多块网卡。网卡主要评价技术指标如下:

- **网络通信协议:** 是网络中数据传输与控制所遵循的规则、标准或约定,常见通信协议有 TCP/IP 等。
- **传输速率:** 单位时间内网络传输二进制信息的位数,常用单位为"位/秒",记作 bps。主要有 10Mbps、100Mbps、1000Mbps 和 10000Mbps 等速率。
- **网络接口类型:** 是网络接口卡与网络传输介质的连接方式。有无线、有线(包括八芯双绞线和光纤)等多种连接方式。

(4)硬盘

硬盘(Hard Disk)是服务器的主要存储设备,用以存储服务器正常运行所需要的操作系统、应用软件和数据等。硬盘主要技术指标如下:

- **存储介质:** 数据存储的载体,有磁性金属碟片(机械硬盘 HDD)、使用存储芯片(固态硬盘 SSD)、混合使用磁性金属碟片和存储芯片(混合硬盘)等。
- **容量:** 是内存可以存储数据的总大小,通常使用字节(Byte)计算。目前硬盘主流容量为 500GB 至 2000GB(2TB)。
- **接口类型:** 是硬盘连接服务器主机系统的方式。目前硬盘主流接口有 SATA(Serial ATA)、SCSI(Small Computer System Interface)、SAS(Serial Attached SCSI)、Fibre Channel(光纤通道)等类型。
- **数据传输速率(Data Transfer Rate):** 通常是指服务器通过数据总线从硬盘内部缓存区中读取数据的最大速率,单位为兆字节每秒(MB/s)。

2.3 实践:初识亚马逊云科技服务

2.3.1 熟悉亚马逊云科技管理控制台

1. 登录亚马逊云科技管理控制台

通过 URL 链接 https://aws.amazon.com/cn/ 访问亚马逊云科技全球门户网站,并单击右上角

"登录控制台"按钮，登录自己的亚马逊云科技管理控制台账户。

2. 亚马逊云科技管理控制台导航栏

在亚马逊云科技管理控制台页面中，最重要的是顶部导航栏，如图 2-11 所示。它由以下几部分组成：

- ：" AWS "为用户提供所登录账户资源的快速概览。
- ：" 服务 "为用户所登录账户可使用的全部亚马逊云科技资源和服务。
- ：" 搜索栏 "为用户提供对所登录账户可使用亚马逊云科技服务的搜索。
- ：" 通知 "为用户提供所登录账户的日志和警告信息。
- ：" 帮助区 "为用户提供可以访问的论坛、文档、培训，以及其他支持资源。
- ：" 区域 "供用户自行选择将资源部署在什么区域。
- ：" 账户名称 "为用户提供所登录账户的信息，也可以用于退出账户登录。

图 2-11 亚马逊云科技管理控制台

2.3.2 浏览亚马逊云科技各类服务

亚马逊云科技服务平台为公众提供包括弹性计算、存储、网络、数据库、安全、应用开发等丰富的云资源和服务，如图 2-12 所示。其中常用服务大致可以划分为以下几类。

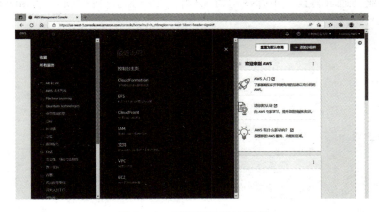

图 2-12 亚马逊云科技服务

1. 计算服务类

计算服务类是亚马逊云科技的核心服务，常用计算服务包括 Amazon EC2、Amazon Lambda、Amazon Elastic Beanstalk、Amazon EC2 Auto Scaling、Amazon ECS、Amazon EKS、Amazon ECR、AWS Fargate 等。

2. 存储服务类

亚马逊云科技提供一整套数据存储、访问、管理服务，包括 Amazon S3、Amazon S3 Glacier、Amazon EFS、Amazon EBS 等。

3. 数据库服务类

亚马逊云科技提供丰富且专业的数据库产品和服务，用以满足用户不同数据类型和业务场景的需求，包括 Amazon RDS、Amazon DynamoDB、Amazon Redshift、Amazon Aurora 等。

4. 联网和内容分发服务类

亚马逊云科技在世界范围内提供广泛、深入的网络和内容交付服务，以保障云端应用程序的可靠性、安全性和运行性能。常用联网和内容分发服务包括 Amazon VPC、Amazon Route 53、Amazon CloudFront、Elastic Load Balancing 等。

5. 安全性、身份与合规性服务类

亚马逊云科技提供用户信息、身份、应用程序、设备安全保护与权限控制服务。常用安全性、身份与合规性服务包括 Amazon IAM、Amazon Cognito、Amazon Shield、Amazon Artifact、Amazon KMS 等。

6. 管理和监管服务类

亚马逊云科技用于帮助用户在亚马逊云科技云平台上部署和管理应用程序和资源的服务，包括 Amazon Trusted Advisor、Amazon CloudWatch、Amazon CloudTrail、Amazon Well-Architected Tool、Amazon Auto Scaling、Amazon Web Services 命令行界面、Amazon Web Services Config、亚马逊云科技管理控制台、Amazon Web Services Organizations 等。

7. 成本管理服务类

亚马逊云科技提供用于帮助用户观察、理解和管理亚马逊云科技使用与成本随时间变化情况的服务，包括亚马逊云科技成本和使用情况报告、亚马逊云科技预算、Amazon Web Services Cost Explorer 等。

第 3 章　云计算关键技术

概述

云计算平台运用虚拟化技术等多种关键技术，将其基础设施庞大的计算、存储、网络设备集成并转化为可有效管理与动态调度的计算资源，并以此为基础，向用户提供各种可弹性扩展的虚拟计算资源和服务。用户将根据其业务需要，快速获取并管理这些资源和服务。

本章从技术角度对虚拟化技术，以及计算服务、存储服务、联网与内容分发服务、安全服务等云服务进行介绍，帮助学生理解并掌握其基本原理、功能和特性。通过登录亚马逊云科技管理控制台，部署一台云服务器（实例），使学生进一步了解云服务供应商所提供的各种计算资源和服务。

学习目标

1. 理解虚拟化技术；
2. 掌握云计算服务及其关键技术；
3. 掌握云存储服务及其关键技术；
4. 掌握云联网与内容分发服务及其关键技术；
5. 理解云安全责任共担模型及身份认证与访问控制技术。

云计算是一种融合众多技术的、基于互联网的新型服务交付与使用模式，其中虚拟化、分布式数据存储、网络流量控制、身份认证与访问控制等技术是云计算平台实现各类云服务及其按需供应的关键技术基础。

3.1 计算服务

3.1.1 虚拟化技术

1. 概述

（1）基本概念

虚拟化技术（Virtualization）将计算机各种物理资源（CPU、内存、磁盘、网卡等）进行抽象、转换，呈现为一种可以供分割与组合的逻辑资源，在最大限度屏蔽物理资源间差异性的同时，实现资源的统一表示和灵活分配。

1974 年，Gerald J. Popek 在其论文 *Formal Requirements for Virtualizable Third Generation Architectures*（可虚拟第三代架构的规范化条件）中定义了一组用以判断计算机系统架构是否有效支持虚拟化的基本条件。

- **资源控制（Resource Control）**：控制程序对物理机所有资源具有绝对控制力，不允许虚拟机直接执行敏感指令。

- **同质性（Equivalence）**：在控制程序管理下所运行程序（包括操作系统）的行为与没有控制程序时应该完全一致，且预先编写的特权指令可以自由地执行。即除时序和资源可用性之外，与物理机环境在本质上是相同的。
- **性能效率（Efficiency）**：大多数虚拟机指令是直接由宿主机硬件执行的，不需要控制程序参与。

虚拟化计算机架构是独立于物理基础架构的，并在物理资源与虚拟资源间建立以下关系：

- **虚拟对象**：是被虚拟化的物理资源（如 CPU、内存、存储、网络等）；
- **虚拟资源**：是资源的逻辑表示，为用户提供与虚拟对象的物理资源部分相同或者完全相同的功能。

经过虚拟化过程，被虚拟的物理资源得到统一的逻辑表示，并且这种逻辑表示提供给用户的功能与物理资源大部分相同或完全相同。因此，通过虚拟化可以摆脱物理资源束缚，根据需求整合物理资源并进行重新规划，以达到提高资源利用率的目的。

（2）虚拟机监控器（Virtual Machine Monitor）

虚拟机监控器 VMM 是运行在物理计算机硬件与操作系统之间的中间软件层，将下层物理资源（CPU、内存、I/O 等）抽象逻辑表示为彼此间相互隔离的不同虚拟资源，并以虚拟资源作为"真实"资源供上层虚拟系统独立申请使用。物理资源、VMM 与虚拟资源的关系如图 3-1 所示。

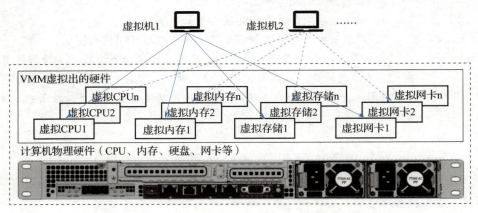

图 3-1 物理资源、VMM 与虚拟资源的关系

（3）虚拟机（Virtual Machine）

虚拟机 VM 是使用虚拟资源构建出来的、运行在隔离环境中、具有完整功能逻辑的虚拟计算机系统。虚拟机可以提供与物理计算机相同的功能，包括独立的操作系统和应用程序。虚拟机操作系统通过虚拟机监控器 VMM 访问被屏蔽、分配和管理的底层物理资源，使用户如同使用自己的计算机一样操作物理资源。虚拟机具有以下特性。

- **隔离性**：虚拟机之间相互间隔离，即使是在同一物理机上，不同虚拟机操作系统相对独立运行，不会影响其他虚拟机系统。
- **封装性**：计算任务封装在虚拟机内，便于虚拟机状态的随时抓取、备份、克隆、挂起和恢复。

- **硬件无关性**：具有相同硬件属性的虚拟机之间可以无缝迁移，便于系统维护与升级。
- **多实例**：单台物理计算机可以构建多个虚拟机，并分别安装不同的操作系统，从而大幅提高物理资源利用率。
- **安全性**：便于故障隔离、访问控制、病毒入侵检测等。

2. 云计算基础设施与虚拟化

为有效管理云计算基础设施，并根据用户需要及时调配计算资源，云计算平台需要对数据中心资源实施以下工作。

- **资源定制**：通过虚拟资源全局性、统一的管理和调度，形成包括异构资源在内的统一资源池，实现包括虚拟服务器所需 CPU 数目、内存容量、磁盘空间在内的云计算资源的按需分配。
- **资源分享**：通过计算资源封装，为用户提供相对独立的运行环境，实现数据中心资源的多用户按需分享。
- **细粒度资源管理**：通过对虚拟资源实施生成、分配、扩展、迁移、回收的全流程管理，实现数据中心计算资源的用户自助配置和管理。

为此，云计算系统需要在其系统架构中增加虚拟化层，对云数据中心庞大的硬件设备实现以下功能，以优化计算资源管理，提高数据中心设备利用率。

- **资源虚拟化**：将数据中心硬件设备物理资源抽象表示为全局性、可统一管理的虚拟资源，摆脱对硬件设备物理特性的依赖，消除异构设备间的物理壁垒，并将虚拟资源集成为相应的虚拟资源池，如 CPU 资源池、内存资源池、存储资源池、网络资源池等。进而以此为基础，根据不同功能逻辑将虚拟资源映射为各种类型、规格的虚拟资源（如实例等），供云计算用户按需使用。
- **资源管理与调度**：通过对虚拟资源的度量、监控、调度和回收，实现对虚拟资源生成、分配、扩展、迁移、回收的全流程管理。进而以此为基础，实现虚拟资源灵活调度和按需分配（如虚拟机自动化部署、虚拟机资源的弹性扩展等），优化计算任务在物理资源上的分布，使资源利用率得以最大化。

3.1.2 云服务器

云服务器是云服务供应商提供的一组虚拟计算资源，是一种具有与物理计算机相同功能逻辑，并可以按需调整的计算服务，又称实例（Instance）。云服务器运行在云环境下，用户可以通过互联网利用 Web 浏览器等方便地获取云服务器，并配置和管理其计算资源。Amazon EC2（Amazon Elastic Compute Cloud）就是亚马逊云科技提供的安全、可靠且计算能力可调整的云服务。

1. 基本构成

（1）实例类型

实例类型是云服务供应商根据自身商业目标和业务场景，通过调度、编排其虚拟资源构建的一组经过优化的虚拟资源配置组合。不同实例类型具有不同的虚拟资源组合及容量，以适应用户业务场景对计算功能，特别是性能的具体需求。每种实例类型通常又包括一种或多种实例大小，从而使用户能够通过资源容量的调整来满足目标工作负载的要求。

实例类型用于标识云服务器所具有的虚拟计算资源，包括 CPU、内存、存储、网络带宽的资源组合与容量，是云服务器在计算、存储、网络等方面功能与性能的定义。用户通过选择不同的实例类型来获取不同的 CPU、内存、存储、网络等虚拟资源的组合。

通常，云服务供应商会针对不同应用场景的计算特性，提供多种经过优化的实例类型。每种实例类型包含一种或多种由低到高具有不同计算能力、存储容量和网络带宽的实例，供用户根据计划部署的软件系统对计算能力、存储容量和网络带宽的需求进行选择。

（2）映像文件

映像文件用于封装实例启动所需要的环境信息，通常包括实例启动运行的操作系统及其配置信息、安装的应用软件（如数据库服务器、中间件和 Web 服务器）及其运行环境（库、实用工具等）、相关数据（存储数据、内存数据）。

映像文件的本质是供实例选择的启动运行环境模板。用户在部署实例时通过选择映像文件来指定实例启动的运行环境，随后使用映像文件在实例上部署操作系统与应用软件副本，从而快速获得与映像文件一致的实例运行环境。

用户可以使用不同映像文件启动不同类型的实例，也可以通过一个映像文件启动多个实例。例如，用户可以选择一个映像文件启动实例，将其用作一个 Web 服务器，而选择另一个映像文件来启动实例托管应用程序服务器。

以亚马逊云科技为例，其映像文件 AMI（Amazon Machine Image）包括以下组件。

- **根卷模板**：通常包含一个完整的操作系统（OS）和在该操作系统中安装的所有内容（应用程序、库、实用工具等）。Amazon EC2 会将该模板复制到一个新 EC2 实例的根卷中，然后启动它。
- **启动许可**：控制哪些亚马逊云科技账户可以使用该 AMI。
- **块储存设备映射**：指定在实例启动时需要附加的卷（如果有的话）。

亚马逊云科技根据映像文件来源的不同，将其映像文件 AMI 分为以下几类。

- **快速启动 AMI（Quick Start AMI）**：亚马逊云科技提供的预构建映像文件，包含众多 Linux 和 Windows 选项，供用户选择快速部署实例。
- **我的 AMI（My AMI）**：用户根据其现有实例自行创建的映像文件。
- **第三方 AMI（AWS Marketplace AMI）**：由受亚马逊云科技信任的第三方供应商提供的映像文件，目前已列有数千种软件解决方案，可以提供特定案例使用。
- **社区 AMI（Community AMI）**：由亚马逊云科技用户创建并共享的映像文件。由于社区映像没有经过亚马逊云科技检测，使用时需要自担风险。因此，尽管社区映像文件针对各种问题提供许多不同的解决方案，建议在生产或企业环境中尽量避免使用。

（3）实例存储

实例存储是以"物理"方式挂载到实例（云服务器）的临时性块存储，作为实例的一个或多个存储卷（块储存设备）用以临时存储频繁更新的信息，例如，缓存、缓冲区、临时数据和其他临时内容。实例存储的容量和数量随实例类型而不同，用户不能自行修改。

实例存储与所挂载的实例具有相同生命周期,并且不能与已挂载的实例分离再附加到其他实例上。实例存储中的数据在实例重新启动时会被保留。但是,用户如果停止、休眠或终止实例,实例存储中的所有数据都将丢失。

以亚马逊云科技为例,用户在部署 Amazon EC2 实例过程中通过添加根卷并配置其容量和类型为实例挂载实例存储,用于存储启动该实例的缓存、临时数据和其他临时内容,以及存储从其他实例复制的数据。例如,实例启动时需要完成操作系统等的安装和初始化配置,以及 Web 服务器的负载均衡池,实例存储架构如图 3-2 所示。

注意:实例存储为用户实例提供临时性块级存储。该存储已物理附加到主机的磁盘上。实例存储的大小以及可用设备的数量因实例类型而异。实例存储由一个或多个显示为块储存设备的实例存储卷组成。实例存储卷的虚拟设备为临时存储 ephemeral[0-23]。支持一个实例存储卷的实例类型只有 ephemeral0,支持两个实例存储卷的实例类型则有 ephemeral0 和 ephemeral1,如此类推。

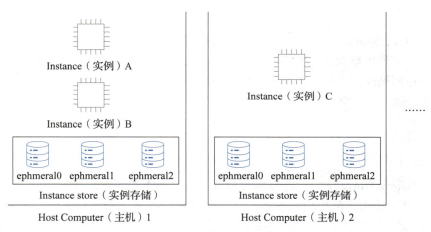

图 3-2 实例存储架构

2. 实例状态

一个 Amazon EC2 实例从启动一直到其终止,将经过不同的状态转换。Amazon EC2 实例生命周期各状态转换如图 3-3 所示。

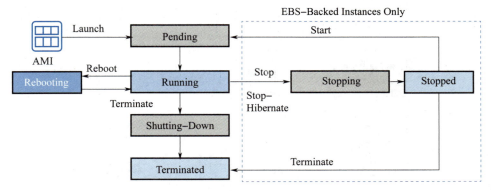

图 3-3 Amazon EC2 实例生命周期各状态转换

待处理状态（Pending）：实例正准备进入 Running 状态。实例在首次启动时进入 Pending 状态，或者在处于 Stopped 状态后启动。此状态不计费。

运行状态（Running）：实例正在运行，并且做好了使用准备。此状态已开始计费。

停止中状态（Stopping）：实例正准备处于停止状态或休眠状态实例休眠（仅限 Amazon EBS 支持的实例）。如果是准备停止，则不计费；而如果是准备休眠（Hibernated），则仍然计费。

停止状态（Stopped）：实例已关闭，不能使用，但是可以随时启动实例。此状态不计费。

终止中状态（Shutting-Down）：实例正准备终止。此状态不计费。

终止状态（Terminated）：实例已被永久删除，无法启动。此状态不计费。

重启状态（Rebooting）：实例根据请求或需要正在重新启动。此状态不会开启新的计费周期。

3.2 存储服务

云存储（Cloud Storage）是从云计算概念衍生而来的一种以数据存储和访问为核心的云服务。云服务供应商使用虚拟化技术将各类规模庞大的物理存储设备整合并抽象为虚拟存储资源统一管理，通过网络向用户提供数据的存储、访问和管理服务。云存储服务主要有块存储、文件存储和对象存储 3 种类型，用以满足不同应用场景对数据存储的需求。

3.2.1 块存储

1. 块存储原理

块存储（Block Storage）是将数据存储在拆分为固定大小的"块"介质（如磁盘、磁带、内存等）中，并赋予每个块一个用于寻址的编号。以机械硬盘为例，一个硬盘扇区就是一个"块"，目前主流硬盘扇区容量为 4K 字节，并采用逻辑块编号寻址（LBA，Logical Block Addressing）。块存储是最基本的数据存储方式。

在块存储系统中，服务器通过 SCSI/SAS 或 FC SAN 等协议直接控制和访问存储数据的硬件介质，中间没有抽象层，具有较高的 I/O 效率。块存储系统架构如图 3-4 所示。

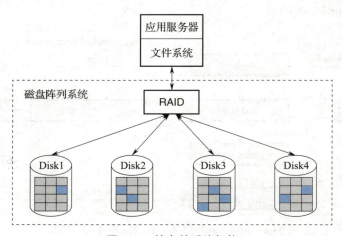

图 3-4　块存储系统架构

块存储在修改数据时只需要更改特定块的数据，因此具有高带宽、低延迟的优势，但是扩展能力有限，适用于对响应时间有较高要求的工作负载。例如，大型数据库系统、大型分析系统、ERP 业务系统等的专用低延迟存储。

2. 块存储性能指标

衡量块存储设备性能的主要指标包括 IOPS、吞吐量和响应时间。

- **IOPS（Input/Output Per Second）**：每秒能够处理的最大输入/输出请求数量（I/O 读写次数），一般以每秒处理的 I/O 请求数量为单位，I/O 请求是读或写数据的操作请求。
- **吞吐量（Throughput）**：又称带宽，是系统在单位时间内传输的数据量的总和，即存储设备写入和读出数据量的大小。通常只在大量顺序读写操作时可以获得存储设备的最大吞吐量。一般以 MB/s 为单位衡量存储设备的吞吐量。
- **响应时间**：从一个输入/输出请求开始，到接收到返回结果结束该请求所经历的时间，也就是存储设备处理一个输入/输出请求所需要的时间，一般以秒、毫秒为单位。响应时间与存储系统缓存（Cache）大小以及命中率有较大关系。

一般情况下，存储系统的 IOPS 和吞吐量数值越高，则性能越好。然而在现实的存储系统中，IOPS 和吞吐量参数均是其最大值，并且这两个参数间存在着一定的关联性。

3. Amazon 块存储服务

Amazon EBS（Amazon Elastic Block Store）是易于使用、可扩展的高性能数据块存储服务，用于 Amazon EC2 实例的持久化块级存储，适合任何规模吞吐量和事务密集型的工作负载。用户可以将可用的 EBS 存储卷附加到该卷所处于可用区（AZ）内的一个或多个 Amazon EC2 实例上。EBS 存储卷的生命周期独立于所挂载的 Amazon EC2 实例，用户可以动态更改附加到 Amazon EC2 实例的 EBS 卷配置。

用户可以在 EBS 卷上创建文件系统，或者像使用块储存设备（如硬盘）的方式使用 EBS 卷。Amazon EBS 存储卷特别适用于文件系统和数据库的主存储，或各种应用需要细粒度频繁更新及访问的原始的、无格式数据的块级别存储。Amazon EBS 非常适合依赖随机读写操作的数据库风格的应用，以及执行长时间连续读写的吞吐量密集型应用。

3.2.2 文件存储

1. 文件存储与文件系统

文件存储，又称文件级或者基于文件的存储，是一种有层次结构的数据存储。文件存储将数据保存于文件和文件夹中，通过文件系统将所有的文件、文件目录形成一个有层次的树形结构来管理文件的存储和检索。

在文件存储中，文件是逻辑上具有完整意义的信息集合，构成文件的信息可以是一个程序或者一组数据。文件可以长期保存在存储设备中并被反复使用。文件的属性通常包括名称、唯一标识符、类型、位置、大小、时间、保护等。

文件系统是操作系统的文件信息存储和管理系统，用以明确文件在存储空间中的组织方法和数据结构。文件是文件系统对数据的组织单元。文件系统负责文件的创建、存储、读取、修改、检索等操作，并在用户不再使用时撤销文件。

文件系统采用树型目录结构组织文件，使用文件夹和子文件夹赋予所管理文件以上下分层的目录结构，方便用户使用文件路径进行直观操作。文件在存储空间中的组织方法因文件系统不同而不同，以适应不同类型的底层存储机制（如硬盘、光盘、网络等），实现不同的设计目标（如速度、灵活性、安全性等）。文件系统主要由以下 3 部分组成。

- **被管理文件及属性：** 文件系统的管理对象，包括文件、目录、磁盘存储空间。
- **操作和管理文件的软件集合：** 在对文件进行增删改查操作时，负责组织文件接口，将文件逻辑地址转换为磁盘空间的物理地址，以及操作权限检查等，是文件系统的核心。
- **文件系统接口：** 是操作和管理文件的软件的封装，为用户提供文件的统一访问接口。

用户对文件的操作通过文件系统映射到存储设备的物理地址，文件系统允许用户以共享方式访问文件数据。文件系统需要完成以下功能：

- 提供文件的逻辑结构、物理结构和存储方法，管理并调度文件存储空间。
- 实现文件从标识到存储地址的映射。
- 实现对文件操作的控制和存取操作，包括文件的创建、存储、读取、修改、转移、检索、删除等。
- 实现以文件为单位的数据共享和文件保护措施。
- 提供文件的可靠存储措施。

2. 网络文件系统与网络附加存储

网络文件系统（Network File System）基于 TCP/UDP 传输协议，允许用户和应用程序以远程过程调用（RPC）方式通过网络访问位于远端计算机上的文件，和访问本地文件一样。

NFS 最初是 Sun Microsystems 公司为其 UNIX 工作站设计和实现的一种网络操作系统，后经互联网工程任务组（Internet Engineering Task Force）扩展，现在能够支持在异构平台（不同类型的计算机、操作系统、网络架构和传输协议）环境下通过网络进行文件访问和共享。

网络文件系统是本地文件系统的扩展，其目的就是通过网络将存储系统的文件系统映射到计算节点（如 Web 服务器），而不需要生成该资源的副本，从而实现存储资源的共享，提高存储设备利用率。

网络附加存储（Network Attached Storage）是一种网络文件存储系统，使用 TCP/IP 协议在局域网内实现异构平台之间的文件传输和数据共享。NAS 服务器通常仅包括存储设备和内嵌系统软件，是一种专用网络文件存储服务器，可实现异构平台的文件存储和数据共享。

NAS 网络附加存储系统架构如图 3-5 所示，NAS 服务器包括处理器、文件服务管理模块和多个用于数据存储的设备（磁盘阵列、CD/DVD 驱动器等）。NAS 服务器拥有独立的 IP 地址，局域网用户和应用程序可以使用 FTP、NFS、CIFS/SMB 等文件共享协议存取和访问存储在设备上的数据，也可以通过 Web 浏览器读取 NAS 服务器上的文件。

NAS 服务器是一种即插即用的网络设备，用户和应用程序通过网络方便地接入，不仅响应速度快、数据传输速率高，而且可以通过增加磁盘阵列或 NAS 节点存储容量和性能实现快速扩展。用户和应用程序不需要管理对存储文件的操作，在存储设备更新或出现故障的情况下，NAS 服务器仍可以继续运行。NAS 系统适用于对读写性能要求不高的跨平台文件存储和共享服务。如日志存储和文件备份等。

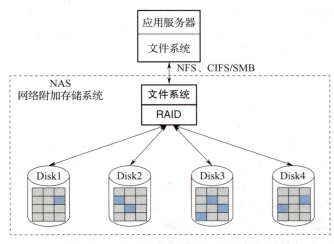

图 3-5 NAS 网络附加存储系统架构

NAS 服务器的不足之处在于功能单一、协议开销高、读写速率低，适用于较小规模网络，不适合在高性能集群中使用。此外，其性能受网络数据传输能力限制，严重情况下可能会增加网络拥塞程度，可靠性有待提高。

3. 分布式文件系统

分布式文件系统（Distributed File System）所管理的物理存储设备分布在网络上，并具有统一命名的存储空间。分布式文件系统支持通过网络多服务器在多用户间实现文件和数据的共享和实时访问。分布式文件系统在逻辑上与其他文件系统相似，其接口与普通文件系统的接口兼容，用户可以像使用本地文件系统一样管理和存储数据文件。

分布式文件系统通常将每份文件至少复制两个副本以上，并分散存储到不同节点上，节点间通过网络进行数据传输，在避免由于单个节点失效导致整个系统故障的同时，将负载从单个节点迁移到多个节点，从而提高整个系统的性能效率。

分布式文件系统通常包括主控服务器（又称元数据服务器、名字服务器等）和备用主控服务器，以便在故障时接管服务（也可以两个都为主控模式），多个存储服务器（又称数据服务器、存储节点等），以及若干客户端。客户端可以是各种应用服务器，也可以是终端用户或应用程序。HDFS 文件系统（Hadoop Distributed File System）是一种应用广泛、易于扩展、开源的分布式文件系统，其架构如图 3-6 所示。

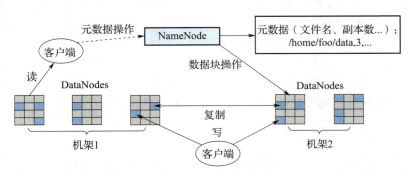

图 3-6 HDFS 文件系统架构

近年来，随着互联网的高速发展，分布式文件系统以其所具有的高性能、高容错、高可靠性和高扩展性，得到越来越广泛的应用和发展。目前常用的分布式文件系统有 GFS、HDFS、Ceph、Lustre 等，适用于不同业务场景。

4．Amazon 文件存储服务

（1）Amazon EFS

Amazon EFS（Elastic File System）是亚马逊云科技提供的一种简单、无服务器、设置即用的弹性文件系统，旨在为 Amazon EC2 实例提供各种工作负载所需的稳定、持久、可用性高、低延迟、吞吐量高、IOPS 可随文件系统增长而扩展的，可跨多可用区的数据冗余存储。借助 Amazon EFS，用户既可以将 EFS 挂载到托管应用程序的 Amazon EC2 实例上，用以从文件系统读取或写入数据，也可以将 EFS 作为独立文件系统使用。

Amazon EFS 自动管理文件存储底层的基础架构，可以在不中断应用程序的情况下，按需弹性扩展至 PB 级，并随着文件的添加或删除而自动扩展或缩减，可以自适应增长而无须预置容量和手动管理。Amazon EFS 具有简单的 Web 服务界面，用户可以快速方便地创建和配置文件系统，管理所有文件存储基础设施。这意味着用户无须关心文件系统部署、补丁管理和复杂的配置维护等技术细节。

Amazon EFS 的服务功能近似于本地文件存储，用户可以轻松地将本地现有文件结构迁移到云端，并享有与访问本地文件相同的各种操作。相对于自建 NFS 服务器，使用 Amazon EFS 不仅能够有效提升效率，而且成本也得以降低。

（2）Amazon FSx for Lustre

Amazon FSx for Lustre 是亚马逊云科技的一种基于 Lustre 的为需要快速存储的应用程序而设计的高性能文件存储服务，可提供亚毫秒级延迟、高达数百 Gbps 的吞吐量以及高达数百万的 IOPS。作为一项全托管服务，Amazon FSx for Lustre 用户可以避免传统 Lustre 文件系统复杂的设置和管理工作。

Amazon FSx for Lustre 提供原生文件系统接口，用户可以使用现有基于 Linux 的应用程序，而无须进行任何更改。Amazon FSx for Lustre 可以实现写后读一致性，并支持文件锁定，用户可以从 Amazon EC2 实例、Amazon EKS 集群访问其文件系统，也可使用 Amazon Direct Connect 或 Amazon VPN 从本地访问。

Amazon FSx for Lustre 文件系统可以链接到 Amazon S3 存储桶，用户可以同时从高性能文件系统和 S3 API 快速访问和处理数据。在链接到 Amazon S3 存储桶时，Amazon FSx for Lustre 以透明方式将对象显示为文件，使用户可以运行工作负载，而无须花费时间和精力管理来自 Amazon S3 的数据传输。Amazon FSx for Lustre 会随 Amazon S3 存储桶的内容变化，自动更新文件系统，为工作负载的运行提供最新数据。

Amazon FSx for Lustre 提供多种部署选项，其高吞吐量、高一致性和低延迟的特点，可以根据用户工作负载的需求优化成本和性能，可以充分满足机器学习、高性能计算（HPC）、视频渲染和金融建模等众多快速数据处理和分析的工作负载对高性能共享存储的需要。

3.2.3　对象存储

对象存储（Object Storage）通过网络为用户提供稳定、安全、高效、易用的非结构化云存储服务。用户可通过 Web 浏览器、API 等方式实现对象数据的在线存取与管理。

1. 基本概念

对象存储是一种将数据作为"对象"进行存储并管理的数据存储系统。对象由与文件数据类似的对象实体数据，和一组说明该对象规格定义及数据质量等属性信息的元数据（Metadata）组成。与传统文件存储不同，对象的元数据（Metadata）可以根据应用需求进行设置，如数据分布、服务质量等，并且与对象实体数据分开存储。

对象存储空间是对象的组织管理单位，一个对象必然隶属于某个对象存储空间，对象存储空间名称全局唯一，且不能进行修改。对象存储空间采用扁平结构组织对象，并通过对象标识符（Object ID）检索对象。存储空间对内部对象数量没有限制。

用户可以设置和修改存储空间属性来控制和管理存储空间。例如，对象的上传下载、访问权限、生命周期，存储空间访问控制等。这些属性设置直接作用于该存储空间内所有对象。用户可以通过创建不同存储空间灵活实现不同的管理功能。

2. 对象存储系统工作机制

在对象存储系统中，对象维护自己的属性信息，以简化存储系统管理任务，增强系统访问和管理的灵活性。用户通过 HTTP 协议及丰富的 SDK 接口访问数据。对象通常由"键""数据"和"元数据"3 部分组成。

- **键（Key）**：是对象在存储空间内的唯一标识。在对象存储空间内，对象间没有层次结构关系，用户使用对象标识符跟踪并获取对象的详细信息。
- **数据（Data）**：是对象的数据或内容。通常是非结构化数据，如音视频、图片和二进制文件等。用户通过自定义对象元数据来描述这些不包含文本字段、非结构化的数据。
- **元数据（Metadata）**：是关于对象数据属性的集合，如对象的大小、最后修改时间等，以及对象的一些自定义信息。元数据通常以"键—值"对（Key-Value Pair）的形式存储。

对象存储系统通常由元数据服务器（MDS）、对象存储服务（OSS）、对象存储设备（OSD）和对象存储客户端（Client）4 部分组成，对象存储系统结构如图 3-7 所示。

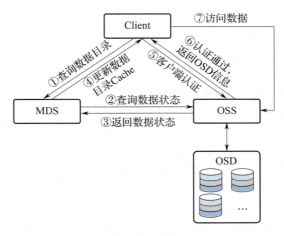

图 3-7 对象存储系统结构

① 客户端应用向元数据服务器（MDS）发送对象访问请求，查询获取要读取数据所在的对象存储设备（OSD）；

② 元数据服务器（MDS）通过对象存储服务（OSS）查询对象存储设备（OSD）中数据的状态信息；

③ 对象存储服务（OSS）向元数据服务器（MDS）返回对象存储设备（OSD）中数据的相关信息（OSD id，Bucket ID，Key 与偏移量等）；

④ 元数据服务器（MDS）更新客户端保存的信息；

⑤ 客户端向对象存储服务（OSS）提交客户端认证，如 AccessKey；

⑥ 客户端认证通过，则对象存储服务（OSS）返回与对象相关的对象存储设备（OSD）信息；

⑦ 客户端通过 Rest 接口访问对应的数据，并在收到对象存储设备（OSD）返回的数据后，读操作完成。

3. 对象存储特点

对象存储技术的核心是通过对象的数据读写与对象的元数据控制分离并独立存储，从而加快对象的排序、分类和查找。对象存储具有以下优势。

- **管理灵活**：对象存储的扁平化数据结构，对象维护描述自身属性的元数据，可以有效减轻对象存储系统管理任务，大幅提高系统灵活性和可管理性，并支持弹性自动伸缩。
- **无限扩展**：对象存储系统采用分布式集群架构，相关功能节点、集群能够独立扩容，理论上存储总容量和对象数量没有限制。
- **方便共享**：对象存储系统将被管理对象的元数据下移至对象存储设备（OSD）上，并由 OSD 负责管理元数据，以减少其与上层应用的相关性，增强对象数据跨平台共享能力。
- **标准接口**：由对象存储设备维护元数据，可以使用较少的元数据维护数据的一致性。用户可以使用智能终端利用标准 Web 浏览器根据对象 ID 方便地访问对象。
- **快速检索**：对象存储采用平面数据结构而非树型层级结构，一个存储数据对应一个对象。这种一对一映射，使对象可通过其元数据或 ID 进行检索，检索速度更快。
- **安全可靠**：对象存储系统可以对访问用户进行身份鉴权，可以对对象存储"容器"（Bucket）和对象数据本身访问设置 ACL 等访问控制策略，并支持 SSL 连接加密。

对象存储服务存在以下不足。

- **修改数据困难**：对象存储必须一次性完整写入，并且只能更新整个对象文件，而不能单独修改对象数据。因此，对象存储适合变动不大，甚至不变的数据。例如，用户的备份文件、图像和视频文件等。
- **最终一致性差**：由于不同存储节点所处空间位置不同，数据同步可能导致一定时间延迟或者不一致情况发生。因此，对象存储不适合用于数据频繁变化的数据库类应用。

4. Amazon S3 对象存储服务

Amazon S3（Simple Storage Service）是亚马逊云科技在 2006 年 3 月 14 日推出的首个云服务，也是最早的云存储服务，为用户提供高效、安全、低成本、可扩展、高可用的对象存储服务。

（1）S3 存储桶及其结构

Amazon S3 对象存储系统包含两个基本组成："桶"和"对象"，如图 3-8 所示。

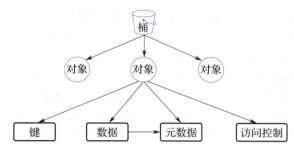

图 3-8　Amazon S3 对象存储系统基本组成

- **对象**：由对象数据和描述该对象数据的任意元数据两部分组成，是 Amazon S3 的基本存储单元。其中对象数据部分可以是任意类型，可存储数据总容量和对象个数不受限制；元数据部分以"键—值（Keys-Value）"的形式定义。
- **桶（Bucket）**：是 Amazon S3 存储对象的容器。Amazon S3 以"桶"的形式组织对象，每个对象都存在于一个存储桶中。用户通过在特定亚马逊云科技区域创建、命名和配置存储桶，来组织对象的存储空间，控制对象的访问。

（2）Amazon S3 对象特性

- **键（Keys）**：即对象名称，是对象在存储桶内的唯一标识符，可以使用对象键检索该对象。用户可以在对象名称中使用前缀和分隔符模拟文件夹来表示对象间的目录层次结构。Amazon S3 可以视为是一种"存储桶 + 键 + 对象版本 ID"的组合与对象数据之间的映射，是 Web 服务节点地址、存储桶名、对象键及版本 ID（可选）共同定位 Amazon S3 中的每个对象数据。例如，URL https://doc.s3.amazonaws.com/2006-03-01/AmazonS3.wsdl，其中，"doc"是 S3 存储桶名称，而"2006-03-01/AmazonS3.wsdl"则是对象键。
- **元数据**：是对象上传时设置的一组描述对象信息的"键—值（Key-Value）"对，对象上传完成后将无法修改。元数据的唯一修改方式是创建对象副本并设置元数据。对象元数据又分为系统定义元数据（如对象创建日期等）和用户自定义元数据（一组键值对）。
- **版本控制**：用于在同一存储桶中保留对象的多个版本。用户可以保留、检索和恢复存储桶中对象的各个版本，避免因意外覆盖或删除造成数据丢失。例如，当新版对象（photo.gif）存入已包含相同名称对象的存储桶时，原有对象（ID = 111111）仍将保留在该存储桶中，而新版对象（photo.gif）则生成新的版本（ID=121212），并被添加到该存储桶中。版本控制作用于整个存储桶，而不是单个对象。
- **版本 ID**：存储桶启用 S3 版本控制后，Amazon S3 会为添加到存储桶中的每个对象生成唯一的版本 ID。
- **访问控制**：默认情况下，Amazon S3 所有资源都是私有的，包括存储桶、对象和相关子资源（如生命周期、网站配置等）。只有资源拥有者，即创建资源的亚马逊云科技账户可以访问该资源。资源拥有者可以通过编写访问策略管理对存储桶内对象的访问，授予他人访问权限。

（3）Amazon S3 存储类别

Amazon S3 提供一系列对象存储类服务，用户可以根据应用场景的不同选择使用。

- **Amazon S3 标准**：旨在为频繁访问的数据提供高持久性、高可用性和高性能的对象存储。"Amazon S3 标准"存储所提供的较低延迟和较高吞吐量，适合各种应用场景，包括云应用程序、动态网站、内容分发、移动和游戏应用程序以及大数据分析等。
- **Amazon S3 智能分层**：旨在通过智能分析数据使用频率并将数据自动移至最经济高效的存储设备来优化成本，同时不影响性能或产生运营开销。智能分层应用场景与 S3 标准存储相同。Amazon S3 监控智能分层的对象访问模式，将连续 30 天未访问对象移动到不频繁访问层，而如果访问不频繁访问层中对象，则该对象将被自动移回频繁访问层。
- **Amazon S3 标准 –IA（不频繁访问）**：用于不频繁访问但在必要时能够快速访问的数据，适合长期存储和备份，以及用作灾难恢复文件的数据存储。"Amazon S3 标准 –IA"提供与 S3 标准存储相同的高持久性、高吞吐量和低延迟性能，并且每 GB 存储价格和检索费用都较低。
- **Amazon S3 单区 –IA（不频繁访问）**：用于不频繁访问但必要时要求快速访问的数据，并将数据存储在单个可用区中，并且成本比"Amazon S3 标准 –IA"低。适用于成本较低的存储服务来存储不频繁访问的数据，而不需要"Amazon S3 标准"或"Amazon S3 标准 –IA"等可用性和弹性高的存储服务。
- **Amazon S3 Glacier**：适用于数据归档，旨在为用户提供高性能、安全、持久、低成本的对象存储类，同时满足各种数据检索需求。Amazon S3 Glacier 根据归档数据访问模式和持续存储时间提供 3 类优化的存储选择。Amazon S3 Glacier Instant Retrieval 可以提供最低的存储成本及毫秒级检索速度，适用于需要即时访问的归档数据；Amazon S3 Glacier Flexible Retrieval（原 S3 Glacier）可以在几分钟内检索，也可以在 5~12 小时内进行免费批量检索，适用于不需要立即访问但需要灵活地免费检索大量数据的归档数据；Amazon S3 Glacier Deep Archive 是成本最低的云存储，数据检索时间为 12 小时，适用于很少需要访问的归档存储。

3.3 联网与路由

网络是部署和管理云计算资源、交付云服务的基础。用户需要在云计算平台中构建属于自己的网络环境，部署并安全、可靠、高效地完成各种计算工作，为其客户提供相关服务。

3.3.1 VPC

1. 概念与架构

（1）概念

VPC（Virtual Private Cloud）是用户在公有云服务供应商平台上自定义的，用于资源部署的私有虚拟网络空间。不同 VPC 间相互逻辑隔离，用户通过选择 IP 地址范围、创建子网（包括公有子网、私有子网）、配置路由表等，自定义 VPC 网络环境，组织服务资源（网站服务器、应用服务器、数据库服务器等）的部署，灵活控制对资源的访问。例如，用户可以为可访问

Internet 的前端 Web 服务器创建一个公有子网，而将后端系统（如数据库或应用程序服务器）放在不能被 Internet 访问的私有子网中。

为保障云资源和应用程序的安全，用户可以根据 VPC 网络环境，部署安全组和网络访问控制列表（网络 ACL）等多层安全措施，通过在 VPC 内部构建起严密的网络安全防护机制，实现对云资源和应用程序的安全访问。

（2）架构

VPC 架构及其基本组件如图 3-9 所示，为提供丰富的联网服务与管理能力，保障所部署云资源与服务的安全性，用户可以使用以下服务组件构建模块化、可扩展的 VPC 架构。

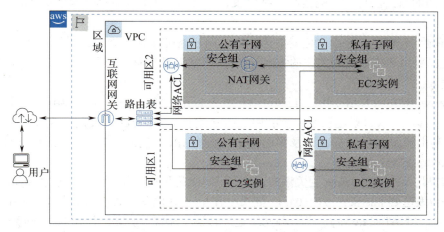

图 3-9　VPC 架构及其基本组件

1）IP 地址段。用户创建 VPC 时，需要选择 VPC 所使用 IP 地址的范围，用于划分为一个或多个子网，以隔离放置的资源组。用户可以使用 RFC 1918 的私有 IP 地址段、公有 IPv4 或者 IPv6 地址段，并将它们静态分配给子网和 EC2 实例。如果需要通过 Internet 访问这些地址，用户需要将 VPC 连接到 Internet，并更新路由表将它们发布到 Internet。在 Internet 上只有公有 IP 地址可以被路由，VPC 中任何可供 Internet 访问的实例或托管服务均需要分配公有 IP 地址。

VPC 可以为每个资源（实例）自动分配或由用户设置一个私有 IP 地址。亚马逊云科技建议 VPC 使用 10.0.0.0/8、172.16.0.0/12、192.168.0.0/16 3 个私有 IP 地址网段。默认 VPC 分配有 172.31.0.0/16 的 CIDR 范围。每个默认 VPC 中的默认子网分配有 VPC CIDR 范围内的 20 个网块。

2）子网。子网是 VPC 私有网络 IP 地址范围的划分，所有云资源（如实例、云数据库等）必须部署在子网内。用户可以在 VPC 所在区域的一个或多个可用区创建子网，每个子网完全从属于某个可用区，不能跨越多个可用区，并且子网网段一经创建后就不能修改。

VPC 子网分为公有子网和私有子网。公有子网可以路由流量到 Internet 网关，并且可以访问 Internet。因此，通常需要将直接连接 Internet 的资源部署在公有子网内。私有子网不能直接路由网络流量到 Internet 网关，无法访问 Internet。因此，通常将不需要直接连接到 Internet 的资源部署在私有子网内。

子网在创建时需要保留少量 IP 地址，用于自己的无类域间路由 CIDR（Classless Inter-Domain Routing）。以亚马逊云科技为例，每个子网段需要保留 5 个 IP 地址。对于 10.0.0.0/24 网段，需要保留网络地址（10.0.0.0）、VPC 本地路由器（10.0.0.1）、域名系统解析（10.0.0.2）、未来使用（10.0.0.3）、网络广播地址（10.0.0.255）5 个 IP 地址。

3）路由表。VPC 路由表包含一组称为"路由"的规则，用于确定网络流量的走向。表中的每条路由都指定一个目的地址和一个目标地址。目的地址是指希望流量传输到的 IP 地址范围（目的 CIDR），而目标地址则是用来向目的地址发送流量的网关、网络接口或连接，如 Internet 网关。路由表分为随 VPC 创建而自动生成的主路由表和用户创建的自定义路由表两种。

VPC 的每个子网都必须与某个路由表相关联，用以控制子网路由。子网一次只能与一个路由表关联，但是多个子网可以与同一路由表关联。主路由表控制 VPC 中未与其他路由表显式关联的所有子网的路由。用户不能删除主路由表，但可以对主路由表进行编辑，如添加、删除和修改路由。

默认情况下，自定义路由表创建时为空表，用户通过在其中添加、删除和修改路由，来控制与该自定义路由表建立显式关联的 VPC 子网的网络流量走向。用户只能删除没有关联子网的自定义路由表。

4）Internet 网关和 NAT 网关。Internet 网关（Internet Gateway）是一种用于 VPC 与 Internet 间通信的，可以水平扩展、冗余，高可用的 VPC 组件。Internet 网关用于在 VPC 路由表中为 Internet 可路由流量提供目标，以及为已分配了公有 IPv4 地址的实例执行网络地址转换 NAT（Network Address Translation）。

用户需要将 VPC 的 Internet 网关添加到公有子网所关联的路由表中，以通过 Internet 网关将非本地网络流量发送到 Internet（0.0.0.0/0）。如果没有 Internet 网关，VPC 将无法与 Internet 连接。

NAT 网关（NAT Gateway）是一种网络地址转换（NAT）服务。使用 NAT 网关，私有子网的实例可以中转连接到 VPC 外部的服务，但外部服务无法发起与这些实例的连接。NAT 网关创建时，需要指定是公有连接类型还是私有连接类型。通过公有 NAT 网关，私有子网实例可以连接到 Internet，但是不能接收来自 Internet 的未经请求的入站连接；而通过私有 NAT 网关，私有子网实例可以连接到其他 VPC 或者用户在本地部署的网络。

5）安全组。安全组根据安全规则控制网络流量进入（入站）和离开（出站）与其关联的资源，其中入站规则控制流量的进入，出站规则控制流量的离开。用户通过向安全组中添加规则，控制流量进入和离开与它关联的资源（如 Web 服务器、数据库等）。

用户创建 VPC 时，系统会自动为 VPC 创建一个默认安全组。以亚马逊云科技为例，VPC 在创建时会自动生成一个名为"default"的默认安全组，并拥有一个由 Amazon 分配的安全组 ID。对于某些资源，如果用户在创建资源时没有关联安全组，则会关联默认安全组。例如，如果用户在启动 EC2 实例时没有指定安全组，则会关联默认安全组。

默认情况下，安全组允许所有流量离开，而限制流量进入。安全组只能在创建该安全组的 VPC 中使用，且仅在与实例关联的情况下，规则才会用于控制访问实例的网络流量。用户可以创建其他安全组，并在部署实例时指定其与一个或多个安全组关联。在确定是否允许流量到达关联的 EC2 实例时，会评估所有与该实例关联的安全组中的所有规则。

安全组是有状态的，通常只需要设定其所允许的入站协议端口。例如，如果某实例发送请求，则无论所关联安全组的入站规则如何，都允许该请求的响应流量到达该实例。用户可以随时修改安全组的规则，新规则将自动应用到所有与该安全组相关联的实例。

6）网络访问控制列表。网络访问控制列表（Access Control List，ACL）是 VPC 的可选安全层，用于控制特定网络流量进入和离开与其关联的子网。VPC 自动带有可修改的默认网络 ACL，默认情况下，该网络 ACL 允许所有流量入站和出站。网络 ACL 有独立的入站和出站规则，并且每项规则可以允许或拒绝流量。与安全组相似，用户可以通过添加入站或出站网络 ACL 规则，对进入（入站）和离开（出站）与它关联的子网的流量进行精确控制。每个 VPC 子网都必须与一个网络 ACL 关联，如果用户没有将某个子网与一个网络 ACL 显式关联，则该子网将自动关联默认网络 ACL。

与安全组不同的是，网络 ACL 在子网级别运行，是一种无状态防火墙，对入站规则允许进入流量的响应会随着出站规则的变化而改变（反之亦然）。具有相同网络流量控制需求的子网可以关联同一个网络 ACL，而一个子网一次只能与一个网络 ACL 关联。当一个子网与某个网络 ACL 建立新的关联时，它此前的关联将被删除。

2. 主要功能

VPC 可以理解为一种网络逻辑结构，用户可以通过 IP 地址选择和分配、子网结构划分、网络路由策略配置等，灵活地规划和管理自己的虚拟网络空间，并通过安全组和网络 ACL 等的部署与配置，提升 VPC 内云资源和服务的安全性。

（1）网络空间结构规划

用户在创建 VPC 之前，需要根据业务的具体需求对 VPC 网络空间进行规划，包括区域选择、子网划分、IP 地址范围的选择等。

- **区域（位置）选择**：云服务供应商将遍布全球的基础设施根据地理位置集合成若干"区域"。因此，区域（Region）既是一个地理概念，也是云服务网络时延的划分。用户在创建 VPC 时通过"区域"选择，可以使其业务在地理位置上更加靠近最终客户，并满足有关法律法规的合规性要求。
- **子网划分**：子网是 VPC 内 IP 地址范围的划分。用户可以根据业务在网络流量传输、容错和安全等方面的需要，通过划分子网来合理规划网络空间。例如，公有子网关联路由表包含指向 Internet 网关的路由规则，公有子网配置公有 IP 地址或弹性 IP 地址的资源能够与 VPC 外部资源建立直接连接；而私有子网关联的路由表则包含指向位于公有子网的 NAT 网关路由规则，私有子网没有配置公有 IP 地址或弹性 IP 地址的资源通过 NAT 网关转发目标地址为 VPC 外部资源的流量。
- **私有 IP 地址选择与划分**：VPC 中资源依据 IP 地址相互通信以及与 Internet 资源进行通信，每个服务实例至少需要有一个私有 IP 地址。而 VPC 子网创建成功后，不支持 IP 地址范围更改。因此，用户需要根据业务需求和未来发展选择 VPC 内部私有 IP 地址范围，并合理划分私有 IP 地址网段，在实现 VPC 子网相关规划的同时，为其部署云资源（如实例、云存储等）预留足够的 IP 地址空间。以亚马逊云科技为例，可供选择的私有 IP 地址范围有 10.0.0.0/8~24、172.16.0.0/12~24 和 192.168.0.0/16~24。
- **弹性 IP 地址**：是为动态云计算资源设计的静态公有 IPv4 地址，可通过 Internet 访问。用户可以将弹性 IP 地址与其账户的 VPC 中的实例或网络接口进行关联，在用户明确释放其弹性 IP 地址之前，该弹性 IP 地址一直分配给用户的 Amazon 账户。借助弹性 IP 地址，用户可以通过将故障实例的弹性 IP 地址重新映射给 VPC 内的其他实例，快速屏蔽故障带来的影响。

（2）网络流量规划

用户需要根据所部署资源的业务需要规划网络连接与路由，以满足 VPC 内部资源之间、VPC 内部资源与 Internet 资源以及 VPC 与 VPC 之间不同流量转发的需求。

- **弹性 IP 地址连接 Internet**：部署在公有子网为公众提供服务的云资源（如实例、云存储等），可以通过配置弹性 IP 地址直接为 Internet 用户所访问。一个弹性 IP 只能绑定一个云资源使用。
- **NAT 网关连接 Internet**：部署在私有子网的云资源（如实例、云数据库等），可以配置私有 IP 地址，并利用部署在公有子网的 NAT 网关转发 Internet 访问请求，Internet 用户不能直接访问。NAT 网关可以实现同一 VPC 内多个云资源共享一个或多个公有 IP 地址主动访问 Internet，有效降低管理成本，减少云资源直接暴露在互联网的风险。
- **组合连接**：将弹性公有 IP 地址与实例直接绑定是一种网络资源独占方式；而 NAT 则是一种 IP 地址映射技术，两者存在本质不同。用户需要根据业务，组合使用弹性 IP 地址和 NAT 网关，实现 VPC 内的不同资源以不同方式连接到 Internet。
- **路由表配置**：在创建 VPC 时，系统会自动为其生成主路由表，所创建的子网默认与主路由表关联。用户如果需要对 VPC 内部网络流量传输进行特殊控制，可以创建自定义路由表，并将相关子网显式关联该路由表，利用自定义路由规则确保能够有效控制关联子网的流量路由。

（3）VPC 组件协作流程分析

VPC 组件协作流程如图 3-10 所示，来自 Internet 主动访问部署在 VPC 内资源（如实例、云存储等）的入站流量，在数据进入 VPC 时：

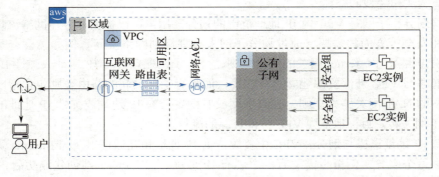

图 3-10　VPC 组件协作流程

1）来自 Internet 访问云资源（如实例）的流量经由 Internet 网关进入 VPC。
2）与该 Internet 网关绑定的路由表根据路由规则将流量转发至相应子网（Subnet）。
3）如果该子网关联有网络 ACL，该网络 ACL 将入站根据规则判断是否允许流量进入。
4）网络 ACL 允许进入子网的流量将被转发至待访问云资源（如实例）所关联的安全组，该安全组将根据安全规则判断是否将流量转发给相应资源。
5）安全组允许入站的流量被发送给相应资源。

而离开云资源（实例）的网络流量，其出站并转发至互联网的过程与上述流程相反。

显然，用户需要根据自身业务需求完成一系列 VPC 功能组件的部署与配置工作，以协调各 VPC 组件共同完成对进入和离开流量的控制与正确转发。

3.3.2 网络访问控制

用户通过部署并配置安全组与网络 ACL 等措施，可以对进入和离开 VPC 子网及所部署资源的网络访问流量进行控制，为 VPC 网络构建起多层安全防护。

1. 部署安全组

安全组是作用在 VPC 资源（实例）上的网络安全控制单元。用户可创建自己的安全组，并通过安全组规则的源和目标 IP 地址、端口和协议等设置，控制进入或离开与其绑定实例的网络流量。用户创建安全组时，必须为其提供名称和描述。安全组的名称和描述最多含 255 个字符，而且仅限于英文字母、数字、空格和符号（如 "._-:/()#,@[]+=&;{}!$*" 等）。安全组名称在 VPC 中必须是唯一的，且不能以 sg- 开头。用户可以创建多个安全组以满足不同实例的需要，例如，Web 服务器或数据库服务器。

（1）安全组规则构成

安全组是一种有状态防火墙，其安全规则通常由以下部分组成。

- **规则种类**：规则分为控制流量达到与该安全组相关联实例的"入站"规则，和控制流量离开实例的"出站"规则。安全组在被创建时没有入站规则，用户需要添加入站规则来允许特定入站流量传输到所关联的实例。默认情况下，安全组出站规则允许所有出站流量，用户需要删除该规则并添加允许特定出站流量的出站规则，才能控制出站流量离开与之关联的实例。
- **类型**：规则用于筛选流量的类型，例如，HTTP 流量、HTTPS 流量、SSH 流量等。
- **协议**：规则用于筛选流量的应用层协议，通常是 TCP、UDP 传输协议和 ICMP 协议。
- **端口范围**：规则用于筛选流量的端口或端口范围，可以是单个端口（如 80）或端口范围（如 7000–8000）。
- **源（Source）**：源对于入站规则是流量的源；对于出站规则是流量的目标。其中源可以是单个 IP 地址、IP 地址段（如 10.0.0.0/24），也可以是其他安全组。
- **策略**：规则对符合条件的流量的操作，分为"允许"或"拒绝"。

（2）安全组规则优先级

- 安全组以规则在列表中位置的高低来表示规则的优先级，列表顶端规则的优先级最高，最先被应用，而列表底端规则的优先级最低。
- 如果规则发生冲突，则默认使用位置排列在前（优先级高）的规则。
- 安全组是从规则列表的顶端开始逐条匹配规则直至最后一条。如果某条规则匹配成功，则允许入站/出站流量通过，并且不再匹配列表中该规则之后的规则。
- 用户可以随时调整安全组规则。

（3）多安全组协作

在实际应用场景中，某个云资源（实例）可能需要关联多个安全组，以满足业务配置需求。当多个安全组被关联到同一个云资源（实例）时，将根据关联安全组的顺序有效汇总各个安全组的规则成为一组规则聚合，并按照优先级自上而下依次匹配执行。

2. 部署网络访问控制列表

网络访问控制列表是作用在 VPC 子网上的网络安全控制单元。每个 VPC 子网必须与一个网络 ACL 关联。如果用户没有将某个子网与一个网络 ACL 显式关联，该子网将自动关联 VPC 创建时系统自动生成的默认网络 ACL，该默认网络 ACL 允许所有流量入站和出站。

用户可以创建自定义网络 ACL，并通过网络 ACL 规则的源和目标 IP 地址、端口和协议等的设置，控制进入或离开与其关联 VPC 子网的网络流量。默认情况下，每个自定义网络 ACL 都拒绝所有入站和出站流量，直至用户添加相应规则。

（1）网络 ACL 规则构成

网络 ACL 是一种无状态的防火墙，其过滤规则通常由以下部分组成。

- **规则编号**：每条规则拥有唯一编号，规则匹配根据编号从最低到高进行，只要流量与某条规则匹配，就应用该规则并忽略与其冲突的任何具有更高编号的规则。
- **类型**：规则用于筛选的流量类型，例如，SSH 流量等，用户也可以指定所有流量或自定义流量范围。
- **协议**：用于指定筛选任何具有标准协议编号的协议，当指定协议为 ICMP 时，可以指定 ICMP 协议的任意类型和代码。
- **端口范围**：规定侦听流量的端口或端口范围。例如，HTTP 流量的 80 端口，也可以是全部端口。
- **源**：仅限于进入方向规则，用以指定入站流量的源（CIDR 范围）。
- **允许/拒绝**：对匹配条件的流量的操作，分为"允许"或"拒绝"。

（2）网络 ACL 规则优先级

默认网络 ACL 允许所有流量流入和流出。如果使用默认网络 ACL 对进入或离开某个子网的流量进行过滤，需要修改默认网络 ACL，或者将该子网与某个自定义网络 ACL 显式关联。网络 ACL 将作用于与之关联子网内的全部资源（实例等），为整个子网提供防护。

当网络 ACL 包含多条规则时，需要使用从小到大的数字对规则编号，并根据编号从小到大的顺序对这些规则进行匹配，并且一旦与某条规则匹配成功，就结束匹配过程。

3. 安全组与网络 ACL 比较

安全组与网络 ACL 在防护对象、配置策略、状态信息、优先级、应用操作等方面都存在差异，见表 3-1 所示。

表 3-1 安全组和网络 ACL 差异对比

	安全组	网络 ACL
防护对象	实例级别	子网级别
配置策略	仅支持允许规则	支持允许、拒绝规则
状态信息	有状态：返回数据流会被自动允许，不受任何规则影响	无状态：返回数据流仍然需要被规则明确允许
优先级	无优先级，满足任意一条规则就允许	有优先级，按规则编号从最低开始，顺序处理
应用操作	启动实例时必须指定安全组，实例才能与安全组关联，操作才会被应用到实例	子网必须与网络 ACL 关联，操作才会被应用到子网，且自动应用于关联子网中的所有实例

3.3.3 路由服务

1. 使用路由表

目前，主流云服务供应商所提供的 VPC 服务通常都具有隐式路由功能，用户可以配置路由表来控制网络流量的流向，将网络流量从源导向指定目的地。

（1）路由规则

路由表包含一组称为"路由"的规则，用于判断将网络流量导向目的的转发路径。

1）路由属性。每条路由需要指定两个主要属性：目的（Destination）和目标（Target）。

- **目的**：希望流量传输到的目的 IP 地址范围。
- **目标**：用于定义将网络流量发送到目的地址所需要转发的下一条 IP 地址或网关、网络接口，例如，Internet 网关。

2）本地路由。每个路由表中至少包含一条用于 VPC 内部实例间通信的本地路由。默认情况下，本地路由会被添加到所有路由表中，用户不能在子网路由表或主路由表中修改或删除这些路由。如果 VPC 包含多个 IP 地址段，则路由表将为每个 IP 地址段添加一条本地路由。

3）默认路由。每个路由表都可以包含一条默认路由（0.0.0.0/0），用于将子网的非本地网络流量通过 VPC 的 Internet 网关路由到 Internet。

（2）路由表分类

- **主路由表**：在创建 VPC 时，会自动生成主路由表。如果 VPC 的子网未与某个路由表显式关联，默认情况下将使用主路由表。
- **自定义路由表**：用户为 VPC 创建的路由表。默认情况下，自定义路由表是空表，用户可以根据需要添加路由。
- **网关路由表**：当路由表与某个网关关联时，则称为网关路由表。网关路由表可以精确控制进入 VPC 的网络流量的转发路径。

（3）路由表关联

VPC 的每个子网都必须与某个路由表关联以控制子网路由。子网可以与主路由表隐式或显式关联，也可与自定义路由表显式关联。如果 VPC 的某个子网未与特定路由表显式关联，该子网将自动与 VPC 主路由表隐式关联。一个子网一次只能与一个路由表关联，多个子网可以与同一路由表关联。

2. 使用域名解析服务

域名解析服务（Domain Name Service）是一种将域名（如 www.example.com）转换为计算机所使用 IP 地址（如 192.0.2.1）的过程，方便人们使用便于记忆的域名访问网站。例如，用户在 Web 浏览器地址栏中输入某个网站或 Web 应用程序的注册域名（如 www.example.com），就可以访问该网站或 Web 应用程序。

（1）域名结构

Internet 采用层次树状结构的命名方法为连接在 Internet 上的计算机或其他设备（如路由器）命名。域名（Domain Name）是一串使用"."分隔的便于记忆的层次结构字符串，用于命名 Internet 上的计算机或其他设备。域名是一种逻辑概念，不代表计算机所在的物理位置。计算机或其他设备要在 Internet 上使用域名，需要事先为其注册域名。Internet 在传输数据时使用的是便于计算机处理并定位资源位置的 IP 地址，是一组 32 位定长二进制数字。

域名空间：域名采用层次树状结构命名方式，每层代表一个域（Domain），是域名空间中一个可管理范围的划分。整个域名空间自顶层到底层，划分为一个由根域、顶级域、二级域、子域等构成的域层次结构。构成整个域名空间的不同层次域名间采用"."表示分隔。

根域：位于域名空间最顶层，一般用一个"."表示。

顶级域（Top-Level Domains）：是根域下第一层级域的名称，是域名中紧跟在最后的"."符号后面的部分，又称域名后缀，用以表示域名所属类别、组织机构或国家地区。例如，行业属性：教育（.edu）、商业（.com、.biz）、组织（.org）等；所有者所在地域：中国（.cn）、日本（.jp）、美国（.us）等。

二级域：用于标明顶级域内的某个特定组织或公司名称。而国家顶级域下的二级域名由国家网络部门统一管理，例如，.cn 顶级域名下设置二级域名：.com.cn、.net.cn、.edu.cn 等。

主机名：处于域名空间结构最底层，是一台具体的计算机。例如，www、mail，通常表示为用户提供特定服务的计算机设备。

完全域名：完全限定域名 FQDN（Fully Qualified Domain Name）是域加上主机名的总称，可以从逻辑上表示主机所在的位置和提供的服务，简称完全域名。例如，域名 www.example.com、ftp.example.com、email.example.com。这里 www，ftp 和 email 标识计算机所提供的服务。

完全限定域名 FQDN 的命名有严格限制，长度不能超过 256 字节，只允许使用数字、大小写字符和减号"–"。符号"."只用于域名间标识层次（例如，"example.com"）或者在 FQDN 结尾使用。域名不区分大小写。

（2）域名系统

域名系统（Domain Name System）管理域名，并通过建立分布式数据库存储域名与 IP 地址的映射关系来实现域名与 IP 地址的解析。利用域名解析服务，用户得以使用便于记忆的域名，而不是既难以记忆又不能显示组织名称、结构和性质等的 IP 地址。

域名解析服务器运行 DNS 服务程序，负责将用户的域名解析请求（查询）转换为相应计算机的 IP 地址，又称 DNS 服务器。由于域名服务是分布式的，每个 DNS 服务器都含有域名空间内自己的完整信息，其控制管辖范围称为"区（zone）"。DNS 服务器是以"区"为单位，每个 DNS 服务器都有一或多个"区"。

DNS 服务器完成解析的最小单元就是"域"，每个域都有自己的 DNS 服务器。DNS 服务器负责保存并维护当前域内的域名与 IP 地址间映射关系的数据文件，以及下级子域的 DNS 服务器。所有 DNS 服务器的域名与 IP 地址映射集合就构成了域名空间。根据保存的域名信息及其在域名解析过程中的作用，DNS 服务器主要分为以下几类。

- **根域名服务器**：是负责管理域名系统整体结构和 IP 地址的最高层次的域名服务器，保存有所有顶级域名服务器的域名和 IP 地址。
- **顶级域名服务器**：负责管理在该顶级域名服务器注册的所有二级域名。
- **权威域名服务器**：是实际负责管辖某个域名"区域（zone）"的计算机域名和 IP 地址映射记录的域名服务器，是 DNS 查找链底部的服务器。
- **本地域名服务器**：它负责在计算机发出 DNS 查询请求时解析该查询，或者代替计算机向域名空间中不同层次的权威域名服务器查询，再将查询结果返回给计算机。

（3）亚马逊云科技域名服务

Amazon Route 53 是亚马逊云科技的高可用、扩展性强的域名系统（DNS）Web 服务，提供域名注册、DNS 路由转发、运行状况检查等服务，帮助用户管理自己 VPC 的资源。

Amazon Route 53 协同工作，基于域名解析将 Internet 流量路由至用户资源（例如 Web 服务器或云存储设备）的过程如图 3-11 所示。

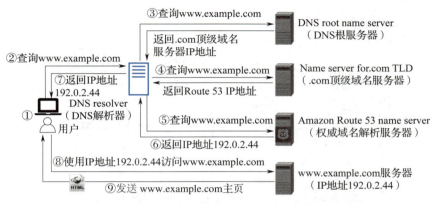

图 3-11　Amazon Route 53 域名解析过程

① 用户在 Web 浏览器地址栏中输入 www.example.com，发起访问请求。

② 对 www.example.com 的解析请求被路由到 DNS 解析程序，通常是由用户接入 Internet 的网络服务提供商（ISP）或企业网络管理的本地域名服务器运行。

③ DNS 解析程序将 www.example.com 的解析请求转发给 DNS 根域名服务器。

④ DNS 解析程序依据 DNS 根域名服务器的解析，将对 www.example.com 的解析请求再次转发到 .com 域的某个顶级域名服务器。该 .com 域的顶级域名服务器使用与 example.com 域关联的 4 个 Route 53 域名服务器的域名来响应该解析请求。

DNS 解析程序会缓存（存储）4 个 Route 53 名称服务器解析信息，后续如果再有访问 example.com 的解析请求，因为已经缓存有 example.com 域名服务器，解析程序将跳过步骤③和④。域名服务器缓存期通常为 2 天。

⑤ DNS 解析程序选择某个 Route 53 域名服务器，将对 www.example.com 的解析请求转发给该域名服务器。

⑥ Route 53 域名服务器在 example.com 托管区域中查找 www.example.com 记录，获取关联值（Web 服务器的 IP 地址 192.0.2.44），并将该 IP 地址返回给 DNS 解析程序。

⑦ DNS 解析程序最终得到用户所需的 IP 地址，并将该值返回给 Web 浏览器。DNS 解析程序可以根据用户设定的存活期（TTL）缓存该 example.com 的 IP 地址，以便后续再次访问 example.com 时可以做出快速响应。

⑧ Web 浏览器将访问 www.example.com 的请求发送到它从 DNS 解析程序获得的 IP 地址，也就是待访问内容所在位置。例如，运行在 Amazon EC2 实例的 Web 服务器，或配置为网站终端节点的 Amazon S3 存储桶。

⑨ 使用 IP 地址为 192.0.2.44 的 Web 服务器或其他资源，将 www.example.com 网页文档发送给 Web 浏览器，Web 浏览器在获得该文档后将显示该页面。

（4）运行状况检查

Amazon Route 53 域名服务器通过向用户的应用程序（例如，Web 服务器和电子邮件服务器）发送请求，验证其是否可以访问，监控资源的运行状况。用户可以为运行状况检查配置 Amazon CloudWatch 警报，在资源变得不可用时发送告警信息。Amazon Route 53 运行状况检查工作原理如图 3-12 所示。

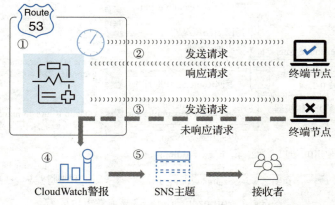

图 3-12　Amazon Route 53 运行状况检查工作原理

① 用户创建运行状况检查，并指定用以定义工作运行状况的值，例如：

- 用户希望 Route 53 监控的终端节点（如 Web 服务器）的 IP 地址或域名。
- 用户希望 Route 53 用于执行相应检查的协议，如 HTTP、HTTPS 或 TCP。
- 用户希望 Route 53 向终端节点发送请求的频率，也就是请求时间间隔。
- 在 Route 53 认为终端节点运行状况不佳之前，终端节点必须尝试响应请求的连续次数，也就是失败阈值。
- （可选）在 Route 53 检测到终端节点运行状况不佳时，用户希望接收通知的方式。在配置通知时，Route 53 会自动设置 CloudWatch 警报。

② Route 53 以用户在运行状况检查中指定的时间间隔向终端节点发送请求。

如果终端节点响应请求，则 Route 53 认为终端节点运行状况良好，因而不会采取任何措施。

③ 如果终端节点未响应请求，则 Route 53 开始计算终端节点连续未响应的请求次数：

- 如果连续次数达到设定的失败阈值，则 Route 53 认为终端节点运行状况不佳。
- 如果在连续次数达到失败阈值之前终端节点开始再次响应，则 Route 53 重置未响应请求次数为 0，而 CloudWatch 也不会发送告警信息。

④ 如果 Route 53 认为终端节点运行状况不佳，并且用户配置有运行状况检查通知，则 Route 53 将通知 CloudWatch。用户即使没有配置通知，仍然可以从 Route 53 控制台中看到 Route 53 运行状况检查的状态。

⑤ 如果用户配置有运行状况检查通知，则 CloudWatch 将触发警报，并使用 Amazon SNS 向指定收件人发送通知。

如果用户拥有执行相同功能的多个资源（如 Web 服务器或数据库服务器），并且用户希望 Route 53 仅将流量路由到运行状况良好的资源，则可以通过将运行状况检查与每个资源的相应记录相关联,来配置 DNS 故障转移。如果运行状况检查确定基础资源运行状况不佳,则 Route 53 会将流量从相关联的记录路由到其他资源。

3.4 云计算安全

云计算平台集中了庞大的用户,以及海量数据资源,保障云计算的安全,特别是公有云平台的安全性,对云计算的发展至关重要。

3.4.1 安全责任共担机制

1. 云服务模型安全问题分析

云服务供应商所提供服务需要面对种类繁多的应用、复杂多变的环境、分布广泛的接入。与传统网络信息系统相比,云计算服务的端到端交付过程存在诸多安全隐患和风险。

(1)IaaS 服务安全问题

IaaS 服务提供计算、存储、网络和其他计算基础设施服务。用户使用云服务供应商提供的各种计算基础设施自行部署操作系统及应用系统,而不控制和管理底层基础设施。因此,IaaS 服务的安全问题,主要与云计算平台自身的安全性有关。

- **物理设施安全**:主要是服务器、存储、网络、电源等设备及其支撑环境的物理安全。
- **数据传输安全**:主要是数据在传输过程中的完整性、可用性与保密性等问题。
- **数据存储安全**:主要是数据存储的保密性、完整性与可用性等问题。
- **虚拟化安全**:主要是云计算平台虚拟化软件和虚拟服务器潜在的安全问题。
- **API 接口安全**:主要是云服务供应商为用户提供资源管理、系统监控等服务的专用 API 接口的安全问题,特别是提供认证加密、访问控制等服务的 API 接口。
- **共享技术安全**:主要是直接使用底层基础架构的用户之间是否能够有效隔离的问题。
- **应用程序安全**:主要是用户部署自定义系统映像(例如,亚马逊云科技自定义系统映像 AMI)可能存在的安全问题。

(2)PaaS 服务安全问题

PaaS 提供丰富的 API 接口和中间件服务,用户可以使用云服务供应商所提供的服务或应用程序接口(API)开发、测试应用软件并维护业务系统。由于不是用户自行构建的开发、测试平台和运维系统,又很少考虑云计算平台间的兼容性,PaaS 服务面临以下安全问题。

- **API 安全**:不安全的 API 接口或中间件可能给用户调用这些接口或中间件在云计算平台上开发、部署的应用程序带来安全问题。
- **服务集成安全**:PaaS 用户通过 API 接口调用的底层 IaaS 服务集合是云服务供应商的自有服务,由于缺乏通用标准,难以对这类服务集合的安全性和可移植性进行评价。
- **数据安全**:主要是未加密的静态数据可能被来自云计算平台内部的攻击者或者未授权的访问者所窃取等数据的安全性问题。

(3)SaaS 服务安全问题

SaaS 服务提供应用软件租用服务供用户通过标准 Web 浏览器直接,而不是自行部署该软件。由于 SaaS 应用软件的部署、升级和维护均由云服务供应商负责，因此，SaaS 服务主要面临以下安全问题。

- **权限管理**：SaaS 服务供应商所提供的身份验证与访问控制管理是用户唯一可用的权限控制手段，其身份鉴别机制是否存在缺陷，访问控制策略设置是否存在漏洞等，都可能带来安全隐患。
- **数据处理安全**：SaaS 用户难以通过自行开发或部署的安全程序来预防数据泄露，相关安全防范主要依赖云服务供应商所提供的安全措施。
- **应用服务不透明**：SaaS 用户直接使用云服务供应商所提供的服务，难以评估所提供服务的安全性，以及是否存在未知安全风险等威胁。
- **法律法规及监管问题**：作为一种新型服务模式，云服务的监管制度、法律法规等建设相对滞后。

显然，云服务的安全问题涵盖各种云服务模式，既依赖计算、存储、网络等基础设施，也涉及应用、数据、人员等服务质量，还与开发、维护、使用等环节密切相关，需要云服务供应商与其客户共同运用安全技术与控制机制，保障云服务的安全性与合规性。

2. 安全责任共担模型

云计算系统结构复杂、整个服务交付过程安全隐患繁多，而云服务供应商由于控制范围限制，无法承担全部安全责任。因此，云服务供应商与其用户依据资源控制范围，以责任分担模式共同保障云计算的安全性在业界已成为共识。目前，主流云服务供应商均采用与用户责任共担的安全策略。

（1）云服务资源控制范围

云计算资源控制范围如图 3-13 所示，在不同的云服务模式中，云服务供应商及其用户对计算资源有着不同的控制范围。这意味着云服务供应商与其用户在云计算安全中有着各自不同的责任边界。

图 3-13　云计算资源控制范围

- **IaaS 服务**：云服务供应商主要控制基础设施、网络、存储、服务器等硬件设备，物理资源虚拟化与管理。云服务用户控制操作系统、中间件、运行环境、数据和应用程序。
- **PaaS 服务**：云服务供应商主要控制基础设施、网络、存储、服务器等硬件设备，物理资源虚拟化与管理、操作系统、中间件、运行环境,以及部分数据。云服务用户则控制和应用程序。
- **SaaS 服务**:云服务供应商主要控制基础设施、网络、存储、服务器等硬件设备,物理资源虚拟化与管理、操作系统、中间件、运行环境、部分数据以及应用程序。云服务用户仅控制部分数据。

(2)云服务安全责任范围

为保证云服务供应商与其云服务用户各自承担的责任能共同覆盖整个云计算系统,避免出现无人承担责任或责任不明确,云计算开源产业联盟《云计算安全责任共担白皮书(2020 年)》根据云服务供应商和云服务用户对云计算资源控制范围,将云服务的安全责任划分为如图 3-14 所示的 7 层,并给出相关说明与参考。

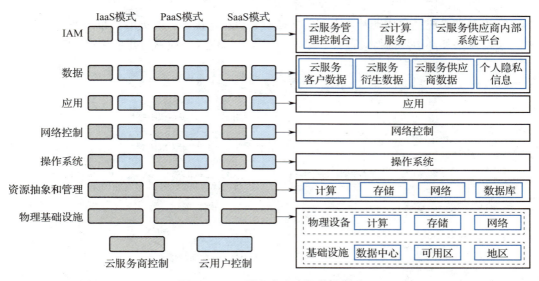

图 3-14 云服务安全责任范围划分

1)物理基础设施:是承载云计算平台的物理基础架构所涉及的安全问题,主要是云计算数据中心的安全问题。

2)资源抽象和管理:是计算、存储、网络等硬件资源虚拟化所涉及的安全问题,主要涉及云服务器、存储、网络等云基础设施服务产品的安全问题。

3)操作系统:主要是云服务器所运行的操作系统的安全问题。

4)网络控制:主要涉及云服务器之间、云服务器与外部网络间数据传输的安全问题。

5)应用:主要涉及云计算环境下应用系统的安全问题。在 IaaS、PaaS 服务中,是用户在云计算平台上自行部署的软件或服务;而在 SaaS 服务中,则是云服务供应商所提供的应用软件服务。

6)数据:主要涉及云服务用户的相关业务数据、云服务衍生数据、云服务供应商数据及其用户的个人隐私信息等安全管理问题。

7)身份认证与访问控制管理(IAM):主要涉及云计算相关资源访问者的身份识别与访问控制。包括云服务管理控制台、云计算服务、云服务供应商内部系统平台,以及相关数据。

（3）亚马逊云科技责任共担模型

亚马逊云科技认为云计算的安全性是亚马逊云科技与其用户的共同责任。亚马逊云科技的责任共担模型将责任划分为云"本身"的安全性和云"中"的安全性，如图3-15所示。

1）亚马逊云科技负责云"本身"的安全性。亚马逊云科技负责保护运行所有亚马逊云科技服务的基础设施，也就是所有承载亚马逊云科技云服务的全球基础设施，以及亚马逊云科技服务的区域、可用区和边缘站点服务。为此，亚马逊云科技主要承担以下这些云"本身"的安全责任。

- **数据中心物理安全**：包括选择安全的地理位置，设置全天候物理保护屏障；基于身份验证的进出管控；建筑内部活动的跟踪监控与审查记录；设备运行保障系统；数据物理销毁装置等。
- **硬件基础设施**：主要涉及服务器、存储设备以及亚马逊云科技服务的其他硬件设备。
- **软件基础设施**：主要涉及托管操作系统、服务应用程序和虚拟化软件。
- **网络基础设施**：主要涉及路由器、交换机、负载均衡器、防火墙、布线等网络设备，以及对网络外部边界的持续监控、保护访问点，提供入侵检测与冗余基础设施。

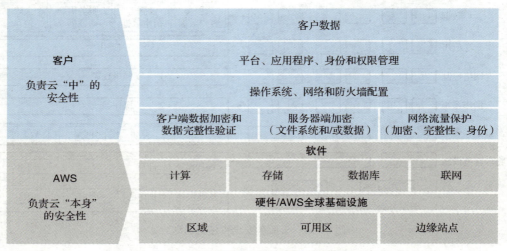

图3-15 亚马逊云科技责任共担模型

2）云服务用户负责云"中"的安全性。为保障用户部署所需要的灵活性和控制力，亚马逊云科技用户的安全责任由用户选择的云服务所确定。这意味着，用户需要采取的安全措施取决于所使用的服务以及用户系统的复杂程度，具体包括：

- 选择需要在亚马逊云科技上存储的数据内容；
- 根据待存储内容选择需要使用哪些亚马逊云科技服务；
- 选择内容存储所在的国家/地区（区域）；
- 根据内容格式和结构选择是否进行遮蔽、匿名或加密处理；
- 确定哪些用户有权限访问哪些内容以及如何授予、管理和撤销这些访问权限。

亚马逊云科技用户有权选择并控制为保护其数据、环境、应用程序，配置身份认证与访问控制及操作系统而实施的安全措施，具体包括：

- Amazon EC2 实例操作系统及其运行环境的修补、更新与维护；
- 应用程序加密方法、密码管理、基于角色的访问控制等；
- 安全组的配置；
- 操作系统或基于主机的防火墙，包括入侵检测或防护系统；
- VPC 的网络配置；
- 账户管理，包括每个用户的登录和权限设置。

3.4.2 身份认证与访问控制

身份认证与访问控制管理 IAM（Identity and Access Management）为用户提供数字身份认证与权限分配、资源访问控制等功能，实现用户的全生命周期管理并控制其对云资源的访问和使用。

1. 概念与功能

（1）身份认证

身份认证是通过验证被认证对象的某一特殊属性来判别并确认被认证对象的真实身份是否与其所声称身份（某个特定账户）相符。在身份认证过程中，待鉴别用户通常是使用某种凭证及其属性来证明其身份。目前，鉴别身份所使用凭证大致分为 3 类：

1）用户所知道的知识：例如，口令（Password）、个人识别码 PIN（Personal Identification Number）、密钥等。

2）用户所拥有的事物：通常是物理设备，例如，智能卡（IC 卡）、USB Key 等。

3）用户固有的生物特征：例如，指纹、声音、虹膜、脸型等。

身份认证构建了云计算安全体系的基础。为弥补单因素身份认证机制容易受到攻击，难以满足用户更高安全性要求的需求，越来越多的云服务系统提供多因素身份认证（Multi-Factor Authentication）机制，通过多种认证方法的叠加达到增强安全性的目的。

（2）访问控制

访问控制是在身份认证基础上，根据用户身份及其所属类别，限制用户对某些资源的访问或某些操作的使用。访问控制主要用途如下：

1）允许合法用户访问受保护的网络资源。
2）防止非法用户访问受保护的网络资源。
3）防止合法用户对受保护的网络资源进行非授权访问。

2. 亚马逊云科技 IAM 服务

亚马逊云科技 IAM 服务通过身份认证、安全凭证管理，资源访问权限及获得条件定义，利用身份认证和资源访问控制技术帮助亚马逊云科技用户管理和控制对其账户中计算、存储、数据库和应用程序等资源和服务的访问与操作，确保其安全、合规。

（1）概念定义

亚马逊云科技 IAM 基于属性的访问控制策略，主要涉及以下概念。

- **资源**：存储在 IAM 中的用户（Users）、组（Groups）、策略（Policy）、角色（Roles），以及身份提供商对象。管理者可以在 IAM 中添加、编辑和删除资源。

- **身份**：用于标识和分组的 IAM 资源对象。管理者可以将策略附加到 IAM 身份，包括用户、组和角色。
- **实体**：用于进行身份验证的 IAM 资源对象，包括 IAM 用户和角色。
- **委托人**：是使用亚马逊云科技账户、IAM 用户或 IAM 角色登录并请求对亚马逊云科技资源执行操作的人员或应用程序。

（2）权限定义元素

亚马逊云科技 IAM 采用用户、群组、策略和角色 4 个元素定义资源的访问权限，为用户管理自己账户下资源提供多种访问控制方案。

- **IAM 用户**：是亚马逊云科技账户中定义的人员或应用程序，通过 API 调用亚马逊云科技资源和服务。每个亚马逊云科技账户中的用户都必须具有唯一的名称（名称中不含空格）和一组不与其他用户共享的安全凭证。这些凭证不同于亚马逊云科技账户根用户的安全凭证。
- **IAM 群组**：是 IAM 用户的集合。管理者可以利用用户组简化对多个用户的指定权限，方便管理这些拥有相同授权的用户。
- **IAM 策略**：是定义身份与资源关联时操作权限的文档，用以指定用户可以对相关资源执行的操作。策略中的权限用以确定允许或拒绝某个 IAM 主体（用户或角色）发出的资源访问请求。策略通常授予对特定资源的访问权限，策略也可以显式拒绝访问。
- **IAM 角色**：是可以在账户中创建的一种具有特定权限的 IAM 身份，用于对特定资源的临时访问授予权限。角色类似于 IAM 用户，不同在于，角色旨在让需要它的任何人代入，而不是关联唯一的某个人员。

（3）基本功能

亚马逊云科技 IAM 服务架构及功能如图 3-16 所示。

1）身份验证。亚马逊云科技 IAM 只有在用户的身份（即该用户是谁）得到验证之后，才可以向其授予执行相关操作的权限。管理者可以为用户分配两种类型的访问方式：编程方式访问和亚马逊云科技管理控制台访问。用户可以被分配允许使用这两种访问方式。

对编程方式访问，IAM 用户使用 Amazon CLI、Amazon 开发工具包或某些其他开发工具进行 Amazon API 调用时，需要提供访问密钥 ID 和秘密访问密钥。

对亚马逊云科技管理控制台访问，IAM 用户需要在浏览器的登录窗口中根据系统提示在相应字段填写提供用户的 12 位数字账户 ID 或相应的账户别名。用户还必须输入其 IAM 用户名和密码。如果为用户启用了多因素验证，系统还会提示用户提供身份验证代码。

2）多因素验证（MFA）。启用多因素验证 MFA，管理者可以为其账户和用户添加双重身份验证以实现更高安全性。管理者或其管理的用户不仅需要提供所使用账户的密码或访问密钥，还必须提供来自经过专门配置的设备的 MFA 令牌，才能访问亚马逊云科技资源和服务。MFA 身份验证令牌包括与 MFA 兼容的虚拟应用程序（例如，Google 身份验证器）、U2F 安全密钥设备和硬件 MFA 设备。

3）授权。授权是确定需要向用户、服务或应用程序授予哪些权限的过程。用户经过身份验证后，还需要获得授权才能够访问亚马逊云科技服务。默认情况下，IAM 用户无权访问亚马逊

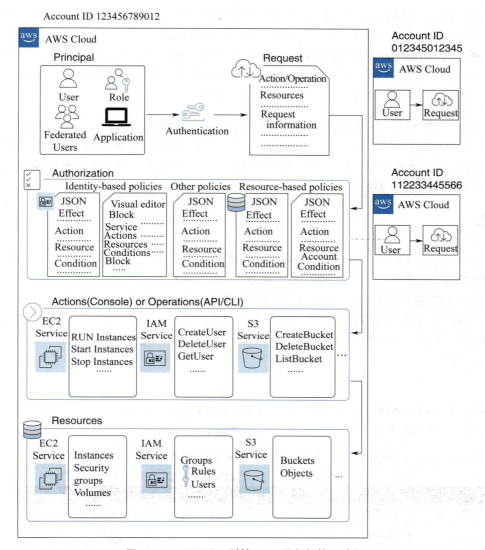

图 3-16 亚马逊云科技 IAM 服务架构及功能

云科技账户中的任何资源或数据（隐式拒绝），必须获得授权（显式允许）才能完成访问请求。

管理者必须通过创建策略，明确向用户、组或角色授予权限。一个 IAM 身份可以与一个或多个策略相关联。在授权过程中，Amazon 使用请求的上下文值来检查应用于请求的策略，然后使用策略来确定是允许还是拒绝请求。需要注意，IAM 服务配置的是全局范围，设置应用于所有亚马逊云科技区域。

根据最低权限原则，策略仅向用户授予执行相关任务所需的最低权限，未经显式允许的所有操作都会被拒绝。在亚马逊云科技中，策略一般采用 JSON 格式文档存储，用以列出用户、角色或用户组成员在什么条件下允许对哪些亚马逊云科技资源执行何种操作。

4）策略类型。IAM 策略是授予实体权限的正式声明。实体包括用户、组、角色或资源，而策略可以指定允许的操作、允许执行这些操作的资源，以及用户请求访问这些资源时的效果。为实现对资源访问的精细访问控制，IAM 策略分为以下两种类型。

- **基于身份的策略**：是附加到 IAM 身份（如 IAM 用户、组或角色）上的权限策略，用以控制该身份在何种条件下可以对什么资源执行哪些操作。
- **基于资源的策略**：是附加到资源（如 S3 存储桶，而不是用户、组或角色）的权限策略，用以控制指定的委托人可以对该资源执行哪些操作，以及在什么条件下执行这些操作。只有部分亚马逊云科技服务支持基于资源的策略。

5）IAM 策略评估。在评估是否允许操作时，IAM 首先检查是否存在某种适用的显式拒绝策略。如果没有显式拒绝策略，IAM 将继续检查是否存在某种适用的显式允许策略。如果不存在显式拒绝或显式允许策略，IAM 将恢复为默认设置并拒绝访问。IAM 默认拒绝所有请求（隐式拒绝），仅当请求操作被显式允许而非显式拒绝时，才允许用户执行操作。

3.5 实践：认识亚马逊云科技 EC2

Amazon EC2（Elastic Compute Cloud）提供最广泛和最深入的云计算平台，拥有超过 750 种实例和最新的处理器、存储、网络、操作系统，以及多种付费购买模式供用户选择。

Amazon EC2 提供多种经过优化，适用于不同使用案例的实例类型以供用户选择。实例类型由 CPU、内存、存储和网络容量组成不同的组合，可让用户根据应用程序需要灵活地选择适当的资源组合。每种实例类型又包括一种或多种实例大小，从而使用户能够扩展资源以满足目标工作负载的要求。

1. Amazon 对 EC2 实例的分类

访问并浏览网页 https://aws.amazon.com/cn/ec2/instance-types/，了解亚马逊云科技对其 Amazon EC2 实例的分类及有关说明，如图 3-17 所示。

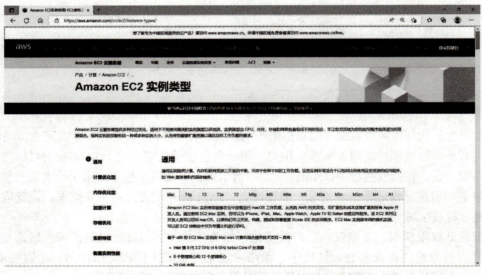

图 3-17 亚马逊云科技 Amazon EC2 实例类型

Amazon EC2 提供种类繁多的实例类型，针对不同应用场景优化 CPU、内存、存储和网络容量的组合，用户可以根据应用业务通过实例类型的选择灵活地获取不同的资源组合。每种

Amazon EC2 实例类型又包括一个或多个实例大小,方便用户根据目标工作负载的需求调整资源的大小。目前,亚马逊云科技提供有以下几种 Amazon EC2 实例类型。

- 通用型(General Purpose):所提供的资源在计算、内存和网络三方面平衡,适用于以相同比例使用这些资源的应用负载,如 Web 服务器、代码存储库等。
- 计算优化型(Compute Optimized):适用于需要高性能处理器进行大量计算的工作负载。例如,批处理、媒体转码、高性能 Web 服务器、高性能计算(HPC)、科学建模、专用游戏服务器和广告服务器引擎、机器学习推理等计算密集型应用。
- 内存优化型(Memory Optimized):适用于需要在内存中进行大型数据集处理的工作负载。例如,高性能关系型数据库(MySQL 等)、内存缓存和实时大数据分析等。
- 加速计算型(Accelerated Computing):使用硬件加速器或协同处理器来执行浮点数计算、图形处理或数据模式匹配等功能,通过提高软件运行的并行度来获得比在 CPU 上运行更高的效率。
- 存储优化型(Storage Optimized):可以为应用程序提供每秒上万次低延迟、随机 I/O 操作(IOPS),适用于需要对本地存储的超大型数据集进行高性能顺序读写访问的工作负载。
- 高性能计算优化型(High-Performance Computing):可以为大规模高性能计算(HPC)应用业务提供最佳性价比,适用于大型复杂模拟和深度学习等需要高性能处理器的工作负载。

2. Amazon EC2 实例特性

Amazon EC2 实例提供多种额外的特性,以帮助用户部署、管理和扩展应用程序。

1)突发性能实例(Burstable Performance Instances)。Amazon EC2 允许用户在固定性能系列实例(如 M6、C6 和 R6)和突发性能系列实例(如 T3)之间进行选择。突发性能实例在保障 CPU 性能基线的同时,其性能可以突增至较高水平。如果用户需要 CPU 持续高速运行,用以视频编码、高容量网站或 HPC 应用程序等,建议使用固定性能实例。

许多应用程序,如 Web 服务器、开发人员环境和小型数据库,虽然不需要 CPU 始终持续高速运行,但是需要 CPU 在适当的时候在非常高的速度上运行。T 系列实例就是专门为这些应用场景而设计的。

T 实例的设计是如果用户的应用程序确实需要 CPU 高速性能时,能够像具有专用处理器内核一样执行该任务,以避免导致性能的变化或是由于性能的过度订购可能在其他环境中给用户带来不良的影响。

2)多存储选项(Multiple Storage Options)。Amazon EC2 允许用户根据自己的需要在多个存储选项间进行选择。Amazon EBS 是一种持久性块级存储卷,可以连接到某个正在运行的 Amazon EC2 实例。用户可以使用 Amazon EBS 作为需要粒度级频繁更新的数据的主存储设备。例如,当用户在 Amazon EC2 上运行数据库时,Amazon EBS 就是首选存储选项。Amazon EBS 卷独立于 Amazon EC2 实例的运行生命周期而持续存在。用户将卷连接到实例后,就可以像使用其他物理硬盘一样使用它。Amazon EBS 提供三种卷类型:通用(SSD)、预配置 IOPS (SSD)和磁性介质,以充分满足工作负载的需求。

通用(SSD)卷是一种基于 SSD 的全新通用 EBS 卷类型,也是亚马逊云科技为客户推荐的默认类型。通用（SSD）卷适用于各种工作负载，包括中、小型数据库、开发和测试环境以及启动卷。

预配置 IOPS（SSD）卷提供的存储具有稳定性高且低延迟的特性，旨在为 I/O 密集型应用提供服务，如大型关系数据库或 NoSQL 数据库。

磁性介质卷提供比其他 EBS 卷类型都低的每 GB 成本。对于数据不常被访问的工作负载以及看重低存储成本的应用来说，磁性介质卷是理想的选择。

许多 Amazon EC2 实例还可以包括位于托管计算机内部设备的存储，称为实例存储。实例存储为 Amazon EC2 实例提供临时性块级存储。实例存储上的数据仅在关联的 Amazon EC2 实例的生命周期内持续存在。

用户不仅可以通过 Amazon EBS 或实例存储进行块级存储，还可以使用 Amazon S3 进行高持久性、高可用性的对象数据存储。

3）EBS 优化实例（EBS-optimized Instances）。只需要额外支付较低的小时费用，用户就可以将所选择的 Amazon EC2 实例类型以 EBS 优化实例的形式启动。EBS 优化实例使 EC2 实例能够充分利用 EBS 卷的预配置 IOPS 性能。在 Amazon EC2 与 Amazon EBS 之间传输信息时，EBS 优化型实例可以提供专用吞吐量，选择范围从 500Mbps 到 80Gbps，具体速度取决于所用的实例类型。专用吞吐量最大限度地降低了 Amazon EBS I/O 与用户 EC2 实例的其他流量之间争用吞吐量的情况，从而为用户的 EBS 卷提供最佳性能。EBS 优化实例设计用于与各种 EBS 卷搭配使用。挂载到 EBS 优化实例的预配置 IOPS 卷能够实现几毫秒的延迟，并且能在 99.9% 的时间段内，提供波动幅度在 10% 以内的预配置 IOPS 性能。亚马逊云科技建议 EBS 优化实例或支持群集联网的实例使用预配置 IOPS 卷以满足应用程序对存储 I/O 的高要求。

4）群集联网（Cluster Networking）。在通用群集置放群组中部署实例时选择支持群集联网。群集置放群组为群集中的所有实例提供低延迟网络互联。EC2 实例的可利用带宽取决于实例的类型及其联网性能规格。对于同一区域内部实例间的流量，每个方向的单一流量最高可达到 5Gbps，多流（multi-flow）流量最高可达到 100Gbps（全双工）。进出同一区域内的 S3 存储桶的流量也可以使用全部可用实例的聚合带宽。在置放群组中部署的实例，单一流量最高可达到 10Gbps，多流（multi-flow）流量最高可达到 100Gbps（全双工）。群集联网非常适用于高性能分析系统以及诸多科学与工程应用程序，特别是使用 MPI 库标准进行并行编程的系统和应用程序。

3. Amazon EC2 实例命名规则

Amazon EC2 实例是基于其系列、世代、处理器系列、附加功能和型号大小来命名的。实例类型名称的第一位表示实例的系列，例如"c"。第二位的数字表示实例的世代，例如 7。第三位的字母表示处理器的系列，例如"g"。英文句点"."之前的剩余字母表示附加功能，例如实例存储卷。句点的后面是实例的型号大小，例如"small"或"4xlarge"，裸机实例是"metal"，如图 3-18 所示。

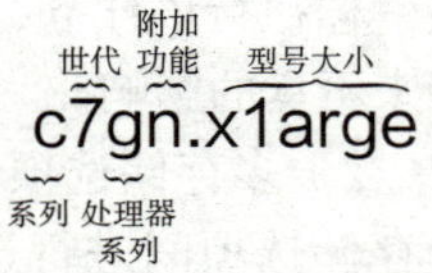

图 3-18 亚马逊云科技 EC2 实例命名规则

Amazon EC2 有以下常用实例系列。

- C：计算优化型（Compute Optimized）；
- D：密集存储（Dense Storage）；

- G：图形密集型（Graphics Intensive）；
- I：存储优化型（Storage Optimized）；
- M：通用型（General Purpose）；
- P：GPU 加速型（GPU Accelerated）；
- R：内存优化型（Memory Optimized）；
- T：可突增性能（Burstable Performance）；
- U：内存增强型（High Memory）；
- X：内存密集型（Memory Intensive）。

Amazon EC2 处理器主要有以下系列。

- a：AMD 处理器；
- g：AWS Graviton 处理器；
- i：Intel 处理器。

Amazon EC2 处理器主要有以下附加功能。

- d：实例存储卷；
- n：网络和 EBS 优化；
- e：额外的存储或内存；
- z：高性能。

第 2 篇 玩转云计算

第 4 章 创建公有云服务器

概述

云服务器（实例）与传统服务器相比，具有简单易用、安全可靠、成本低廉、快速交付等优点。作为一种按需获取的计算服务，用户可以根据业务场景，选择云服务器类型、操作系统、应用系统运行环境，以及是否挂载云存储等，以充分满足其个性化业务需求。

本章以部署博客网站项目为导向，引领学生部署 Amazon EC2 实例，并在其上完成 LAMP 服务器安装、WordPress 软件安装等架设个人博客网站的一系列实践任务，理解并掌握在公有云平台上部署服务资源、配置应用系统的基本流程及具体步骤。

学习目标

1. 了解如何规划和配置专属网络空间；
2. 理解 LAMP 架构及其各组件间如何协同工作；
3. 熟悉如何创建 Amazon EC2 实例；
4. 掌握如何部署 LAMP Web 应用平台并架设 WordPress 博客网站。

博客是"Blogger"的音译，原意为网络日志，是一种新型信息交互与传播方式。博客网站就是博友们将个人（或集体）日常生活、学习、工作的经历、感悟、知识信息等以网络日志形式在 Internet 上发布的社交网站。基于 B/S 架构的个人博客网站系统通常由接入服务器、Web 服务器、数据库服务器等构成。

4.1 系统架构规划

本项目将在亚马逊云科技平台上部署一个 Amazon EC2 实例，用于托管博客网站。用户和网站开发人员可以使用 HTTP 访问和管理博客网站，而系统管理人员则可以通过 SSH 协议登录托管该网站的 EC2 实例。

4.1.1 LAMP Web 应用平台

本项目采用结构简单、成本低廉、性能稳定的 LAMP Web 应用平台，为 WordPress 博客服务器软件提供部署和运行的环境。

1. LAMP 架构组成

LAMP 是 4 个协作构建 Web 应用平台的开源软件：Linux（操作系统）、Apache（Web 服务器）、MySQL/MariaDB（数据库软件）和 PHP/Perl/Python（动态 Web 页面开发语言）的首字母组合。在 LAMP 中，Linux、Apache、MySQL、PHP/Perl 依次部署，构建起网站系统的层次架构。LAMP 是目前最成熟、最常用的 Web 应用平台之一。

（1）Linux

Linux 是一种免费的开源操作系统，支持多用户、多任务、多线程和多 CPU，广泛用于各种计算机硬件设备。在 LAMP 架构中，Linux 位于最底层，为上层的其他组件提供运行支持。

（2）Apache

Apache 是一种可以在大多数操作系统环境中运行的开源 Web 服务器软件。Apache Web 服务器速度快、性能稳定、安全可靠，是目前主流的 Web 服务器软件之一，广泛用于构建小型 Web 网站。Apache 位于 LAMP 第二层，面向用户提供网站访问、发送网页、图片等内容文件等服务。

Apache 支持 SSL 技术，支持多虚拟主机，可以通过 API 扩展，将 PHP/Perl/Python 解释器编译到服务器中。Apache 以进程为基础结构，需要比线程消耗更多的系统开支，不适合多处理器环境。因此，对 Apache Web 网站进行扩容，通常采用增加硬件服务器或扩充群集节点方式，而不是采用多处理器技术提升硬件服务器性能。

（3）MySQL 与 MariaDB

MySQL 是一种流行的开源关系数据库管理系统（Relational Database Management System，RDBMS）。MySQL 使用结构化查询语言（Structured Query Language，SQL）访问和操作数据，简便易用、易于扩展、性能优良，并且提供整套数据库驱动程序和可视化工具，用以帮助数据库管理员和开发人员自主构建、管理 MySQL 应用。在 LAMP 架构中，网络应用程序的账户信息、产品信息、客户信息、业务数据和其他信息都存储在 MySQL 数据库中。

MariaDB 数据库管理系统是 MySQL 的一个分支，现由 MariaDB 公司维护。MariaDB 完全兼容 MySQL，包括 API 和命令行，并在扩展功能、存储引擎，以及一些新功能方面对 MySQL 加以改进。MariaDB 是目前最为流行的 MySQL 数据库衍生版本之一，被视为 MySQL 数据库的开源替代品，广泛用于网站数据的管理。

（4）PHP

页面超文本预处理器（Page Hypertext Preprocessor，PHP）是一种在服务器端执行的脚本语言，用于 Web 开发并可嵌入 HTML。PHP 内核采用 C 语言编写，并吸收 Java 和 Perl 等多种语言的特色。作为一种脚本语言，PHP 需要依托某个载体支撑其运行。在 LAMP 架构中，PHP 集成为 Apache 的模块，由 Apache 调用 PHP 解释器执行 PHP 脚本文件，负责 Web 服务器访问数据库中的数据和 Linux 提供的某些特性的动态内容。

PHP 支持面向对象和面向过程的开发，使用灵活，性能良好，兼容性强。PHP 可以与 Redis、MySQL 分表分区分库、Elasticsearch 搜索引擎、消息队列写保护和 PHP 系统分布式集群部署等技术集成，缓解海量数据存储、服务访问和数据检索可能带来的巨大压力。

（5）WordPress

WordPress 是一款使用 PHP 语言和 MySQL 数据库开发的免费开源博客管理系统，适合中小企业和个人在支持 PHP 和 MySQL（MariaDB）数据库的 Web 服务器上快速部署自己的博客网站。

WordPress 博客管理系统体积小，功能强，使用简单，官方版本支持中文，有丰富的插件和主题资源供用户选择，是目前广泛使用的博客管理系统之一。WordPress 还可以作为一个内容管理系统（CMS）使用。

2. LAMP 工作流程

在 LAMP 平台中，Apache、MySQL、PHP 分别承担网站系统部分关键功能，共同协作构成 Web 网站的客户/服务器（Client/Server）架构，其工作流程如图 4-1 所示。

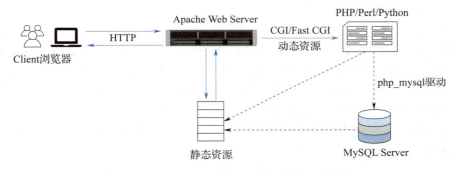

图 4-1　Apache、MySQL、PHP 协同工作流程

1）Web 客户端基于 TCP/IP 使用 HTTP 向 Web 服务器发送请求信息，该请求可以是动态的，也可以是静态的。

2）Web 服务器解析客户请求中的 URL 后缀，判断其需要获取的信息。如果是静态资源就由 Web 服务器自行处理，并将信息发送给客户端。

3）对于动态信息请求，Web 服务器将通过 CGI（Common Gateway Interface）协议发送给 PHP。如果 PHP 是以模块形式与 Web 服务器关联，两者将通过共享内存方式内部通信；如果 PHP 被独立部署在其他服务器上，它们将通过 Sockets 套接字方式通信。

4）PHP 执行相应请求并做出响应。

5）在请求执行的过程中，如果需要获取数据库数据，PHP 将通过 php_mysql 函数操作 MySQL/MariaDB 服务器处理，并将数据返还给 PHP 程序。

在本项目中，将按照 Linux → Apache → MySQL → PHP 顺序依次安装构建 LAMP 平台架构。软件的具体部署版本见表 4-1。

表 4-1　Apache、MySQL、PHP 软件部署版本

操作系统版本	IP 地址	软件及其版本
Amazon Linux 2	公有 IPv4	Web 服务器：Apache httpd-2.4 数据库服务器：MariaDB-10.2 Web 解释器：php7.2、php-mysql 博客网站：WordPress

4.1.2　网络基础架构

1. 网络基础设施需求分析

高质量云服务离不开网络环境的支撑。因此，云计算用户需要根据业务需求，合理规划其专属网络空间结构并自定义网络基础设施，为云服务提供安全可靠、灵活弹性、高效稳定的网络环境。

（1）VPC

在本项目中，为面向 Internet 提供 Weblog 服务，用于托管博客网站的 EC2 实例需要部署在 VPC 的公有子网中，并拥有公有 IP 地址，通过 Internet 网关实现 VPC 资源与 Internet 之间的通信。

为此，应该根据 Weblog 用户的主要地理分布，就近选择"区域"（Region）创建 VPC，以降低客户访问运行 Weblog 网站的网络时延。用户还需要在其所创建的 VPC 中自定义网络环境，包括 IP 地址范围选择、子网划分、Internet 网关、路由和安全组配置等，构建部署 EC2 实例并架设博客网站所需要的虚拟网络环境。

（2）Internet 网关

在本项目中，用户部署在其 Amazon VPC 公有子网中的资源需要借助 Internet 网关实现与 Internet 的通信。为此，Internet 网关需要提供两个功能：一是在 VPC 路由表中为 Internet 可路由流量提供目标，将来自 Internet 的访问 Weblog 网站的流量发送到托管 Weblog 网站的 EC2 实例；二是部署在公有子网中运行 Weblog 服务器的 EC2 实例为了能够从 Internet 访问，必须具有与该实例私有 IP 地址相关联的公有 IP 地址或弹性 IP 地址，需要 Internet 网关为配置的公有 IP 地址提供网络地址转换。

（3）子网

在本项目中，用户需要利用子网对 VPC 的私有 IP 地址段进行划分，在 VPC 内部设置网络屏障来保护资源。通过在 VPC 所属"区域"的不同"可用区"中创建子网，并将云服务资源（EC2、RDS、EFS 等）部署到相应子网中，再对子网设置访问控制规则来控制对相关资源的访问。

为此，为允许来自 Internet（VPC 外部）对 Weblog 网站的访问，托管 Weblog 服务器的 EC2 实例将部署在公有子网中。该子网所关联的路由表应设置成包含指向 Internet 网关的路由表项，使被配置公有 IP 地址的托管 Weblog 服务器的 EC2 实例可以通过 Internet 网关将非本地流量发送到 Internet（0.0.0.0/0）上，实现与 Internet 的通信。

（4）路由表

在本项目中，用户需要在公有子网所关联的路由表中将 Internet 网关设置为未知目的地址（0.0.0.0/0）的路由目标，才能将 Weblog 服务器的非本地出站流量定向到 VPC 的 Internet 网关，再由 Internet 网关将该出站流量路由到 Internet。

为此，用户可以通过将所创建的子网与自定义路由表建立显式关联，来显式控制该子网出

站数据流量的路由方式。因为，在创建 VPC 时自动生成的主路由表，仅在用户没有创建自定义路由表或未将其与所创建子网显式关联时，该子网才与主路由表隐式关联，并由该主路由表控制子网路由。

（5）安全组

在本项目中，为限制来自 Internet 对 Weblog 网站的访问，用户需要在运行 Weblog 网站的 EC2 实例所关联的安全组中添加基于端口控制或 IP 地址（入站流量的源地址或出站流量的目的地址）的入站规则，以精确控制来自 Internet 访问 Weblog 网站的入站流量。

为此，用户需要设置入站规则，即配置"白名单"规则，仅允许指定流量通过安全组，同时隐式拒绝其他所有流量，来增强实例的安全性。因为，安全组规则是有状态（Stateful）的，入站规则所允许的流量，无须再为实例所发送的响应流量配置对应的出站规则，而 VPC 自动生成的安全组默认允许所有出站网络流量和来自 VPC 内其他子网的流量入站。

2. VPC 网络架构

在本项目中，为保障公有子网、Internet 网关、路由表、安全组等服务组件能在 VPC 中相互协作，共同实现 Weblog 网站的对外服务，用户需要根据上述需求分析，创建并部署一个架构如图 4-2 所示的单子网 VPC 网络架构。具体步骤如下。

1）创建 VPC 并自定义完成其网络及公有子网的构建。
2）在 VPC 公有子网中部署用于运行 Weblog 网站的 EC2 实例，并为其配置弹性 IP 地址。
3）配置 VPC 路由表和 Internet 网关，为该 EC2 实例提供流量路由转发。
4）创建安全组并添加安全规则，再将其与 EC2 实例关联以控制对该实例的访问。
5）启动 EC2 实例，测试其与 Internet 的连通性，为后续任务奠定基础。

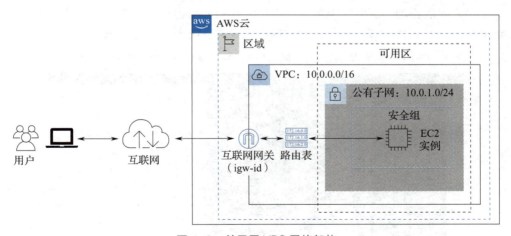

图 4-2　单子网 VPC 网络架构

4.2　系统架构部署

在亚马逊云科技平台中创建 VPC，并根据前面的规划配置该 VPC 的网络环境。随后，在该 VPC 的公有子网中部署一个 Amazon EC2 实例，并在其上构建 LAMP 服务系统架构，为后续架设 WordPress 博客服务器提供支撑环境。

4.2.1 部署基础设施

1. 创建 VPC

创建单子网 VPC

在所选择的"区域"中创建一个 VPC，并在该 VPC 中使用一个可用区，部署一个公有子网。

1）访问网址"https://console.aws.amazon.com/"，打开亚马逊云科技管理控制台。

2）在顶部导航栏的"区域"中查看并选择"弗尼吉尼亚北部（us-east-1）"区域，如图 4-3 所示。

图 4-3　选择用于创建 VPC 的区域

3）在顶部导航栏的"服务"菜单中，选择"联网和内容分发"类服务中的"VPC"，打开 Amazon VPC 控制台，如图 4-4 所示。也可以在搜索栏中输入"VPC"，搜索并进入 VPC 界面。

图 4-4　选择"联网和内容分发"类服务中的"VPC"

4）在 VPC 控制面板中选择"创建 VPC（Launch VPC Wizard）"，启动 VPC 创建向导，如图 4-5 所示。

5）在"创建 VPC"窗口的相应设置栏目中输入相关参数。根据此前规划的系统架构，设置 VPC 的"名称标签"为"Test";"IPv6 CIDR 数据块"为"无 IPV6 CIDR 块";"可用区(AZ)数量"为 1;"公有子网的数量"为 1;"私有子网的数量"为 0,其余设置不变,如图 4-6 所示。确认设置无误后单击底部的"创建 VPC"按钮开始创建 VPC。

图 4-5 启动 VPC 创建向导

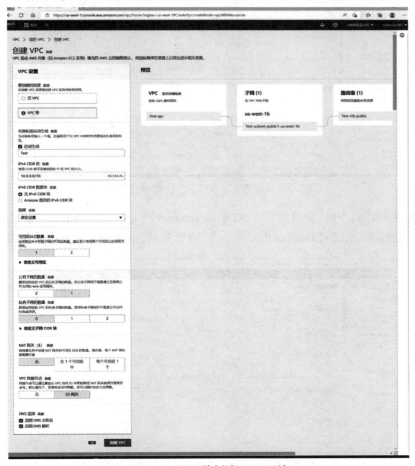

图 4-6 设置待创建 VPC 环境

6）在出现 VPC 创建成功的消息后，单击"View VPC"以返回 VPC 控制台界面，如图 4-7 所示。可以查看所创建的 VPC 信息是否正确以及状态是否正常，如图 4-8 所示。

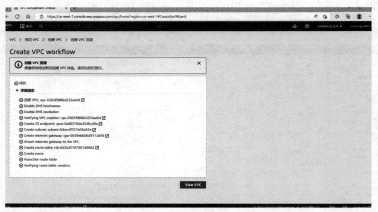

图 4-7　VPC 创建成功

图 4-8　查看所创建 VPC 的信息及状态

7）通过向导创建的 VPC 会自动为 VPC 创建 Internet 网关和主路由表，并将创建的子网与路由表关联，为其添加一条访问 Internet 的路由。为 VPC 自动创建的 Internet 网关如图 4-9 所示。

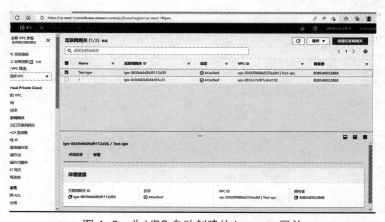

图 4-9　为 VPC 自动创建的 Internet 网关

8）为 VPC 自动创建的路由表如图 4-10 所示，可以看到在"路由"选项卡中"0.0.0.0/0"的目标（Target）已指向 IGW（Internet Gateway）。并且所创建的子网（子网 ID）已与该路由表显式关联，从而可以直接通过 IGW 访问 Internet。

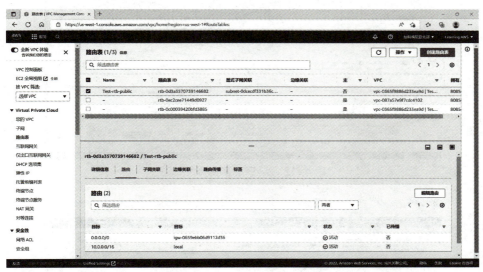

图 4-10 为 VPC 自动创建的路由表

2. 部署 Amazon EC2 实例

创建 EC2 实例

1）从管理控制台顶部导航栏的"服务"菜单中选择"计算"类服务的"EC2"服务，打开 EC2 控制台。随后在 EC2 控制面板中单击"启动实例"，如图 4-11 所示。

图 4-11 单击"启动实例"创建 EC2 实例

2）为 EC2 实例添加标签（即为 Web 服务器命名），此处为"WeblogServer"，如图 4-12 所示。

3）为 EC2 实例选择"应用程序和操作系统映像"，这里从可供待创建实例使用的 AMI 映像中选择"支持免费套餐"的"Amazon Linux 2 AMI（HVM）"，如图 4-13 所示。

图 4-12　为 EC2 实例添加标签

图 4-13　选择 "Amazon Linux 2 AMI（HVM）" 映像

4）在 "实例类型" 列表中会显示一系列具有不同硬件配置的实例类型供用户选择。选择 "支持免费套餐" 的 "t2.micro" 实例类型，如图 4-14 所示。

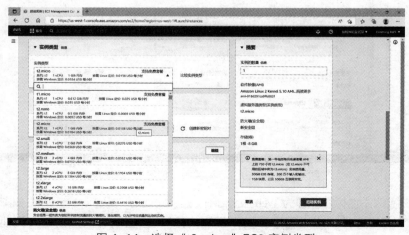

图 4-14　选择 "t2.micro" EC2 实例类型

5）创建用于远程访问 EC2 的密钥对。选择"创建新密钥对"，在输入密钥对名称后，单击"创建密钥对"，如图 4-15 所示。

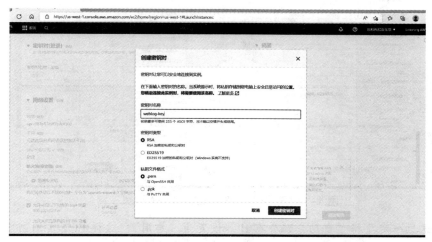

图 4-15　选择"创建密钥对"并命名待创建密钥对

6）下载所创建的新密钥对（本例中的私有密钥文件为"weblog-key.pem"）到本地并妥善保存，如图 4-16 所示。

图 4-16　下载并保存所创建的新密钥对

注意：密钥对由亚马逊云科技存储的公有密钥文件和用户保存的私有密钥文件共同构成，用于用户安全地连接到其实例。如果用户创建 EC2 实例时没有设置密钥对，将无法连接到该实例。因此，一定要在创建并安全下载私有密钥文件（或选择现有密钥对）之后再进行创建 EC2 实例的后续操作。由于用户此后无法再次下载密钥文件，所下载的私有密钥一定要存储在安全且易于访问的位置。

此外，对于 Windows AMI，需使用私有密钥文件获取登录实例所需的密码；对于 Linux AMI，用户可以使用私有密钥文件通过 SSH 安全地登录实例。

7）在"网络设置"中单击"编辑"按钮，选择用于部署 EC2 的 VPC 及其子网，如图 4-17 所示。

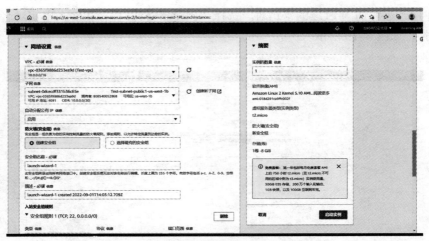

图 4-17 选择用于部署 EC2 的 VPC 及其子网

注意：这里一定要将"自动分配公有 IP"设置为"启用"！这样 EC2 实例创建完成后，才可以通过公有 IP 地址访问。

8）选择"创建安全组"，创建一个名为"Weblog-sg"的安全组用于控制访问 EC2 的流量，如图 4-18 所示。

图 4-18 创建用于保护 EC2 的安全组

注意：出于安全考虑，这里仅设置允许"ssh"流量可以从"任何位置"（即"自定义"的"0.0.0.0/0"）到达 EC2 实例，而没有设置允许使用 ping 命令验证 Weblog Server 的连通性。

9）为 EC2 实例添加实例存储卷作为"根"卷，这里选择默认的"通用型 SSD（GP2）"，如图 4-19 所示。

10）在"高级详细信息"中的"终止保护"选择"启用"，以防止意外终止，为实例提供额外安全保护，如图 4-20 所示。

11）检查并确认对 EC2 实例配置信息无误后，选择右侧窗格中的"启动实例"，根据所配置信息创建 EC2 实例。待出现成功创建 EC2 的信息后，单击"View all instances"查看 EC2 实例，如图 4-21 所示。

图 4-19 为 EC2 实例添加实例存储卷

图 4-20 启用"终止保护"

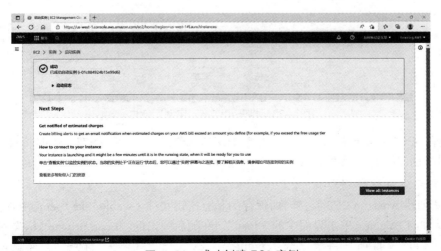

图 4-21 成功创建 EC2 实例

12）在 EC2 控制台查看所创建 EC2 实例的详细信息及运行状态，如图 4-22 所示。

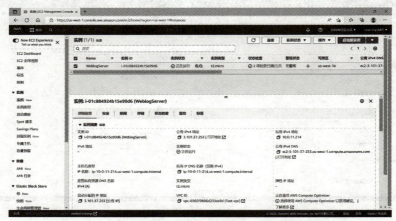

图 4-22　查看所创建实例的详细信息及运行状态

3. 使用 SSH 连接登录 EC2 实例

所创建实例启动后，用户需要连接到该实例才能如同本地计算机一样使用实例。有多种方法连接登录到实例，对于初学者，可以使用的最简单方法是基于浏览器连接 EC2 实例。

连接 EC2 实例并制作备份

（1）基于 Web 浏览器的实例连接方法

1）单击左侧导航栏中的"实例"，随后在右侧窗格的实例列表中选择新创建的"WeblogServer" EC2 实例，再单击"连接"按钮，打开"连接到实例"窗口，如图 4-23 所示。

图 4-23　打开"连接到实例"窗口

2）选择"EC2 instance Connect"，并单击窗口底部的"连接"按钮，此时将会弹出一个窗口，连接到所创建的 EC2 实例，如图 4-24 所示。

（2）使用 SSH 连接到实例

1）确认创建 Amazon EC2 实例时所保存的私有密钥文件（weblog-key.pem）的路径。

2）打开 PuTTYgen，单击界面中的"load"，在随后弹出的"Load private key"窗口中找到 weblog-key.pem 文件所在目录，选择 weblog-key.pem，并单击"确定"，装载该文件，如图 4-25 所示。

图 4-24　使用浏览器连接到 EC2 实例

图 4-25　装载待转换密钥文件

3）在随后弹出的"Key"窗口中选择"RSA"，如图 4-26 所示。

图 4-26　选择转换为 RSA 密钥文件

4）随后，单击窗口中的"Save private key as："按钮，为密钥命名（如 weblog-key.ppk）并保存在合适的地方，如图 4-27 所示。

图 4-27 转换并保存密钥文件

5）使用 PuTTY，在"Session"界面输入 EC2 实例的弹性公有 IP 地址或者 EC2 的"Host Name"，如图 4-28 所示。

图 4-28 输入待连接 EC2 实例的弹性公有 IP 地址或域名

注意：有关 EC2 的详细信息可以在 EC2 管理控制界面中找到。

6）执行 PuTTY 的"Connection"→"SSH"→"Auth"命令，单击"Browse"按钮，在保存密钥文件的本地目录下选择 weblog-key.ppk 文件，最后单击"Open"即可，如图 4-29 所示。

7）PuTTY 成功装载私有密钥后，会弹出命令行对话框。用户需要输入 EC2 实例的默认账户（这里是"ec2-user"），而无须输入密码，直接按 <Enter> 键登录如图 4-30 所示。

8）实例保护。选择需要终止的 EC2 实例，选择"实例状态"，可以看见"终止实例"无法使用，如图 4-31 所示。

图 4-29　装载访问 EC2 实例的密钥文件

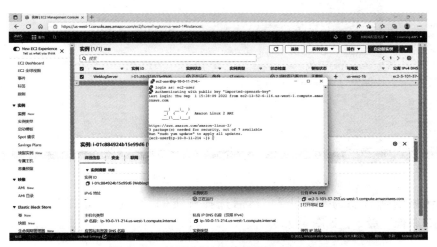

图 4-30　使用 SSH 连接并登录 EC2 实例

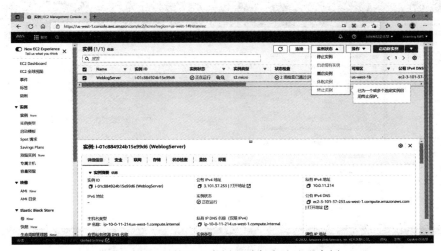

图 4-31　保护终止实例，避免意外终止实例

注意：尽管使用亚马逊云科技免费计划提供的 Amazon EC2，用户仍然应该在不再需要使用某个实例时终止该实例，以避免可能产生的额外费用。为避免意外执行"终止实例"后 EC2 实例以及相关数据将会被删除，可以选择"保护"终止实例。

4. 备份 EC2 实例

基于安全考虑，对已成功部署的实例可以通过创建映像进行备份。

1）在 EC2 控制台的实例列表中选择"WeblogServer"实例，查看 WeblogServer 实例的状态。如果实例处于运行状态，单击"实例状态"，在下拉列表中选择"停止实例"，如图 4-32 所示。

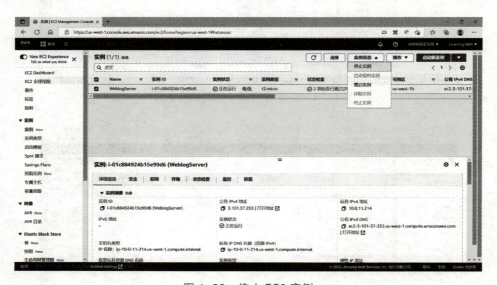

图 4-32　停止 EC2 实例

2）确认该实例状态为"停止"。然后选择该实例，单击"操作"，执行"映像和模板"→"创建映像"命令，如图 4-33 所示。

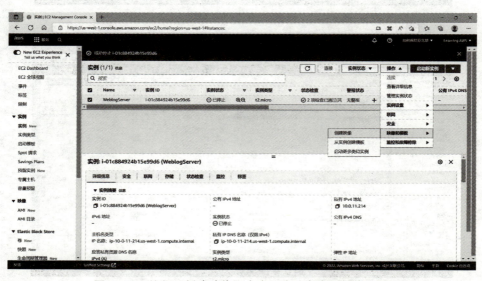

图 4-33　执行"创建映像"命令，为选定实例创建 AMI

3）在"创建映像"的相应字段中输入"映像名称"和"映像描述",然后单击"创建映像",如图4-34所示。

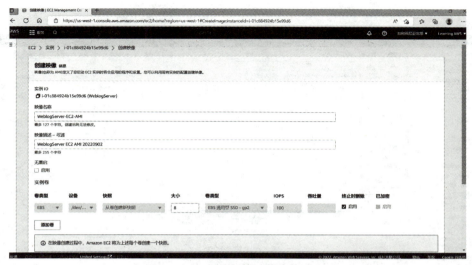

图4-34 为待创建映像文件命名

4）执行左侧导航窗格的"映像"→"AMI"命令,在右侧窗格的映像列表中可以看到EC2映像已创建成功,如图4-35所示。

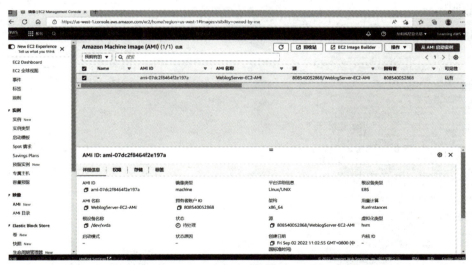

图4-35 在AMI管理窗口的列表中查看映像文件已成功创建

4.2.2 架设LAMP服务器

1. 准备LAMP服务器安装环境

1）使用PuTTY连接WeblogServer实例,以ec2-user身份登录该实例,执行以下命令对系统进行检查更新,更新实例的软件包并修复Bug,如图4-36所示。

```
sudo yum update -y
```

注意：这里"-y"选项的作用是更新时不需要确认。如果在更新前需要确认，则可以省略此选项。

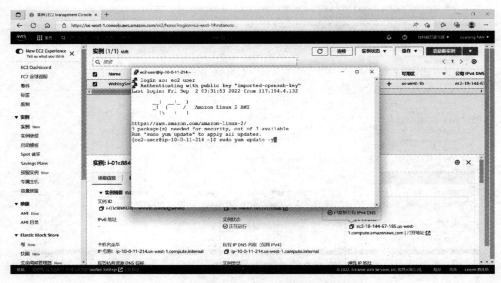

图 4-36　更新并修复 EC2 实例软件包 Bug

2）实例的软件包更新与修复 Bug 过程可能因为网络速度而需要几分钟，实例软件包更新修复完毕如图 4-37 所示。

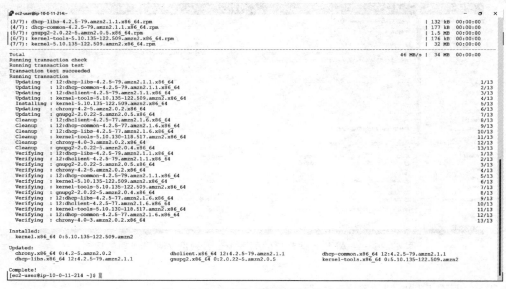

图 4-37　实例软件包更新修复完毕

3）安装 lamp-mariadb10.2-php7.2 和 php7.2 的 Amazon Linux Extras 存储库，获取最新版本的 LAMP MariaDB 和 Amazon Linux 2 的 PHP 软件包，如图 4-38 所示，代码如下所示。

```
sudo amazon-linux-extras install -y lamp-mariadb10.2-php7.2 php7.2
```

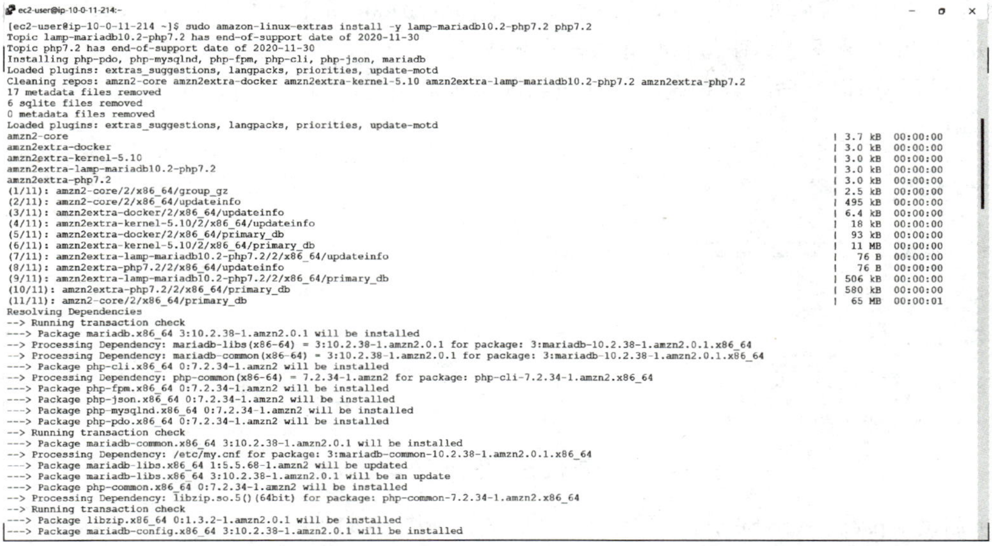

```
ec2-user@ip-10-0-11-214:~
[ec2-user@ip-10-0-11-214 ~]$ sudo amazon-linux-extras install -y lamp-mariadb10.2-php7.2 php7.2
Topic lamp-mariadb10.2-php7.2 has end-of-support date of 2020-11-30
Topic php7.2 has end-of-support date of 2020-11-30
Installing php-pdo, php-mysqlnd, php-fpm, php-cli, php-json, mariadb
Loaded plugins: extras_suggestions, langpacks, priorities, update-motd
Cleaning repos: amzn2-core amzn2extra-docker amzn2extra-kernel-5.10 amzn2extra-lamp-mariadb10.2-php7.2 amzn2extra-php7.2
17 metadata files removed
6 sqlite files removed
0 metadata files removed
Loaded plugins: extras_suggestions, langpacks, priorities, update-motd
amzn2-core                                                   | 3.7 kB  00:00:00
amzn2extra-docker                                            | 3.0 kB  00:00:00
amzn2extra-kernel-5.10                                       | 3.0 kB  00:00:00
amzn2extra-lamp-mariadb10.2-php7.2                           | 3.0 kB  00:00:00
amzn2extra-php7.2                                            | 3.0 kB  00:00:00
(1/11): amzn2-core/2/x86_64/group_gz                         | 2.5 kB  00:00:00
(2/11): amzn2-core/2/x86_64/updateinfo                       | 495 kB  00:00:00
(3/11): amzn2extra-docker/2/x86_64/updateinfo                | 6.4 kB  00:00:00
(4/11): amzn2extra-kernel-5.10/2/x86_64/updateinfo           |  18 kB  00:00:00
(5/11): amzn2extra-docker/2/x86_64/primary_db                |  93 kB  00:00:00
(6/11): amzn2extra-kernel-5.10/2/x86_64/primary_db           |  11 MB  00:00:00
(7/11): amzn2extra-lamp-mariadb10.2-php7.2/2/x86_64/updateinfo |  76 B  00:00:00
(8/11): amzn2extra-php7.2/2/x86_64/updateinfo                |  76 B  00:00:00
(9/11): amzn2extra-lamp-mariadb10.2-php7.2/2/x86_64/primary_db | 506 kB  00:00:00
(10/11): amzn2extra-php7.2/2/x86_64/primary_db               | 580 kB  00:00:00
(11/11): amzn2-core/2/x86_64/primary_db                      |  65 MB  00:00:01
Resolving Dependencies
--> Running transaction check
---> Package mariadb.x86_64 3:10.2.38-1.amzn2.0.1 will be installed
--> Processing Dependency: mariadb-libs(x86-64) = 3:10.2.38-1.amzn2.0.1 for package: 3:mariadb-10.2.38-1.amzn2.0.1.x86_64
--> Processing Dependency: mariadb-common(x86-64) = 3:10.2.38-1.amzn2.0.1 for package: 3:mariadb-10.2.38-1.amzn2.0.1.x86_64
---> Package php-cli.x86_64 0:7.2.34-1.amzn2 will be installed
--> Processing Dependency: php-common(x86-64) = 7.2.34-1.amzn2 for package: php-cli-7.2.34-1.amzn2.x86_64
---> Package php-fpm.x86_64 0:7.2.34-1.amzn2 will be installed
---> Package php-json.x86_64 0:7.2.34-1.amzn2 will be installed
---> Package php-mysqlnd.x86_64 0:7.2.34-1.amzn2 will be installed
---> Package php-pdo.x86_64 0:7.2.34-1.amzn2 will be installed
--> Running transaction check
---> Package mariadb-common.x86_64 3:10.2.38-1.amzn2.0.1 will be installed
--> Processing Dependency: /etc/my.cnf for package: 3:mariadb-common-10.2.38-1.amzn2.0.1.x86_64
---> Package mariadb-libs.x86_64 1:5.5.68-1.amzn2 will be updated
---> Package mariadb-libs.x86_64 3:10.2.38-1.amzn2.0.1 will be an update
---> Package php-common.x86_64 0:7.2.34-1.amzn2 will be installed
--> Processing Dependency: libzip.so.5()(64bit) for package: php-common-7.2.34-1.amzn2.x86_64
--> Running transaction check
---> Package libzip.x86_64 0:1.3.2-1.amzn2.0.1 will be installed
---> Package mariadb-config.x86_64 3:10.2.38-1.amzn2.0.1 will be installed
```

图 4-38　安装 lamp-mariadb10.2-php7.2 和 php7.2 的 Amazon Linux Extras 存储库

注意：如果实例不是使用的 Amazon Linux 2 AMI 版本（例如，使用 Amazon Linux AMI），可能会收到错误提示“sudo: Amazon-Linux-extras: command not found”。可以使用下面的命令查看当前 Amazon Linux 版本。

```
cat /etc/system-release
```

2. 安装 LAMP 服务器

1）使用“yum install”命令同时安装多个软件包和所有相关依赖库，如图 4-39 所示。

```
sudo yum install -y httpd mariadb-server
```

```
ec2-user@ip-10-0-11-214:~
[ec2-user@ip-10-0-11-214 ~]$ sudo yum install -y httpd mariadb-server
Loaded plugins: extras_suggestions, langpacks, priorities, update-motd
amzn2-core                                                   | 3.7 kB  00:00:00
Resolving Dependencies
--> Running transaction check
---> Package httpd.x86_64 0:2.4.54-1.amzn2 will be installed
--> Processing Dependency: httpd-tools = 2.4.54-1.amzn2 for package: httpd-2.4.54-1.amzn2.x86_64
--> Processing Dependency: httpd-filesystem = 2.4.54-1.amzn2 for package: httpd-2.4.54-1.amzn2.x86_64
--> Processing Dependency: system-logos-httpd for package: httpd-2.4.54-1.amzn2.x86_64
--> Processing Dependency: mod_http2 for package: httpd-2.4.54-1.amzn2.x86_64
--> Processing Dependency: httpd-filesystem for package: httpd-2.4.54-1.amzn2.x86_64
--> Processing Dependency: /etc/mime.types for package: httpd-2.4.54-1.amzn2.x86_64
--> Processing Dependency: libaprutil-1.so.0()(64bit) for package: httpd-2.4.54-1.amzn2.x86_64
--> Processing Dependency: libapr-1.so.0()(64bit) for package: httpd-2.4.54-1.amzn2.x86_64
---> Package mariadb-server.x86_64 3:10.2.38-1.amzn2.0.1 will be installed
--> Processing Dependency: mariadb-tokudb-engine(x86-64) = 3:10.2.38-1.amzn2.0.1 for package: 3:mariadb-server-10.2.38-1.amzn2.0.1.x86_64
--> Processing Dependency: mariadb-server-utils(x86-64) = 3:10.2.38-1.amzn2.0.1 for package: 3:mariadb-server-10.2.38-1.amzn2.0.1.x86_64
--> Processing Dependency: mariadb-rocksdb-engine(x86-64) = 3:10.2.38-1.amzn2.0.1 for package: 3:mariadb-server-10.2.38-1.amzn2.0.1.x86_64
--> Processing Dependency: mariadb-gssapi-server(x86-64) = 3:10.2.38-1.amzn2.0.1 for package: 3:mariadb-server-10.2.38-1.amzn2.0.1.x86_64
--> Processing Dependency: mariadb-errmsg(x86-64) = 3:10.2.38-1.amzn2.0.1 for package: 3:mariadb-server-10.2.38-1.amzn2.0.1.x86_64
--> Processing Dependency: mariadb-cracklib-password-check(x86-64) = 3:10.2.38-1.amzn2.0.1 for package: 3:mariadb-server-10.2.38-1.amzn2.0.1.x86_64
--> Processing Dependency: mariadb-backup(x86-64) = 3:10.2.38-1.amzn2.0.1 for package: 3:mariadb-server-10.2.38-1.amzn2.0.1.x86_64
--> Processing Dependency: bison for package: 3:mariadb-server-10.2.38-1.amzn2.0.1.x86_64
--> Running transaction check
---> Package apr.x86_64 0:1.7.0-9.amzn2 will be installed
---> Package apr-util.x86_64 0:1.6.1-5.amzn2.0.2 will be installed
--> Processing Dependency: apr-util-bdb(x86-64) = 1.6.1-5.amzn2.0.2 for package: apr-util-1.6.1-5.amzn2.0.2.x86_64
---> Package bison.x86_64 0:3.0.4-6.amzn2.0.2 will be installed
--> Processing Dependency: m4 >= 1.4 for package: bison-3.0.4-6.amzn2.0.2.x86_64
---> Package generic-logos-httpd.noarch 0:18.0.0-4.amzn2 will be installed
---> Package httpd-filesystem.noarch 0:2.4.54-1.amzn2 will be installed
---> Package httpd-tools.x86_64 0:2.4.54-1.amzn2 will be installed
---> Package mailcap.noarch 0:2.1.41-2.amzn2 will be installed
---> Package mariadb-backup.x86_64 3:10.2.38-1.amzn2.0.1 will be installed
---> Package mariadb-cracklib-password-check.x86_64 3:10.2.38-1.amzn2.0.1 will be installed
---> Package mariadb-errmsg.x86_64 3:10.2.38-1.amzn2.0.1 will be installed
---> Package mariadb-gssapi-server.x86_64 3:10.2.38-1.amzn2.0.1 will be installed
---> Package mariadb-rocksdb-engine.x86_64 3:10.2.38-1.amzn2.0.1 will be installed
---> Package mariadb-server-utils.x86_64 3:10.2.38-1.amzn2.0.1 will be installed
--> Processing Dependency: perl(Data::Dumper) for package: 3:mariadb-server-utils-10.2.38-1.amzn2.0.1.x86_64
--> Processing Dependency: perl(DBI) for package: 3:mariadb-server-utils-10.2.38-1.amzn2.0.1.x86_64
--> Processing Dependency: perl(DBI) for package: 3:mariadb-server-utils-10.2.38-1.amzn2.0.1.x86_64
--> Processing Dependency: perl(DBD::mysql) for package: 3:mariadb-server-utils-10.2.38-1.amzn2.0.1.x86_64
---> Package mariadb-tokudb-engine.x86_64 3:10.2.38-1.amzn2.0.1 will be installed
---> Package mod_http2.x86_64 0:1.15.19-1.amzn2.0.1 will be installed
--> Running transaction check
---> Package apr-util-bdb.x86_64 0:1.6.1-5.amzn2.0.2 will be installed
```

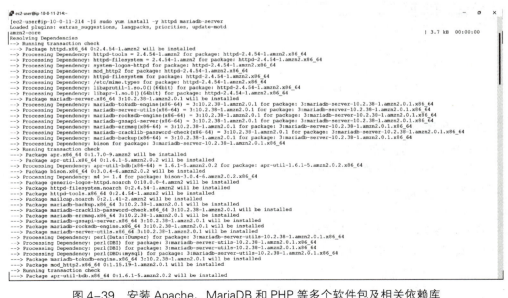

图 4-39　安装 Apache、MariaDB 和 PHP 等多个软件包及相关依赖库

注意：实例目前已处于最新状态，可以使用 yum install 命令同时安装 Apache Web 服务器、MariaDB 和 PHP 等多个软件包和所有相关依赖项。

2）可以使用以下命令查看这些软件包当前版本的信息。查看 httpd 软件包的当前版本信息如图 4-40 所示。

```
sudo yum info package_name
```

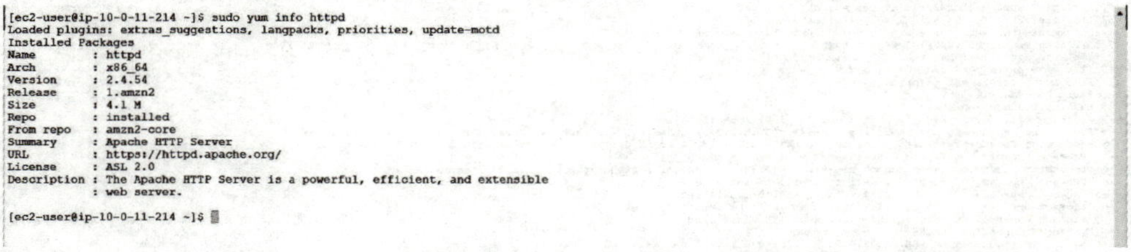

```
[ec2-user@ip-10-0-11-214 ~]$ sudo yum info httpd
Loaded plugins: extras_suggestions, langpacks, priorities, update-motd
Installed Packages
Name        : httpd
Arch        : x86_64
Version     : 2.4.54
Release     : 1.amzn2
Size        : 4.1 M
Repo        : installed
From repo   : amzn2-core
Summary     : Apache HTTP Server
URL         : https://httpd.apache.org/
License     : ASL 2.0
Description : The Apache HTTP Server is a powerful, efficient, and extensible
            : web server.

[ec2-user@ip-10-0-11-214 ~]$
```

图 4-40　查看 httpd 软件包的当前版本信息

3）启动 Apache Web Server 并验证 httpd 服务，如图 4-41 所示。

① 使用 systemctl 命令启动 Apache Web Server，开启 httpd 服务，代码如下。

```
sudo systemctl start httpd
```

② 使用 systemctl 命令配置 Apache web 服务器，设置 httpd 服务在系统重新启动时自动启动，代码如下。

```
sudo systemctl enable httpd
```

③ 执行以下命令，验证 httpd 服务是否开启。

```
sudo systemctl is-enabled httpd
```

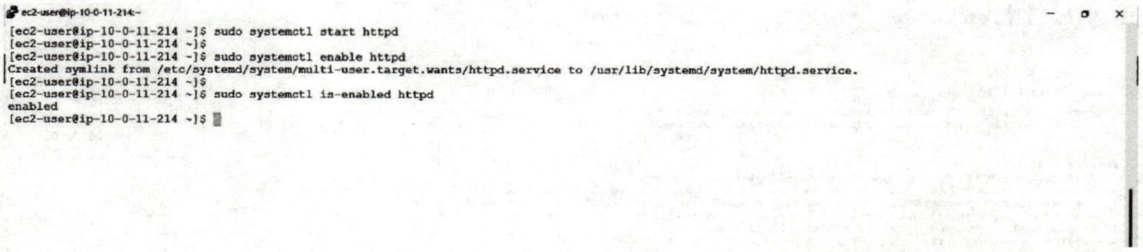

```
ec2-user@ip-10-0-11-214:~
[ec2-user@ip-10-0-11-214 ~]$ sudo systemctl start httpd
[ec2-user@ip-10-0-11-214 ~]$
[ec2-user@ip-10-0-11-214 ~]$ sudo systemctl enable httpd
Created symlink from /etc/systemd/system/multi-user.target.wants/httpd.service to /usr/lib/systemd/system/httpd.service.
[ec2-user@ip-10-0-11-214 ~]$
[ec2-user@ip-10-0-11-214 ~]$ sudo systemctl is-enabled httpd
enabled
[ec2-user@ip-10-0-11-214 ~]$
```

图 4-41　启动 Apache Web Server 并验证 httpd 服务

3. 添加安全规则，允许 HTTP 访问

1）向安全组中添加一条安全规则，用以允许 HTTP（端口 80）入站到 WeblogServer 实例。默认情况下，亚马逊云科技在实例初始化阶段会为实例设置一个 launch-wizard-N 安全组，该安全组仅包含一条允许 SSH 连接的规则。

① 在 https://console.aws.amazon.com/ec2/ 打开 Amazon EC2 控制台，在左侧导航窗格中选择“实例”，在右侧窗口的实例列表中选择需要配置的实例，这里选“WeblogServer”。

② 在“安全”选项卡中，查看“入站规则”。应该看到以下规则：

```
端口范围      协议      源
22            tcp       0.0.0.0/0
```

查看 WeblogServer 实例安全信息及入站规则如图 4-42 所示。

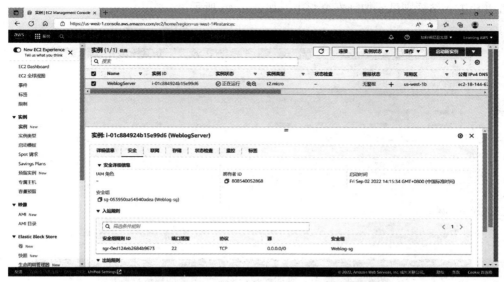

图 4-42　查看 WeblogServer 实例安全信息及入站规则

③ 单击 Weblog-sg 安全组链接，进入 Weblog-sg 安全组，安全组管理界面如图 4-43 所示。随后使用"编辑入站规则"流程向安全组中添加入站规则。

图 4-43　进入安全组管理界面

④ 使用"添加规则"操作，向安全组添加相应规则。使用下列参数值在安全组中添加新的入站安全规则。

类型：HTTP
协议：TCP
端口范围：80
源：Custom

⑤ 完成相应规则添加后，单击窗口右下角的"保存规则"，完成规则的添加，如图 4-44 所示。查看相关入站规则已添加到安全组中，如图 4-45 所示。

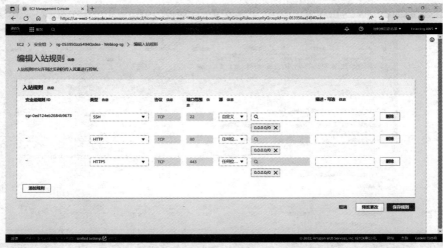

图 4-44　使用"添加规则"向安全组添加相应规则

图 4-45　查看相关入站规则已添加到安全组中

2）在 Web 浏览器中，输入实例的公共 DNS 地址（或公有 IP 地址）测试访问 Web 服务器，以验证在安全组中添加的允许端口 80 的 HTTP 流量入站规则是否有效，如图 4-46 所示。

图 4-46　测试访问 Web 服务器

注意： 可以使用 Amazon EC2 控制台获取该实例的公共 DNS。检查公共 DNS 列时，如果该列被隐藏，则选择"显示 / 隐藏列"（齿轮状图标）并选择"公共 DNS"。

4．配置 Apache Web 服务器

1）查看并确认 Apache httpd 服务器软件包保存在 Apache 文档的根目录下，如图 4-47 所示。在 Amazon Linux 中，Apache 服务器的根目录是 /var/www/html，默认为 root 所拥有。

图 4-47　查看 Apache 服务器根目录及其子目录

2）设置文件权限。

注意： 用户需要修改该目录的所有权，并授权 ec2-user 账户能够操作该目录的文件。完成这项任务的方法很多，这里将 ec2-user 添加到 apache 组，再为 apache 组赋予 /var/www 目录的所有权，并给该组分配写权限。

① 将 ec2-user 账户添加到 apache 组中，使 ec2-user 账户拥有设置文件权限，代码如下。

```
sudo usermod -a -G apache ec2-user
```

② 为验证 ec2-user 账户是否被成功添加到 apache 组中，可以运行以下命令。

```
groups
```

得到以下反馈内容。

```
ec2-user adm wheel apache systemd-journal
```

③ 执行以下命令，注销当前账户，以便重新登录以加入新用户组，如图 4-48 所示。

```
exit
```

注意： 使用"exit"命令可能会导致终端窗口关闭。

图 4-48　授权 ec2-user 账户拥有操作 Apache 服务器根目录的权限

④ 重新连接到实例，将 /var/www 的组所有权变更为 apache 组，赋予其修改内容的权限，如图 4-49 所示。

```
sudo chown -R ec2-user:apache /var/www
```

图 4-49　将 Apache 服务器根目录拥有者变更为 apache 组

⑤ 如果需要增加组写权限，并为以后在子目录上可以设置组 ID，需要修改 /var/www 及其子目录的目录权限，代码如下。

```
sudo chmod 2775 /var/www && find /var/www -type d -exec sudo chmod 2775 {} \;
```

⑥ 为增加组的写权限，需要递归地修改 /var/www 及其子目录的文件权限，代码如下，如图 4-50 所示。

```
find /var/www -type f -exec sudo chmod 0664 {} \;
```

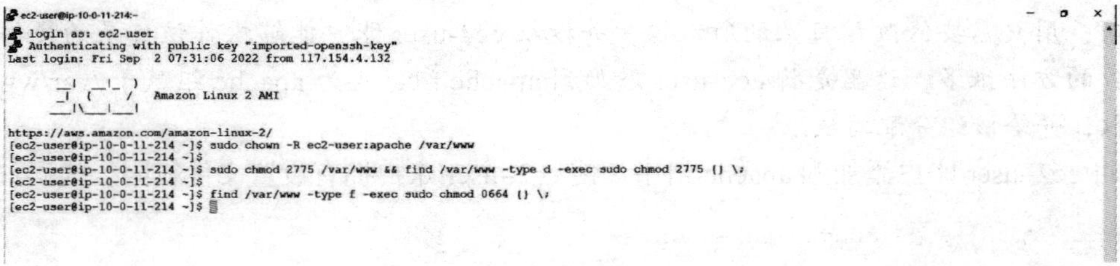

图 4-50　递归增加组的写权限

至此，ec2-user（以及 apache 组的任何未来成员）有权限添加、删除和编辑 apache 文档根目录中的文件，使用户可以添加内容，例如，静态网站或 PHP 应用程序。

3）测试 Apache Web 服务器。

如果用户的服务器已经安装完毕运行正常，并且用户的文件权限设置正确，那么用户可以使用 ec2 账户在 /var/www/html 目录下创建一个 PHP 文件，该文件可以从 Internet 上获得。

① 执行以下命令，在 Apache 文档根目录下创建一个名为 phpinfo.php 的 PHP 文件，该文件的内容仅为"<?php phpinfo()；?>"，如图 4-51 所示。

```
echo "<?php phpinfo(); ?>" > /var/www/html/phpinfo.php
```

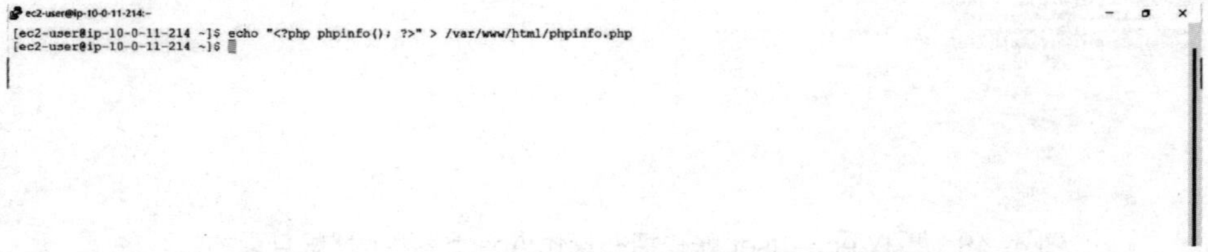

图 4-51　在 Apache 文档根目录下创建测试用 PHP 文件

注意：如果运行此命令时出现"Permission denied"错误，尝试注销后再次登录，以获取所配置的用于设置文件权限的组权限。

② 在 Web 浏览器中，输入所创建测试文件的 URL。该 URL 是在实例的公共 DNS 地址后

面跟一个正斜线和文件名，举例如下。

```
http://my.public.dns.amazonaws.com/phpinfo.php
```

随后，应该看见 PHP 信息页面，如图 4-52 所示。

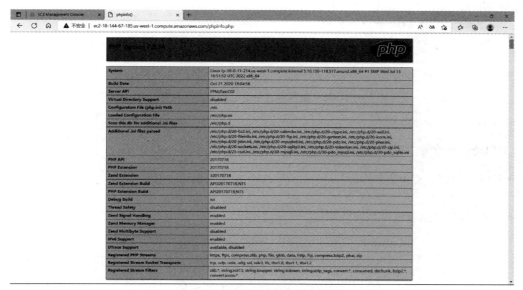

图 4-52　访问 PHP 文件测试 Apache 服务器工作

③ 如果未出现如图 4-52 所示的 PHP 页面，请验证是否在上一步中正确地创建了 /var/www/html/phpinfo.php 文件。也可以使用以下命令验证是否安装了所有需要的软件包。具体如图 4-53 所示。

```
sudo yum list installed httpd mariadb-server php-mysqlnd
```

图 4-53　验证是否已安装所有需要的软件包

注意：如果输出中没有列出任何需要的包，则使用"sudo yum install packet"命令安装相应软件包，并验证在"amazon-linux-extras"命令的输出中是否启用了 php7.2 和 lamp-mariadb10.2-php7.2 extras。

④ 删除上面建立的 phpinfo.php 文件，代码如下，如图 4-54 所示。虽然该文件可以用于网站测试，但是出于安全考虑，建议不要将该文件发布到互联网上。

```
rm /var/www/html/phpinfo.php
```

至此，一个功能齐全的 Web 服务器已架设成功。如果将内容添加到 Apache 文档的根目录 /var/www/html 中，用户就可以通过该实例的公共域名地址查看其内容。

⑤ 执行以下命令设置 Apache 服务开机自启动，可确保实例重启后 Apache 服务器能自启动。

```
sudo systemctl enable httpd
```

图 4-54 删除创建的 phpinfo.php 文件

5. 配置 MariaDB（MySql）服务器

1）执行以下命令，启动 MariaDB 服务器，如图 4-55 所示。

```
sudo systemctl start mariadb
```

图 4-55 启动 MariaDB 服务器

2）运行 mysql_secure_installation 命令，保护 MariaDB 服务器。

```
sudo mysql_secure_installation
```

注意：MariaDB 数据库服务器默认安装有一些非常适合测试和开发的特性，但是对于生产服务器，应该禁用或删除这些特性。因此，需要使用 mysql_secure_installation 命令引导用户设置 root 密码并从安装中删除不安全特性。即使用户不打算使用 MariaDB 服务器，也建议执行此过程。

① 当出现提示时，输入数据库 root 账户当前的密码。

输入"Y"设置密码，并两次输入安全密码。请务必注意安全保存该密码（密码：Mysqlpass），如图 4-56 所示。

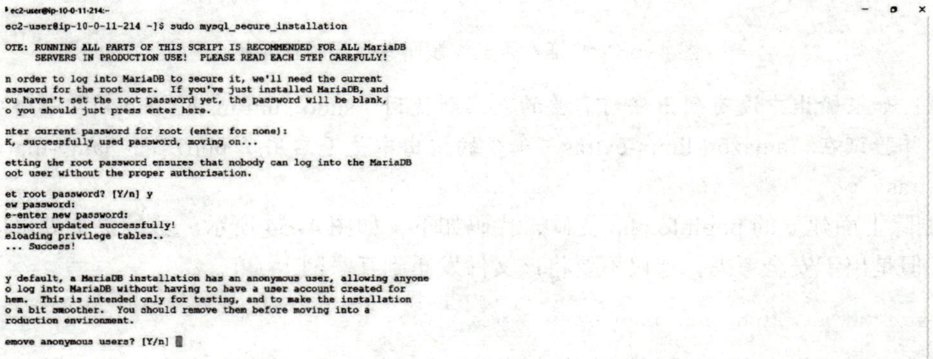

图 4-56 增强 MariaDB 服务器安全性

注意：默认情况下，root 账户没有设置密码，直接按 <Enter> 键。

② 为 MariaDB 设置 root 密码只是保护数据库安全的最基本措施。在构建或安装数据库驱动的应用程序时，用户通常要为该应用程序创建一个数据库服务用户，并避免使用根账户进行数据库管理以外的任何操作。

③ 输入"Y"删除匿名用户账户。

④ 输入"Y"禁止远程根用户登录。

⑤ 输入"Y"删除测试数据库。

⑥ 输入"Y"重新加载特权表并保存更改，如图 4-57 所示。

图 4-57 增强 MariaDB 服务器用户的安全性

3)（可选项）如果用户不打算立刻使用 MariaDB 服务器，则可以执行以下命令停止该服务器。用户可以在以后需要时再重新启动它。

```
sudo systemctl stop mariadb
```

4)（可选项）如果用户希望 MariaDB 服务器在每次引导时自动启动，则可以使用以下命令，如图 4-58 所示。

```
sudo systemctl enable mariadb
```

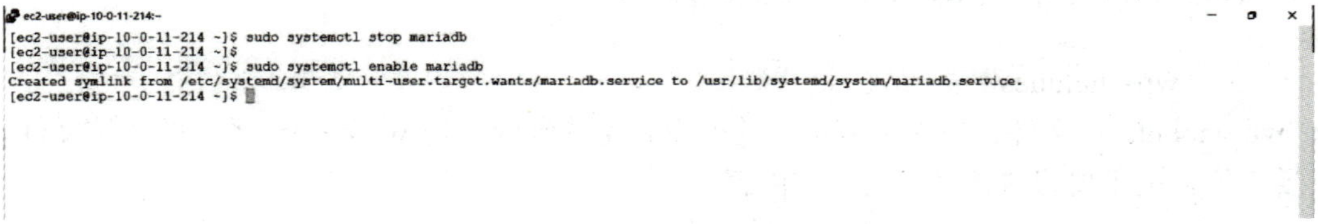

图 4-58 停止 MariaDB 服务器并设置开机自动启动

5）停止 EC2 实例，然后在"操作"菜单下选择"映像和模板"，并选择"创建映像"。在随后出现的"创建映像"窗口相应字段输入"映像名称"（这里是"WeblogServer-LAMP-AMI"）和"映像描述"，然后单击"创建映像"。

4.3 架设 WordPress 博客服务器

4.3.1 WordPress 服务器环境

1. 运行环境

在所创建的 Amazon EC2 实例中安装、配置 WordPress 博客服务器软件来部署 WordPress 博客网站之前,已完成 Linux、Apache、MySQL、PHP 环境准备和以下工作。

(1)启动 Amazon EC2 实例

实例需要包含支持 PHP 和数据库(本项目为 MariaDB)功能的 Apache Web 服务器,即已经在该 EC2 实例上完成 LAMP Web 服务架构的部署。

(2)安全组规则配置允许 HTTP 和 HTTPS 入站流量

来自互联网的访问流量,将被允许入站访问 WordPress 博客服务器。

(3)正确设置 Web 服务器目录的文件权限

确保为 WordPress 博客服务器目录文件提供必要的保护。

(4)(建议)将弹性 IP 地址(Elastic IP)与托管 WordPress 博客的实例关联

Amazon 用户可以免费将一个弹性 IP 地址(Elastic IP)与实例关联。如果用户拥有一个域名并计划将其用于自己的博客网站,则可以更改该域名的 DNS 记录,将域名解析为托管该网站的实例所关联的弹性 IP 地址,以防止由于实例的公有 IP 地址改变而导致无法访问。

2. WordPress 文件目录结构

(1)"wp-admin"文件夹

"wp-admin"文件夹是 WordPress 的后台管理文件夹,一般情况下不需要操作。

(2)"wp-content"文件夹

所有上传文件、插件和主题都放在"wp-content"文件夹中。尽管不同 WordPress 网站的"wp-content"文件夹可能有所不同,"wp-content"文件夹一般都包含以下内容。

- **"themes"文件夹**:用于存放 WordPress 的主题。
- **"plugins"文件夹**:用于存放网站中所有下载和安装的 WordPress 插件。
- **"uploads"文件夹**:用于存放 WordPress 所有上传的图片和媒体文件。默认情况下,uploads 是以年月的形式组织的。
- **index.php 文件**:WordPress 自带的默认首页。

(3)"wp-includes"文件夹

"wp-includes"文件夹包含许多重要的类库和支持函数,是 WordPress 系统的内核文件。如无必要,原则上不要修改该文件夹下的内容。

(4)WordPress 配置文件

WordPress 将一些特殊配置文件放置在根目录中,这些文件对网站的设置非常重要。其中需要重点关注以下文件。

- **.htaccess**:服务器配置文件,WordPress 用它来管理固定链接和重定向。

- **wp-config.php**：这个文件告诉 WordPress 如何去连接数据库，同时也存储了 WordPress 网站的一些全局设置。
- **index.php**：index 文件在用户请求页面时会加载并初始化所有的文件。

需要特别注意的是，对 wp-config.php 或 .htaccess 文件的编辑，可能会导致网站无法访问。因此，在编辑这两个文件之前，一定要做好文件的备份。

4.3.2 安装并配置 WordPress 服务器

1. 下载并解压 WordPress 安装包

1）使用 PuTTY，以 SSH 方式连接到 WeblogServer 实例，执行 wget 命令下载最新版本 WordPress 安装包具体如下。

```
wget https://wordpress.org/latest.tar.gz
```

注意：WordPress 的版本迭代很快，此处示例的版本为 wordpress-6.0.2，可以使用 wget https://wordpress.org/wordpress-6.0.2.tar.gz 命令下载该版本。

2）执行以下命令，将下载的 WordPress 安装包解压到名为 wordpress 的文件夹下（请注意下载目录与安装目录的区别），如图 4-59 所示。

```
tar -xzf latest.tar.gz
```

注意：如果是下载的 wordpress-6.0.2.tar.gz 安装包，则使用如下命令。

```
tar -xzf wordpress-6.0.2.tar.gz
```

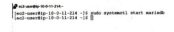

图 4-59 下载并解压 WordPress 安装包

2. 创建 WordPress 安装数据库用户和数据库

安装 WordPress 需要存储信息，例如，数据库中的博客文章和用户评论。因此，用户需要创建自己的博客数据库和一个有权读取该数据库的用户，并将用户信息保存到该数据库。

1）启动数据库服务器，如图 4-60 所示。由于前面设置 MariaDB 自动启动为"可选项"，所以使用以下命令。

```
sudo systemctl start mariadb
```

图 4-60 启动数据库服务器

2)以 root 用户身份登录数据库服务器。

在系统出现提示后输入数据库 root 账户(不是实例的操作系统 root 账户)的密码。如果用户从未给数据库服务器加密,则它将是空的,需要执行以下操作。

```
mysql -u root -p
```

3)为 MariaDB(MySQL)数据库创建用户和密码。

在安装 WordPress 过程中将使用这些值与 MariaDB(MySQL)数据库通信。输入以下命令,替换唯一的用户名和密码。

```
CREATE USER 'wordpress-user'@'localhost' IDENTIFIED BY 'Wordpress-01';
```

注意:确保用户创建的是"强密码";不能重复使用现有密码,并确保密码得到安全保存;不要在密码中使用单引号字符('),因为这将中断前面的命令。

4)创建供 WordPress 使用的数据库。

为所创建的数据库赋予一个有意义的描述性名称,这里是:wordpress-db。

```
CREATE DATABASE `wordpress-db`;
```

注意:命令中数据库名称两边的标点符号称为反引号(`),该符号通常位于标准键盘的 <Tab> 键上方。

5)为所创建的 WordPress 用户赋予对数据库的完全访问权限。

```
GRANT ALL PRIVILEGES ON `wordpress-db`.* TO "wordpress-user"@"localhost";
```

6)更新数据库权限以接受所有更改,如图 4-61 所示。

```
FLUSH PRIVILEGES;
```

图 4-61 创建数据库用户、密码及供 WordPress 使用的数据库并赋予用户完全访问权限

7)使用"exit"命令退出 MariaDB(MySQL)客户端。

3. 创建和编辑 wp-config.php 文件

WordPress 在安装文件夹中包含有名为 wp-config-sample.php 的配置示例文件。在本步骤中,复制此文件并对其编辑以进行适当配置。

1)将 wp-config-sample.php 文件复制到名为 wp-config.php 的文件,代码如下,如图 4-62 所示。这样将创建一个新的配置文件,而原来的示例配置文件保留不变作为备份。

```
cp wordpress/wp-config-sample.php wordpress/wp-config.php
```

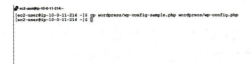

图 4-62 创建 wp-config.php 配置文件

2）编辑 wp-config.php 文件，输入与服务器安装匹配的值。可以根据个人偏好，选择使用 nano 或 vim 等文本编辑器（nano 比较适合初学者使用）进行编辑。

`vim wordpress/wp-config.php`

① 查找定义 DB_NAME 的行并将 database_name_here 更改为在安装 WordPress 时所创建的数据库用户和在 MariaDB 数据库服务器中所创建的数据库名称，代码如下。

`define('DB_NAME', 'wordpress-db');`

② 查找定义 DB_USER 的行并将 username_here 更改为在安装 WordPress 时所创建的数据库用户和在 Mariadb 数据库服务器中创建的数据库用户，代码如下。

`define('DB_USER', 'wordpress-user');`

③ 查找定义 DB_PASSWORD 的行并将 password_here 更改为在安装 WordPress 时所创建的数据库用户和在 MariaDB 数据库服务器中创建的强密码，代码如下。

`define('DB_PASSWORD', 'your_strong_password');`

此处密码为：Wordpress-01（学习者可以根据自己的喜好设置相关密码，下同）。

④ 查找名为"Authentication Unique Keys and Salts"的一节。这些 KEY 和 SALT 值为 WordPress 用户存储在其本地计算机上的浏览器 Cookie 提供了加密层。

添加长的随机值可以使站点更为安全。访问 https://api.wordpress.org/secret-key/1.1/salt/，随机生成一组密钥值，将这组密钥值复制并粘贴到 wp-config.php 文件中。在编辑器中将光标移动到需要粘贴密钥的地方，单击鼠标右键，将文本粘贴到指定位置。

⑤ 保存文件并退出文本编辑器，如图 4-63 所示。

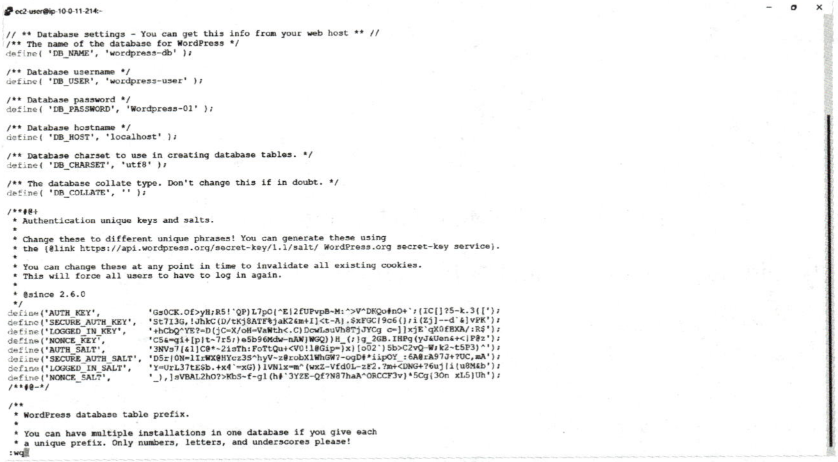

图 4-63 编辑 wp-config.php 配置文件

4. 将 WordPress 文件安装到 Apache 文档根目录下

将 WordPress 安装文件复制到 Web 服务器文档根目录，以便可以运行安装脚本完成安装。这些文件的位置取决于期望 WordPress 博客位于 Web 服务器的实际根目录（例如，my.public.dns.amazonaws.com）下，还是位于根目录下的某个子目录或文件夹（例如，my.public.dns.amazonaws.com/blog）中。

1）如果希望 WordPress 在文档根目录下运行，则使用以下命令来复制 WordPress 安装目录的内容（不包括目录本身），如图 4-64 所示。

```
cp -r wordpress/* /var/www/html/
```

图 4-64 复制 WordPress 安装目录的内容

2）如果是希望 WordPress 在文档根目录下某个新目录中运行，则需要首先创建该目录，然后再将文件复制到该目录下。如果 WordPress 将在 blog 目录下运行，则可以使用下面的命令。

```
mkdir /var/www/html/blog
cp -r wordpress/* /var/www/html/blog/
```

5. 允许 WordPress 使用 Permalink

WordPress 可以采用 Permalink 插件对域名进行修改，使博客 URL 地址更美观，更有利于搜索引擎优化。但是 WordPress Permalink 需要使用 Apache 的 .htaccess 文件才能正常工作。默认情况下这些文件在 Amazon Linux 上处于禁用状态，需要允许对 Apache 文档根目录的全覆盖（AllowOverride All）。

1）使用以下命令实现文本编辑器（如 nano 或 vim）打开 httpd.conf 文件，如图 4-65 所示。

```
sudo vim /etc/httpd/conf/httpd.conf
```

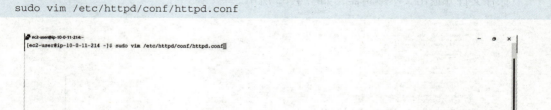

图 4-65 使用文本编辑器打开 httpd.conf 文件

2）找到以 <Directory "/var/www/html"> 开头的部分，如下所示。

```
<Directory "/var/www/html">
......
    #
    # AllowOverride controls what directives may be placed in .htaccess files.
    # It can be "All", "None", or any combination of the keywords:
    #   Options FileInfo AuthConfig Limit
```

```
    #
    AllowOverride None

    #
    # Controls who can get stuff from this server.
    #
    Require all granted
</Directory>
```

3）将以上部分中的"AllowOverride None"行改为"AllowOverride All",如图 4-66 所示。

注意：文件中有多个段落包含"AllowOverride"行,只需要更改 <Directory "/var/www/html"> 段落中的"AllowOverride All"行。

4）保存文件并退出文本编辑器。

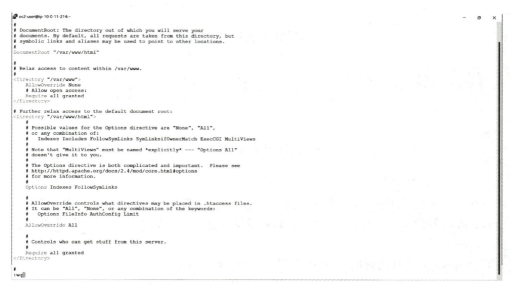

图 4-66　使用文本编辑器编辑 httpd.conf 文件

6. 在 Amazon Linux 2 上安装 PHP 图形绘图库

PHP 的 GD 库允许用户修改图像。如果用户需要裁剪博客的标题图像,则需要安装此库。如果安装的 phpMyAdmin 版本可能需要此库的特定最低版本（如 7.2 版本）。

1）使用以下命令在 Amazon Linux 2 上安装 PHP 图形绘图库,如图 4-67 所示。在安装 LAMP 软件集合的过程中,如果从 amazon-linux-extras 安装了 php7.2,则此命令将安装 7.2 版 PHP 图形绘图库。

```
sudo yum install php-gd
```

2）使用以下命令验证所安装的版本,如图 4-68 所示。

```
sudo yum list installed | grep php-gd
```

输出下面示例,则表示安装正常。

```
php-gd.x86_64           7.2.34-1.amzn2           @amzn2extra-php7.2
```

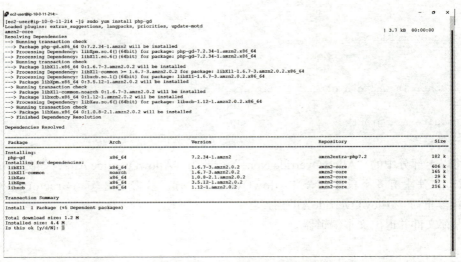

图 4-67　安装 PHP 图形绘图库

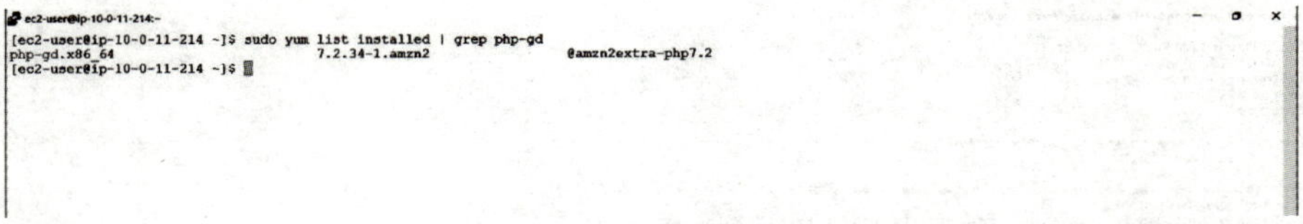

图 4-68　验证所安装 PHP 图形绘图库的版本

7. 修改 Apache Web 服务器的文件权限

WordPress 的某些功能可能要求具有对 Apache 文档根目录的写入权限（例如，通过 "Administration（管理）" 屏幕上传媒体）。如果没进行此操作，则需要使用以下组成员关系和权限，如图 4-69 所示。

1）将 /var/www 及其内容的文件所有权授予 Apache 用户。

```
sudo chown -R apache /var/www
```

2）将 /var/www 及其内容的组所有权授予 Apache 组。

```
sudo chgrp -R apache /var/www
```

图 4-69　将 /var/www 所有权授予 Apache 用户和组

3）使用下面的命令更改 /var/www 及其子目录的目录权限，用以添加组写入权限及在未来设置的子目录上的组 ID，如图 4-70 所示。

```
sudo chmod 2775 /var/www
find /var/www -type d -exec sudo chmod 2775 {} \;
```

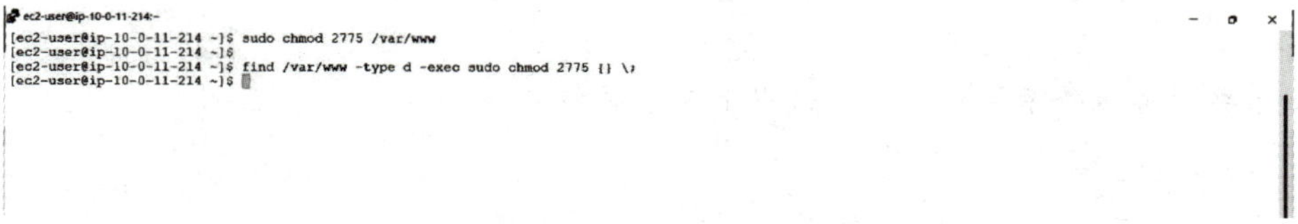

图 4-70 更改 /var/www 及其子目录的目录权限

4）使用下面的命令递归地更改 /var/www 及其子目录的文件权限，用以添加组的写入权限，如图 4-71 所示。

```
find /var/www -type f -exec sudo chmod 0664 {} \;
```

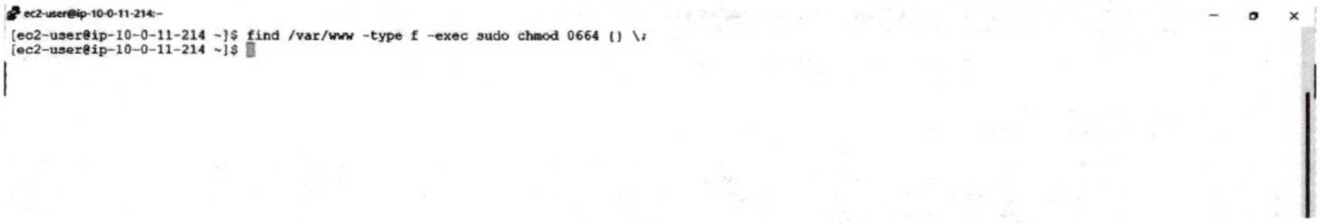

图 4-71 递归更改 /var/www 及其子目录的文件权限

5）使用下面的命令重启 Apache Web 服务器，以更新组和权限使其生效。

```
sudo systemctl restart httpd
```

8. 使用 Amazon Linux 2 运行 WordPress 安装脚本

至此，已完成安装 WordPress 的准备工作。

1）使用 systemctl 命令保证 httpd 和数据库服务器在系统重新启动时能自动启动，如图 4-72 所示。

```
sudo systemctl enable httpd && sudo systemctl enable mariadb
```

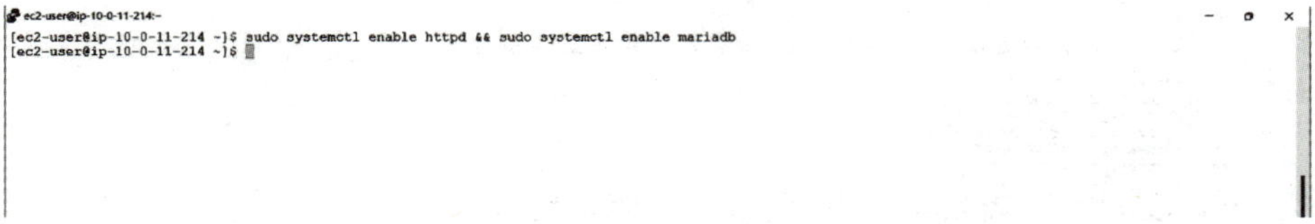

图 4-72 设置数据库服务器能开机自动启动

2）使用以下命令验证数据库服务器是否正在运行，如图 4-73 所示。

```
sudo systemctl status mariadb
```

图 4-73 验证数据库服务器运行状态

注意：

① 如果数据库服务未运行，则执行以下命令启动。

```
sudo systemctl start mariadb
```

② 如果出现如图4-74所示的错误，则说明系统没有安装libjemalloc*软件包，可以使用以下命令安装。

```
sudo yum whatprovides libjemalloc*
sudo yum install jemalloc-3.6.0-1.amzn2.x86_64
```

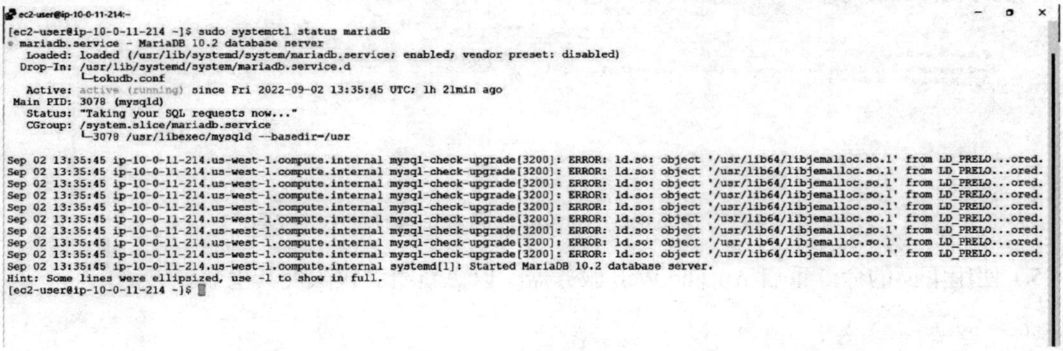

图4-74　MariaDB系统没有安装libjemalloc*软件包

3）使用如下命令验证Apache Web服务器（httpd）正在运行，如图4-75所示。

```
sudo systemctl status httpd
```

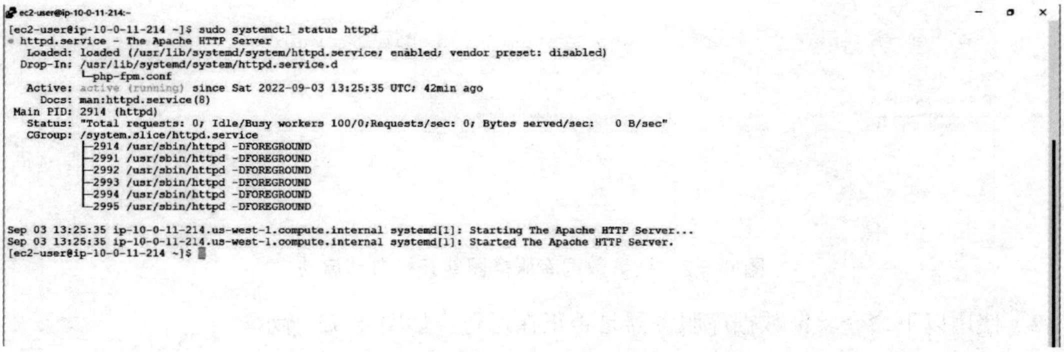

图4-75　验证Web服务器运行状态

注意： 如果httpd服务未运行，则可以执行以下命令启动。

```
sudo systemctl start httpd
```

4）在Web浏览器地址栏中输入WordPress博客网站的URL（托管该网站的EC2实例的公有DNS地址加上blog文件夹的路径），通过该URL打开WordPress的安装脚本，如图4-76所示。

5）提供WordPress所需的安装信息，完成WordPress安装，如图4-77所示。

6）使用URL连接登录WordPress，如显示如图4-78所示的页面，则表示已成功安装WordPress。

图 4-76　打开 WordPress 安装脚本

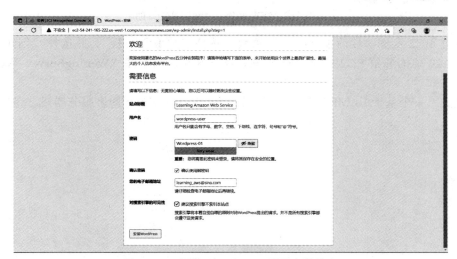

图 4-77　提供 WordPress 所需安装信息

图 4-78　登录 WordPress 验证安装成功

7)打开 WordPress 仪表盘页面,配置 WordPress 服务器,如图 4-79 所示。

图 4-79　打开 WordPress 配置页面

8)停止 EC2 实例,然后在"操作"菜单下选择"映像和模板",并选择"创建映像"制作基于 LAMP 架构的单 EC2 实例 WordPress 服务器的映像文件"WeblogServer-Wordpress-AMI"。

9)至此,一个基于 LAMP 架构的、单 EC2 实例的 WordPress 博客服务器架设完毕。

第 5 章　使用云存储资源

概述

云服务供应商根据自身的商业目标及经营需求，通过 Internet 向公众提供弹性计算、存储、数据库、应用程序等计算资源，供用户根据自身业务需求和发展规划租用。用户可以使用云服务供应商提供的 API 接口或管理控制台自助管理所需的服务，方便、快捷地租用、扩展、释放、冻结、删除各种公有云资源。

本章以使用 Amazon S3 存储桶部署一个静态网站为导向，引领学生在 Amazon S3 上完成一系列对象操作，部署《2048》静态网站等实践任务，帮助学生掌握使用 Amazon S3 存储桶等公有云资源的方法，并进一步理解公有云服务的资源共享本质。

学习目标

1. 了解如何创建 S3 存储桶；
2. 熟悉如何操作 S3 存储桶及其对象；
3. 理解 S3 存储桶如何控制对资源的读写；
4. 掌握如何使用 S3 存储桶托管静态 Web 资源。

Amazon S3 是亚马逊云科技提供的经济高效的对象存储服务，适用于数据存储、备份和恢复，构建数据湖，以及静态网站托管等不同的应用场景。Amazon S3 提供一系列适合不同应用场景的存储服务类型。Amazon CloudFront 则是一种内容分发网络（CDN）服务，通过 AWS 主干网络将用户请求传送到能以最佳方式为用户提供内容的边缘站点，来大幅降低用户请求需要经由的网络数量，提高性能。使用 Amazon CloudFront，用户可以低延迟、高速、安全地向其全球客户分发数据、视频、应用程序和 API。

5.1　存储系统规划

5.1.1　Amazon S3 托管静态网站

在本项目中，将使用 Amazon S3 托管一款名为 "2048" 的数字游戏静态网站，该静态网站的资源文件将存储在用户创建的 Amazon S3 存储桶中，公众可以通过存储桶的 URL 链接访问该网站并下载相应文件。

1. 静态网站托管需求分析

（1）"2048"静态网站

"2048"是一款流行的数字小游戏，原作者是 Gabriele Cirulli，最早于 2014 年 3 月 20 日发行。"2048"开源版本发布在 GitHub 上，可以被移植到各个平台。"2048"网站文件不需要根据用户请求动态生成，因此，在 Amazon S3 上托管"2048"静态网站，只需要将"2048"游戏软件上传到在 Amazon S3 中创建的存储桶，并赋予存储桶公共读取权限。

用户使用浏览器通过 Amazon S3 存储桶的 URL 访问"2048"静态网站，也就是请求下载存储在该存储桶中的"2048"网站文件。Amazon S3 接受该访问请求，根据其 URL 将存储桶中保存的相应对象文件发送给用户浏览器以显示。采用 Amazon S3 托管的静态网站架构如图 5-1 所示。

图 5-1　Amazon S3 托管静态网站架构

（2）静态网站资源存储

使用 Amazon S3 托管静态网站是将所存储网站的静态资源，包括 HTML 网页文件、图像、音频、视频、JavaScript 文件、CSS 和字体等形式文件，利用 Amazon S3 的"网页托管服务"提供给公众访问。静态网站不需要服务器端处理或动态生成 Web 文档，网站运行时不会对资源内容进行动态处理，为每个请求所提供的内容完全相同。使用 Amazon S3 托管静态网站，用户需要完成以下任务：

1）选择创建 Amazon S3 存储桶的区域。

2）在 Amazon S3 中创建存储桶（如果此前没有创建存储桶）。

3）查看并配置 Amazon S3 存储桶属性。

4）上传静态网站文件到所创建的存储桶中。

5）启用 Amazon S3 存储桶"网页托管服务"托管静态网站。

（3）使用对象命名模拟文件夹结构

在 Amazon S3 中，存储桶的名称是唯一的。Amazon S3 使用"bucket""key"来唯一标识某个存储对象，这里 key（键）就是对象名称。在一个 Amazon S3 存储桶中，每个储存对象的对象名称是该对象 URL 的一部分。Amazon S3 对象存储服务使用存储桶名称来确定存储相应对象的存储桶，再使用对象名称来定位存储在该存储桶中的具体对象（文件）。

Amazon S3 存储对象的命名遵循 Internet 命名法则，对象名称被视为单个字符串，而不是"路径 + 对象名称"。由于对象存储是扁平结构，而不是文件系统的层次结构，因此，用户需要使用对象名称模拟文件夹的层级结构，也就是通过使用具有共同前缀的对象名称（即名称具有相同的字符串开头）来标识对象的分组。

使用 Amazon S3 存储桶托管静态网站需要通过对象名称的前缀来模拟网站的文件夹结构，也就是在对象名称中使用"/"来增加前缀，模拟实际上并不存在的层次结构（目录）。例如，在所属区域为"us-west-1"、名称为"mybucket"的存储桶中，模拟将照片文件"myhpoto.png"存储在一个名为"photos"的文件夹下。则访问该对象的URL将是：http://mybucket.s3-website.us-west-1.amazonaws.com/photos/myphoto.png。其中，对象名称为"photos/myphoto.png"，而"photos/"就是用于模拟文件夹的对象名称前缀。

2. 存储桶管理

（1）存储桶命名规则

创建 Amazon S3 存储桶后，存储桶名称不能更改。为确保用户可以使用 URL 寻址模式访问 S3 存储桶，存储桶名称需要符合 DNS 标准，并遵循以下规则：

1）存储桶名称在亚马逊云科技（标准区域）分区中是唯一的。目前亚马逊云科技有 3 个分区：标准区域（aws）、中国区域（aws-cn）和 GovCloud（美国）区域（aws-us-gov）。

2）名称长度介于 3 至 63 个字符之间。

3）名称仅包含小写字母、数字、句点和短划线。

4）名称必须以字母或数字开头和结尾。

5）名称不能采用 IP 地址格式（如 192.168.5.4）。

在本项目中，为托管静态网站，需要使用亚马逊云科技所提供的 Amazon S3 网站终端节点的 URL，其形式为：http://your-bucket-name.s3-website-Region.amazonaws.com。其中，Amazon 区域将成为 Amazon S3 托管网站 URL 的组成部分，用来在 Amazon S3 中唯一标识该存储桶。

（2）存储桶基本操作

根据操作目标不同，Amazon S3 存储桶操作请求可以分为桶操作和对象操作两类。在收到操作请求时，Amazon S3 首先需要对所有相关访问策略、用户策略和基于资源的策略（存储桶策略、存储桶 ACL、对象 ACL）进行审核，验证请求者是否拥有必要的权限，以决定是否对该请求进行授权。

在本项目中，只有拥有桶写入权限的用户才能将文件上传至托管网站的 Amazon S3 存储桶。为确定请求者是否拥有执行相关操作的权限，Amazon S3 需要在收到请求时按顺序执行以下操作。

1）桶操作。

- **创建存储桶**：用户创建存储桶时，需要为待创建存储桶选择所属区域并对存储桶命名。在某一区域存储的对象将始终驻留在该地区，除非用户专门将其转移到其他地区。
- **列出存储桶**：查询具有给定条件（例如，特定前缀）的存储桶，并返回符合搜索条件的存储桶。
- **删除存储桶**：删除空 Amazon S3 存储桶。如果所删除存储桶不为空，将返回错误提示。如果存储桶受版本控制，需要先删除存储桶中存储的所有受版本控制的对象，然后才能删除存储桶。

2）对象操作。

- **上传对象**：用户上传文件至 Amazon S3 时会被创建为对象存储在存储桶中，或者覆盖存储桶中的现有对象。上传文件时需要在存储桶命名空间中为对象指定唯一键值，并设置用户需要的访问控制。

- **下载对象**：用户通过 HTTP 或其他下载工具，从存储桶中读取对象数据或元数据。
- **删除对象**：用户从存储桶中删除一个或多个对象（数据）。
- **复制对象**：用户创建已存储在 Amazon S3 中的对象的副本，操作效果与"先执行下载然后执行上传"相同。

3. 访问控制

在本项目中，需要关闭托管静态网站的存储桶的"S3 阻止公共访问"选项，允许公众对存储桶资源的公有访问。因为，在默认状态下，Amazon S3 是私有的，包括存储桶、对象及相关子资源（如生命周期、网站配置等）在内的资源只有存储桶拥有者才能访问。

（1）访问权限

Amazon S3 ACL（Access Control List）允许用户定义 5 种访问权限，用于单独控制某个对象的访问，见表 5-1。

表 5-1 Amazon S3 访问权限

权限	允许操作目标	具体权限内容
READ	桶	列出已有桶
	对象	读取数据及元数据
WRITE	桶	创建、覆写、删除桶中对象
READ_ACP	桶	读取桶的 ACL
	对象	读取对象中的 ACL
WRITE_ACP	桶	覆写桶的 ACP
	对象	覆写对象的 ACP
FULL_CONTROL	桶	允许以上所有操作，是 S3 提供的最高权限
	对象	

（2）S3 授权用户

S3 存储桶的授权用户分为所有者（Owner）、个人用户（User）、组用户（Group）3 类。

1）所有者。所有者是存储桶或对象的创建者，默认具有 WRITE_ACP 权限。所有者本身也需要服从 ACL，如果该所有者没有 READ_ACP，则无法读取 ACL。由于所有者可以通过覆盖相应存储桶或对象的 ACP 获取需要的权限，因此所有者默认拥有最高权限。

2）个人用户。有电子邮件地址和用户 ID 两种方式授权用户访问存储桶。

- **电子邮件地址授权**：即授权给绑定某个特定电子邮件地址的亚马逊云科技用户；
- **用户 ID 授权**：即直接授权给拥有某个特定亚马逊云科技 ID 的用户。

由于 Amazon 用户 ID 是一个不规则字符串，直接授权方式相对复杂，用户在授权过程中容易出错。而电子邮件地址授权方式则最终仍然转换为相应的用户 ID 进行授权。

3）组用户。Amazon 组用户同样拥有两种方式获得授权访问存储桶。

- **亚马逊云科技用户组**：授权分发给所有亚马逊云科技账户拥有者；
- **所有用户组**：允许匿名访问，由于授权方式存在较大潜在危险，不建议使用这种方式。

5.1.2 内容分发服务

1. CloudFront 内容分发服务

Amazon CloudFront 是亚马逊云科技内容分发网络（Content Delivery Network，CDN）服务，通过缓存托管在应用程序源服务器上的常见请求文件（例如，HTML、级联样式表或 CSS、JavaScript 以及图像文件等静态文件）的副本，再从遍布全球的边缘站点和区域边缘缓存分发所请求内容的本地副本，从而加快向请求者分发内容的速度。CloudFront 可以提供动态内容，但是该内容对于请求者是唯一的，并且不能缓存。

目前，Amazon CloudFront 拥有一个包含超过 450 个边缘站点和 13 个区域性边缘缓存站点，通过亚马逊云科技主干网络相互连接，遍布全球的 CDN 为用户提供超低延迟与高可用的内容分发。CloudFront 可以与 Amazon S3、EC2、Elastic Load Balancing、Route 53 等多种亚马逊云科技服务轻松集成。

2. CloudFront 加速网站内容分发原理

用户使用浏览器访问网站或流媒体视频时，用户请求通常需要经过众多网络的路由才能到达网站服务器（或发布源头）。网络的转发次数和请求经过的传输距离会显著影响请求到达网站以及网站对请求响应的返回时间。此外，地理位置不同，网络延迟也不尽相同。

Amazon CloudFront 通过 CDN 网络将源服务器上的内容缓存到全球分布的边缘站点上，使用户可以就近获得所需内容。用户访问某个网站的请求被路由到能以最佳性能交付该请求内容的 CloudFront 边缘站点。如果该边缘站点已经缓存有用户所请求的内容，则直接返回给用户，从而通过缓存减少延迟，提高访问速度。如果缓存中没有请求的内容，CloudFront 边缘站点将向源服务器请求该内容，并将结果返回给用户，同时也将其保存到缓存中，方便下次有人请求该内容。

在本项目中，用户访问使用 Amazon CloudFront 服务的静态网站流程如图 5-2 所示。

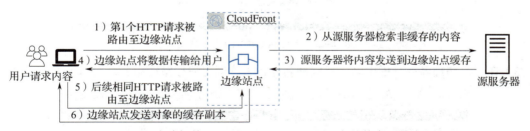

图 5-2　用户访问使用 Amazon CloudFront 服务的静态网站流程

1）用户向静态网站发送的第一个访问请求（静态文件下载请求），该请求被路由到性能最佳（延迟最小）的 CloudFront 边缘站点。

2）由于是首次请求，CloudFront 边缘站点缓存中没有该请求所需的内容，CloudFront 将该请求转发给源静态网站。

3）源静态网站根据请求中包含的 URL 检索对象文件（静态网页），并将结果返回 CloudFront 边缘站点。

4）CloudFront 边缘站点将静态网站发送过来的对象文件（静态网页）转发给用户。同时，将文件副本添加到 CloudFront 边缘站点缓存中，方便后续其他用户请求该对象。

5）后续下载这些文件的访问请求被路由到该 CloudFront 边缘站点。

6）CloudFront 检查其边缘站点缓存中保存有该请求内容，就直接将该内容返回给用户。

5.2 使用 Amazon S3 托管静态网站

5.2.1 部署 Amazon S3 存储系统

在 Amazon S3 中创建并配置一个 S3 存储桶，用于上传存储部署"2048"游戏网站所需的相关文件。

1. 创建并配置 Amazon S3 存储桶

1）登录亚马逊云科技管理控制台，进入 Amazon S3 服务管理界面（此时区域处为"全球"）。

2）单击右上角"创建存储桶"，如图 5-3 所示，打开"创建存储桶"页面。

图 5-3　创建 Amazon S3 存储桶

3）在"存储桶名称"栏中输入存储桶名称，为待创建的存储桶命名，如图 5-4 所示。

图 5-4　输入存储桶相关参数

① 在"存储桶名称"栏中，输入符合 DNS 标准的存储桶名称。

② 在"AWS 区域"选择栏中，选择希望存储桶驻留的亚马逊云科技区域。通常是选择在地理位置上最靠近用户的区域，以最大限度降低延迟和成本并满足法规要求。

③ 设置"对象所有权"，选择"ACL 已禁用（推荐）"，设置 S3 存储桶中所有对象均为存储桶拥有者所有，以简化对 S3 存储桶中所存储数据的访问权限管理。

4）设置存储桶访问权限。取消"阻止所有公开访问"的权限，将允许公众可以访问用户上传的文件，如图 5-5 所示。由于后续需要使用 S3 建立静态网站，所以这里选择允许公众访问。

图 5-5　赋予存储桶公开访问权限

5）待创建存储桶其余设置参数不变，确认无误后单击"创建存储桶"按钮，创建存储桶，如图 5-6 所示。

图 5-6　确认创建存储桶

6）在 Amazon S3 服务的页面下查看新存储桶已创建成功，如图 5-7 所示。

至此，完成在 Amazon S3 中创建并配置存储桶的工作。

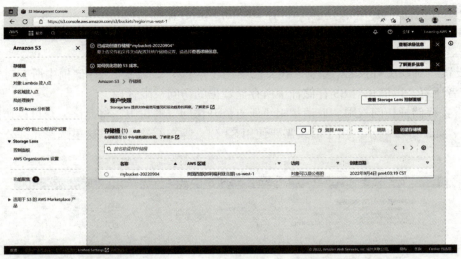

图 5-7　确认新存储桶已创建成功

2. 上传本地文件（2048 游戏软件）到 S3 存储桶

1）打开网页：https://github.com/gabrielecirulli/2048，下载要上传的"2048"游戏文件，保存到本地。

2）在 Amazon S3 存储桶管理窗口的存储桶列表中，选择打开用于上传游戏文件的存储桶，如图 5-8 所示。

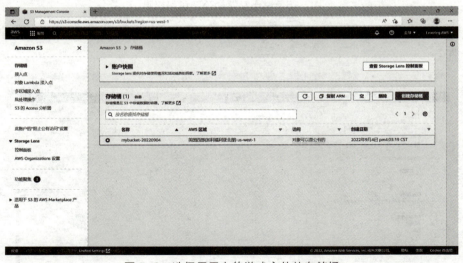

图 5-8　选择用于上传游戏文件的存储桶

3）在存储桶的"对象"选项卡上，单击"上传"按钮，如图 5-9 所示。

4）在"文件和文件夹"栏中，选择"添加文件"或"添加文件夹"，上传本地文件。也可以使用拖拽方式，将本地文件拖放到上传区，如图 5-10 所示。

5）选择要上传的文件或文件夹，然后在弹出的对话框中选择"上传"，将需要上传的文件加入上传区，如图 5-11 所示。

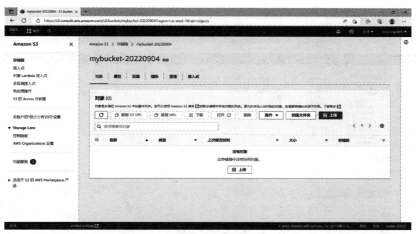

图 5-9　选择对存储桶进行上传操作

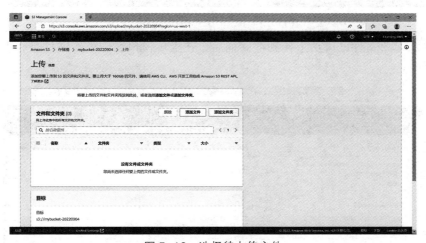

图 5-10　选择待上传文件

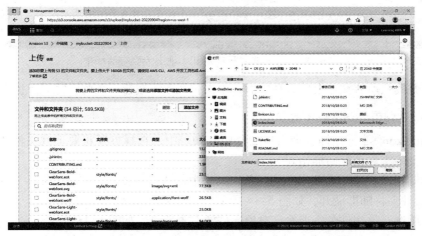

图 5-11　从本地目录中选择待上传文件

6）单击"上传"，将所选择的本地保存文件上传至存储桶中，如图 5-12 所示。

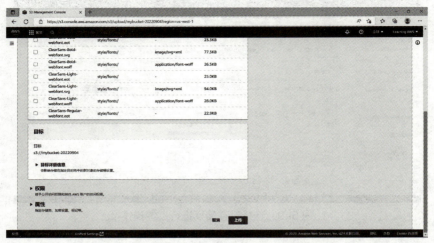

图 5-12　将保存在本地的文件上传至存储桶

7）待显示对象文件已成功上传到存储桶后，在上传窗口区中查看文件是否上传成功，如图 5-13 所示。

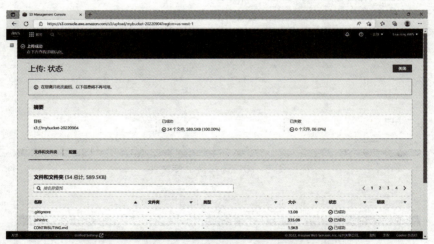

图 5-13　确认文件已成功从本地上传到存储桶中

8）查看并确认所有文件上传成功之后，单击"关闭"按钮。至此，完成上传文件操作。

3. 从 S3 存储桶下载文件（对象）到本地

1）在 Amazon S3 存储桶管理窗口的存储桶列表中，选择打开将要下载文件所在的存储桶（操作与前面上传文件至存储桶相同）。

2）在存储桶"对象"选项卡的"对象"列表中，选择将要下载的对象文件。如果选择的是文件夹，则文件夹将随即展开，如图 5-14 所示。

3）单击所选对象文件名，查看该对象文件的有关信息，如图 5-15 所示。

4）单击"下载"按钮，下载对象文件。或单击"对象操作"，然后在下拉列表中选择"下载为"，将对象下载到本地计算机的指定位置，如图 5-16 所示。

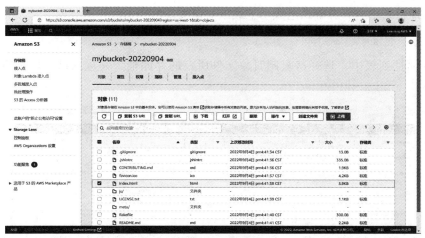

图 5-14　在存储桶中选择待下载对象文件

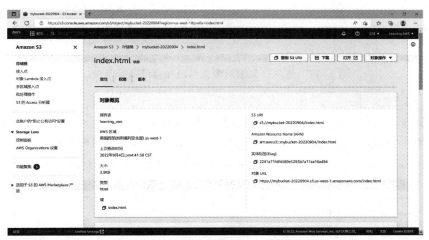

图 5-15　查看待下载对象文件的有关信息

图 5-16　下载选定的对象文件

5）在本地目录中查看并确认已成功下载该对象文件。

4. 从 S3 存储桶中复制对象（文件）到文件夹

1）在存储桶列表中，选择待复制对象文件所在的存储桶，并进入该存储桶管理窗口，如图 5-17 所示。

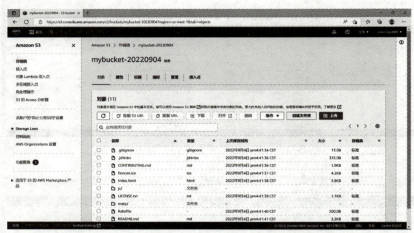

图 5-17　进入待复制对象文件所在存储桶管理窗口

2）选择"创建文件夹"，并配置该文件夹相关参数。
① 输入文件夹名称（这里将新建文件夹命名为：learning_aws）。
② 对于文件夹是否加密，选择"禁用"服务器端加密，如图 5-18 所示。

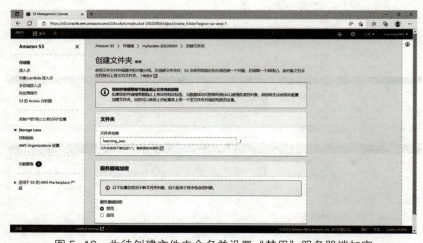

图 5-18　为待创建文件夹命名并设置"禁用"服务器端加密

③ 单击页面底端的"创建文件夹"按钮，在存储桶中创建名为"learning_aws"的新文件夹，如图 5-19 所示。

3）进入待复制对象文件所在的文件夹（此处是文件夹"js"），选中待复制对象名称左侧的复选框，然后选择"操作"。从显示的下拉列表中选择"复制"，如图 5-20 所示。

4）选择复制操作的目标文件夹。
① 选择"浏览 S3"，如图 5-21 所示。

第 2 篇 玩转云计算

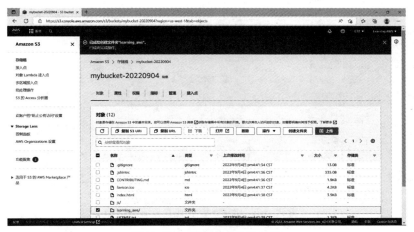

图 5-19 创建新文件夹成功

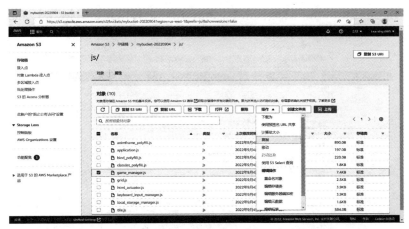

图 5-20 对所选择的对象文件进行"复制"操作

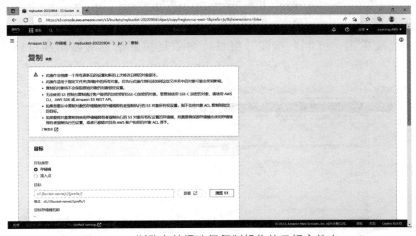

图 5-21 浏览存储桶选择复制操作的目标文件夹

② 如果目标文件夹是在现有文件夹的子目录，选择该文件夹名称，然后，单击右下角的"选择目标"按钮；否则浏览 S3 存储桶以选择目标文件夹，如图 5-22 所示。

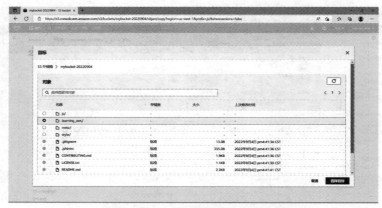

图 5-22　浏览并确定复制操作的目标文件夹

③ 单击"选择目标"按钮,确定复制操作的目标文件夹。

目标文件夹的路径显示在"目标"文本框中。用户也可以在"目标"文本框中直接输入目标路径,例如,s3://bucket-name/folder-name/,如图 5-23 所示。

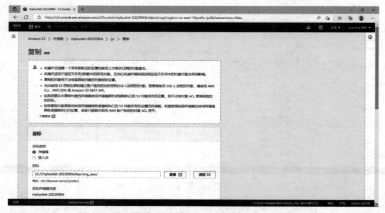

图 5-23　确定复制操作的存储桶目标文件夹

5)在页面底端单击"复制"按钮,将目标对象复制到指定的存储桶目标文件夹下,如图 5-24 所示。

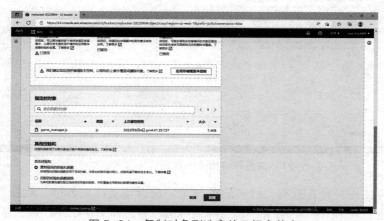

图 5-24　复制对象到选定的目标文件夹

6）如果显示已成功复制对象，则目标对象应已复制到指定存储桶的目标文件夹下。

7）进入指定的 S3 存储桶目标文件夹，确定所复制对象文件已出现在文件夹下，如图 5-25 所示。

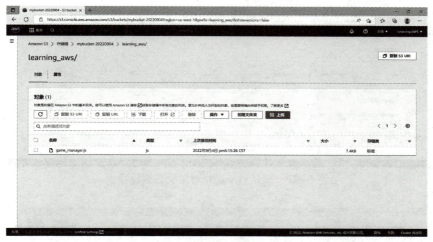

图 5-25　确定对象文件已经成功复制到指定目标文件夹

5. 从 S3 存储桶中删除对象并删除存储桶

1）在"存储桶"列表中，选择需要删除对象所在的存储桶并进入相应的文件夹。

2）单击需要删除对象名称左侧的复选框，选择要删除的对象，如图 5-26 所示。

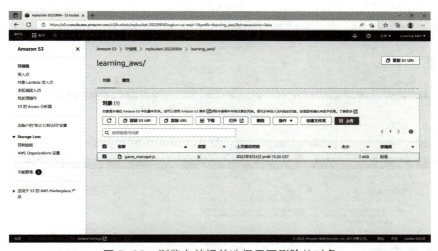

图 5-26　浏览存储桶并选择需要删除的对象

3）单击"删除"按钮，对所选择的对象执行删除操作。

4）根据系统需要确认删除该对象，在文本输入字段中输入"永久删除"字样，如图 5-27 所示。

5）单击"删除"按钮，确认删除该对象，Amazon S3 随后删除该选定对象，如图 5-28 所示。

6）删除 S3 存储桶中所选择的文件夹，如图 5-29 所示。

7）余下步骤与删除存储桶中的对象文件相同。

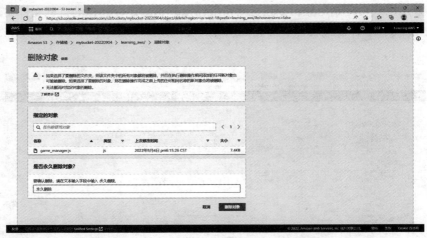

图 5-27　确认对所选择对象执行删除操作

图 5-28　选择需要删除的文件夹

图 5-29　删除所选择的文件夹

5.2.2 部署 Amazon S3 托管静态网站

Amazon S3 托管"2048"静态网站

1）登录亚马逊云科技管理控制台，打开 Amazon S3 服务管理页面。在"存储桶"列表中，选择将要用于托管静态网站的存储桶，并单击进入。

2）选择"上传"按钮，使用"添加文件"和"添加文件夹"将"2048"网站所有文件添加进"文件和文件夹"列中。

3）单击窗口底部的"上传"按钮，将"2048"网站所有文件上传到存储桶中。

注意：上述步骤此前已完成，"2048"网站文件已上传到存储桶中。

4）待所有文件上传完毕并确认后，返回存储桶，选择"属性"选项卡，如图 5-30 所示。

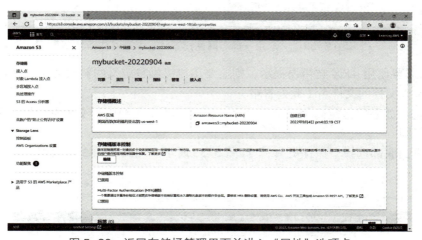

图 5-30　返回存储桶管理界面并进入"属性"选项卡

5）在页面底部的"静态网站托管"栏目中，单击"编辑"，如图 5-31 所示。

图 5-31　选择编辑"静态网站托管"属性

6）选择"启用"静态网站托管，使用此存储桶托管静态网站。

7）在"索引文档"栏中，输入作为索引文档的文件名，通常为 index.html，如图 5-32 所示。

图 5-32 "启用"静态网站托管并输入索引文档名

8）如果需要使用 4XX 类错误提示，则需要用户提供自定义的错误文档，并在错误文档中输入自定义错误文档的文件名（此处省略）。

9）（可选）如果要指定高级重定向规则，则在"重定向规则"文本框中输入使用 XML 描述的重定向规则。

10）在页面底部选择"保存更改"，如图 5-33 所示。Amazon S3 将为用户的存储桶启用静态网站托管。

图 5-33 保存对"静态网站托管"属性的编辑

11）成功编辑"静态网站托管"属性，并返回存储桶管理页面。在该页面底部的"静态网站托管"栏中，可以看到存储桶的网站终端节点，如图 5-34 所示。

12）选择"权限"选项卡，配置存储桶的公有访问权限。

13）在"阻止公有访问（存储桶设置）"栏中单击"编辑"按钮，以编辑权限允许公共访问，如图 5-35 所示。

14）在"阻止公有访问（存储桶设置）"栏中，编辑存储桶权限以允许公共访问，并保存更改，如图 5-36 所示。

第 2 篇　玩转云计算

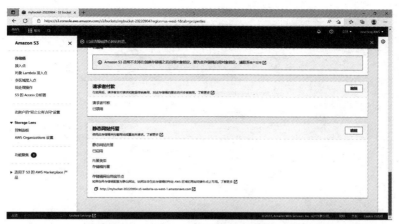

图 5-34　"静态网站托管"属性编辑成功

图 5-35　选择"编辑"存储桶权限以允许公共访问

图 5-36　允许公共访问存储桶的权限

　　注意：为保证后续进行的 S3 静态网站托管的内容可以为公众访问，这里需要取消 S3 存储桶的"阻止所有公开访问"设置，使其所有内容公开可读。

　　15）在确认设置字段中输入"确认"，确认对"阻止公有访问（存储桶设置）权限"的修改，如图 5-37 所示。

图 5-37 确认对"阻止公有访问(存储桶设置)权限"的修改

16)成功编辑存储桶的"阻止公有访问"设置,如图 5-38 所示,并返回存储桶管理页面。

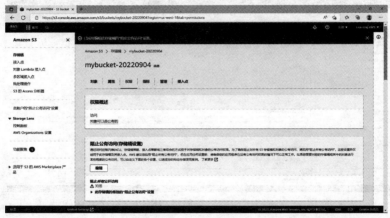

图 5-38 成功编辑存储桶的"阻止公有访问"设置

17)在"权限"选项卡下部的"存储桶策略"栏,单击"编辑"按钮进入存储桶策略编辑器,如图 5-39 所示。输入存储桶策略内容,随后单击页面底部的"保存更改"按钮保存所编辑的存储桶策略。

图 5-39 编辑存储桶策略

存储桶策略内容具体如下，其中"[YOUR_BUCKET_NAME]"需替换为本托管静态网站的存储桶名称。

```
{
    "Version": "2012-10-17",
    "Statement": [
        {
            "Effect": "Allow",
            "Principal": "*",
            "Action": "s3:GetObject",
            "Resource": "arn:aws:s3:::[YOUR_BUCKET_NAME]/*"
        }
    ]
}
```

18）在浏览器 URL 地址栏中输入在存储桶属性选项卡底端"静态网站托管"栏中复制的"存储桶网站终端节点"地址，确认该网站发布成功，如图 5-40 所示。至此，基于 Amazon S3 存储桶托管的 2048 游戏网站成功部署。

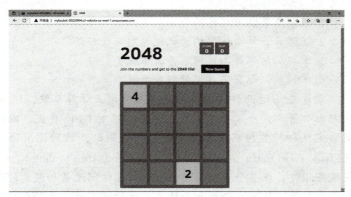

图 5-40　确认"2048"静态网站发布成功

第 6 章 构建高可用公有云服务器

概述

高可用云计算系统通过服务健康状况监控、容错设计的等措施，构建可自动伸缩的弹性系统架构，在系统服务组件发生故障、负载超出限制等情况时，能自动触发服务组件启动、替换、终止等一系列措施，保障系统不会因为某个组件失效而出现无法提供服务或服务性能下降的情况。

本章以构建一个高可用、可弹性扩展的博客网站系统为导向，引领学生利用服务健康状况监控、弹性负载均衡、自动扩展等云服务构造一个高可用、自动弹性扩展的 EC2 实例集群，并在其上部署 WordPress 博客网站系统，帮助学生理解高可用云计算系统的基本原理、架构，初步掌握高可用云计算系统的设计方法和实现步骤。

学习目标

1. 理解系统高可用性的含义；
2. 了解云计算系统架构的优化原则与迁移路径；
3. 掌握如何部署高可用服务器系统；
4. 掌握如何部署高可用数据库系统。

基于亚马逊云科技平台构建的高可用云计算系统，通过将 EC2 实例冗余部署在两个以上可用性区，在依据对 CPU 负载、网络带宽或其他自定义指标监控实现系统健康管理的同时，协同运用弹性负载均衡（Elastic Load Balancing, ELB）、自动扩展（Auto Scaling）、CloudWatch 等服务组件，在多个实例间自动分配入站访问流量和架构的跨可用区自动弹性扩展，从而充分提升云计算系统的可用性，节约系统部署和运行的成本。

6.1 高可用云系统架构规划

6.1.1 影响系统可用性因素

1. 基本概念

（1）故障与单点故障

故障是指系统运行过程中，由于系统组成部件无法正常工作而导致系统部分或全部功能失效的事件。单点故障（Single Point of Failure，SPoF）指系统中某个没有冗余或替代的组件出现故障，导致整个系统功能失效无法正常运行。

（2）可用性

可用性（Availability），又称有效性，是可修复系统在规定条件下持续正常运行的能力，通常采用系统正常运行时间与实际使用时间的百分比来衡量。高可用（High Availability）系统则是指系统经过专门设计，以增强其不间断正常运行能力，提高服务的可用性。影响系统可用性的主要因素有平均故障间隔时间（MTBF）和平均故障修复时间（MTTR），如图 6-1 所示。

- **平均故障间隔时间**：MTBF（Mean Time Between Failures），指相邻两次故障间的平均正常工作时间。由于系统故障修复期间没有正常提供服务，因此，不包括故障时间及系统检测和维护时间。MTBF 值越大，表示系统保持正确工作的能力越强，系统越可靠。
- **平均故障修复时间**：MTTR（Mean Time To Restoration），指可修复系统的平均修复时间，即从出现故障到故障修复中间的这段时间，包括确认失效发生所需时间和维修所需时间。MTTR 值越小，表示系统越容易恢复。

由于云服务组件故障是导致云计算系统无法正常运行的主要原因，因此，云计算系统可用性的计算公式可以简化为：

$$可用性（Availability）= MTBF/（MTBF + MTTR）。$$

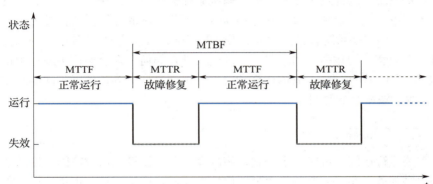

图 6-1　平均故障间隔时间与平均故障修复时间

用户对云服务系统可用性的需求，根据系统的应用场景不同而不同，也就是可以接受服务中断时间长度取决于应用的类型。常见类型的应用系统可用性设计目标见表 6-1。

表 6-1　应用系统可用性设计目标

可用性	最长中断时间	应用系统类别
99%	3d 15h	成批处理、数据提取、传输和加载作业
99.9%	8h 45min	知识管理、项目跟踪等内部工具
99.95%	4h 22min	在线商务、销售点系统
99.99%	52min	视频传输、广播系统
99.999%	5min	ATM 交易、电信系统

2. 高可用系统架构

由于系统可用性主要取决于系统组件的平均故障间隔时间（可靠性）和平均故障修复时间（可维护性），因此，可以通过功能组件的冗余设计等手段提升系统的可用性。高可用系统架构经过专门设计以增强系统服务的可用性，使系统只要各功能组件不是同时失效就仍然可以运行，不会导致服务中断。

目前，高可用系统架构主要是在系统中采用：容错、可扩展性、可恢复性等架构设计，通过组件冗余、失效转移等方法来提升系统的可用性。

（1）容错（Fault Tolerance）

容错是指当系统中一个或多个处于工作状态的组件发生故障（硬件故障或软件错误）时，系统能够自动检测、诊断并采取相应措施保证系统仍能继续正常或在可接受范围内完成指定任务的技术。容错并不解决组件故障，而是通过组件的冗余性来保持其正常运行。

（2）可扩展性（Scalability）

可扩展性是指系统可以根据应用负载的变化动态添加或删除资源来保存系统性能的稳定，而资源的增加不会改变系统的结构，或者增加系统管理的复杂性。系统扩展方式包括添加或删除功能组件的横向扩展，以及提升组件性能的纵向扩展。可扩展性有助于提高整个系统的可用性，但是并不会提升系统单个组件的可用性。

（3）可恢复性（Recoverability）

可恢复性是指系统在组件发生故障并导致系统服务失效时，快速恢复正常状态的能力和速度。可恢复性包括系统故障检测（服务状态的监测与评价）和故障恢复（恢复时间、过程、策略和程度等）两个方面，是系统容错性和可扩展性的基础，对系统的可用性至关重要。

显然，对用户而言，构建高可用云服务系统的关键是如何在系统架构中通过组件冗余（容错）、资源动态调度（可扩展性）、数据迁移和备份（可恢复性）等措施来消除单点故障，以有效延长云计算系统持续服务的时间。

6.1.2 高可用系统架构设计原则

在云服务系统运行期间，可能由于基础设施故障、业务流量激增等原因，导致系统不能正常运行，无法提供服务。实现云服务系统高可用性需要综合运用容错、可扩展性、可恢复性等方法，以最大程度提高云服务系统提供无故障服务的能力。为此，在设计高可用云服务系统架构时需要遵循以下原则。

1. 假定任何服务都可能失效

以前面部署的单 EC2 实例——WordPress 博客网站系统为例，Apache Web 服务器、MariaDB（MySQL）数据库服务器、WordPress 博客服务器均运行在同一个 EC2 实例上。这意味着 EC2 实例、Apache Web 服务器、MariaDB（MySQL）数据库服务器、WordPress 博客服务器等发生的故障都可能导致整个系统失效。

为避免单点故障导致整个系统失效，需要假设云服务系统的任何服务组件都可能失效，并将失效组件的自动化恢复作为架构设计的组成部分，利用故障自动检测评价机制和系统冗余协同实现系统架构的自动扩展。为避免冗余架构导致系统复杂度和成本过度增加，在设计时应遵循以下步骤：

1）假定云服务系统的任何服务组件都可能出现问题。

2）根据业务流程回溯系统架构设计，分析并确认哪些服务组件失效可能导致云服务系统单点故障。

3）在系统架构中增加冗余设计，保障在组件发生故障时，云服务系统能够依靠冗余组件维持业务的连续性，避免导致系统单点故障。

2. 多可用区设计

以单 EC2 实例——WordPress 博客网站系统为例，如果 EC2 实例所在可用区发生故障，将导致整个系统失效。虽然可用区一般由多个数据中心组成，可用区之间通过高速、稳定、低延迟的网络互相连接，实现内网互通。然而，每个可用区都是独立部署的资源集合，可用区之间相互物理隔离，一个可用区出现问题的影响范围被限制在本可用区内，不会影响其他可用区。

这意味着，如果将服务资源相互冗余部署在两个或以上可用区以构建具有多可用区系统架构，每个可用区都拥有系统运行所需要的全部资源。当某个可用区发生故障时，部署在其他可用区的服务资源不会受到影响，仍然可以继续运行，或者仅需要非常短暂的故障恢复时间，来实施系统所承载业务的跨可用区迁移，从而保障云服务系统的高可用性，避免因底层基础设施故障导致系统服务不可用。

3. 弹性自动扩展

以单 EC2 实例——WordPress 博客网站系统为例，在面对扩张的业务规模时，由于实例无法及时升级以承载突然暴增的业务负载，可能导致系统服务性能下降甚至中断。显然，如果系统架构可以在某个实例（或服务组件）失效时，启用冗余实例（或服务组件）来应对需求变化，可以保障系统服务的连续性。

弹性自动扩展系统架构的资源规模可以根据业务负载变化自动增加或缩减，而无须人工干预。系统基础设施资源的自动扩展，可以避免额外的软、硬件资源开销（资源闲置），降低云服务系统运行成本，更重要的是当业务规模面临突发性扩张时，不会造成服务中断，从而保障系统的高可用性。云服务系统架构可以从垂直和水平两个维度弹性扩展。

（1）垂直扩展（Scale Up）

垂直扩展是通过提高系统现有组件的性能（如 CPU 性能）来增强系统服务的承载能力。垂直扩展有如下两种方式：

1）增强服务组件性能。例如，增加实例 CPU 性能、提高内存性能、提升网络带宽、升级硬盘性能（如预配置 IOPS SSD）、扩充硬盘容量等。

2）提升架构处理性能。例如，部署 Cache 来减少 I/O 次数、调整系统结构来减少响应时间、采用异步处理模式来提升服务吞吐率等。

垂直扩展存在容量增加限制、硬件成本昂贵、部署新硬件资源可能导致服务中断等不足，因此，不适合负载快速增长的应用场景。

（2）水平扩展（Scale Out）

水平扩展是通过增加现有系统中同类组件（实例）的数量，并利用负载均衡技术将应用负载平均地分布到这些组件（实例）上，使它们如同整体一样工作，在简单、快速地实现系统承载应用能力自动增加或缩减的同时，为利用冗余组件解决单点故障问题奠定基础。

水平扩展不但需要系统体系架构的支持，而且存在增加系统复杂度、提高系统运行成本等问题。因此，水平扩展适用于负载快速增长并且软件成本不高的应用场景。

4. 故障自动修复

以单 EC2 实例——WordPress 博客网站系统为例，由于没有实时性能监测、告警等功能，无法快速感知并处理系统运行的异常，也就难以避免由此带来的服务中断与业务损失。

故障自动修复包括故障发现、故障转移与恢复两个阶段，目的是通过自动检测、触发预定义脚本，来执行常见的、重复性的运维工作，以有效降低故障修复时间和系统运维人力成本。

- **故障发现**：通过一系列技术指标监控、日志收集与跟踪，检测分析系统的运行状况，并根据预先设置的告警阈值判断系统是否出现故障，以及应该采取的措施。例如，监控 EC2 实例的 CPU 利用率（CPU Utilization）、磁盘读取操作（Disk ReadOps）、网络接收数据包数（Network Packets）等指标。
- **故障转移与恢复**：当组件发生故障并影响系统服务时，快速启用冗余或备用组件（如实例、存储系统、网络或其他资源）接替故障组件，将组件和系统的服务恢复到故障之前状态。故障转移通常自动完成，无须人工干预；而故障恢复可以自动完成，也可以将恢复动作预先配置为半自动选择或不恢复。

5. 松耦合（Loosely-Coupled）设计

以单 EC2 实例——WordPress 博客网站系统为例，Web 服务器、数据库服务器、博客服务器共同部署在同一个 EC2 实例上，服务器间基于 EC2 实例内存进行数据交换。这种组件间控制、调用与数据传递关系高度集成的设计方式，极大限制了系统的灵活性和伸缩性。

耦合关系是指两个或多个对象间存在某种相互作用、相互影响的关系。在云服务系统中，"耦合"是指云服务组件或模块间相互协作的依赖性。所谓"紧耦合"，是指云服务组件或模块间存在高度依赖关系，一个服务组件或模块的改变（失效）将导致其他组件状态的变化。"松耦合"则与之相反，云服务组件或模块间则基于消息通信，一个云服务组件或模块状态的改变（失效），不会引起其他云服务组件状态的变化。

云服务系统架构耦合度越高，系统的灵活性就越低。为降低系统架构耦合度，服务组件或模块间的交互应尽可能采用消息协商机制，以降低服务组件或模块间的相互依赖，提高组件或模块的独立性，通过"解耦"来提高系统的可用性。此外，松耦合系统架构服务组件或模块的更新，不需要修改或重构系统架构，从而使云计算系统开发环境可以更为敏捷，通过快速、灵活的业务处理流程变化，更好地适应业务场景的快速变化。

6.1.3 构建弹性系统架构的服务

亚马逊云科技提供弹性负载均衡服务、监控服务、弹性伸缩服务，用于构建弹性可扩展系统架构，以应对组件失效和来自 Internet 的突发大流量、高并发请求，提高系统的可用性。

1. 弹性负载均衡服务

（1）负载均衡原理

Amazon 弹性负载均衡（Elastic Load Balancing，ELB）接受来自客户端的传入流量并在一个或多个可用区中的已注册目标（如 EC2 实例、容器、IP 地址、Lambda 函数等）间自动分配该访问流量。弹性负载均衡通过一个或多个侦听器检查连接请求使用的协议和端口号，并监控注册目标的运行状况，以确保只将连接请求发送给运行状态良好的目标（实例）。

弹性负载均衡与实例的水平扩展如图 6-2 所示，用户可以在多个可用区启用负载均衡器，来增强系统容错能力。弹性负载均衡将为每个启用的可用区创建一个网络接口，每个可用区的负载均衡器节点通过该网络接口获取一个静态 IP 地址，并在每个启用的可用区里确保每个目标组至少有一个目标。例如，如果一个或多个目标组在可用区中没有运行状况良好的目标，亚马逊云科技将从 DNS 中删除相应子网的 IP 地址，但是其他可用区的负载均衡器节点仍可用于路由流量。

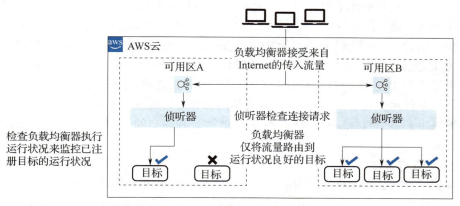

图 6-2 弹性负载均衡与实例的水平扩展

在创建目标组时，需要指定目标类型，该类型将确定用户如何注册此目标。例如，用户是使用实例 ID、IP 地址或应用负载均衡器注册。如果用户使用实例 ID 注册目标，则客户端的源 IP 地址将保留并提供给用户的应用程序；如果用户使用 IP 地址注册目标，则源 IP 地址是负载均衡器节点的私有 IP 地址；如果用户将应用负载均衡器注册为目标，则客户端的源 IP 地址将保留并提供给用户的应用程序。

弹性负载均衡基于用户定义对 VPC 的不同应用程序流量在多个目标间进行分配。负载均衡器可以根据应用程序流量的变化及时增减目标（实例），用户也可以根据需求变化在弹性负载均衡器中添加和删除目标，而不会中断所有到应用程序的请求流量。

弹性负载均衡不仅为应用程序工作负载提供自动扩展，使其获得持续提供均衡分配应用程序流量负载所需的能力，还通过消除单点故障提升应用系统的可用性，使用户在较高层次实现应用程序性能容错。

（2）类型与功能

目前，亚马逊云科技主要提供应用负载均衡器（Application Load Balancer，ALB）、网络负载均衡器（Network Load Balancer，NLB）和网关负载均衡器（GateWay Load Balancer，GWLB）3 种弹性负载均衡器，供用户根据业务需要选择使用。

1）应用负载均衡器。

应用负载均衡器运行在开放系统互联模型（OSI）的应用层（第七层），支持 HTTP/HTTPS/WebSocket 协议，而不支持 TCP（传输控制协议）/UDP（用户数据报协议）（第四层）。ALB 根据请求的内容将流量路由给目标，例如，Amazon EC2 实例、容器、互联网协议（IP）地址或 Lambda 函数。

ALB 允许用户编写侦听器规则，根据应用程序流量的内容（HTTP 主机标头字段）将流量路由给 Amazon VPC 内的不同目标组。每个目标组的路由都是单独进行的，即使某个目标已在多个目标组中注册，用户可以配置目标组级别使用的路由算法。ALB 在收到请求后，将按照侦听器规则的优先级顺序确定应用哪条规则，然后从目标组中选择该规则的操作目标。

2）网络负载均衡器。

网络负载均衡器运行在 OSI 的传输层（第四层），每秒能够处理数以百万计的请求，并保持超低延迟，适合于需要更高性能的 TCP、UDP 和 TLS（传输层安全性协议）流量的负载均衡。

NLB 允许用户在侦听器中配置检查连接请求的协议和端口，例如，TCP、UDP 流量的协议、源、目标 IP 地址，源、目标端口，甚至 TCP 序列号。NLB 在收到连接请求后，会从默认规则的目标组中选择一个目标，并尝试在侦听器配置所指定的端口上打开一个到该选定目标的 TCP 连接。

对于 TCP 连接，负载均衡器根据其源端口和序列号，使用哈希算法选择目标。具有不同源端口和序列号的 TCP 连接，可以路由到不同目标。每个独立的 TCP 连接在其生命周期内，只被路由到唯一一个目标。对于 UDP 流量，具有相同源和目的地址的 UDP 流量，将在整个生命周期内始终被路由到某个目标；对于具有不同源 IP 地址和端口的 UDP 流量，则可以被路由到不同目标。

3）网关负载均衡器。

网关负载均衡器运行在 OSI 的网络层（第三层），是透明网络网关（即所有流量都使用的单一进出口）与负载均衡器的结合。用户可以通过修改 VPC 路由表配置，将流量发送到 GWLB，借助 GWLB 在一组虚拟设备之间实现流量负载均衡的同时，根据需求弹性扩展虚拟设备。例如，防火墙、入侵检测和防御系统、深度数据包检测系统等，进行健康检查、负载调度等管理。

GWLB 监听所有端口上的所有 IP 数据包，并使用网络虚拟化基础协议（Generic Network Virtualization Encapsulation，Geneve）和 GWLB metadata 将流量转发给监听程序规则中指定的执行扫描的虚拟设备。GWLB 使用五元组（对于 TCP/UDP 流量）或三元组（对于非 TCP/UDP 流量）来保持流向特定目标设备的黏性。GWLB 通过在正常运行的虚拟设备之间路由流量来提高系统可用性，并在设备运行状况不佳时重新路由流量。

GWLB 使用 GWLB 终端节点实现流量安全的跨 VPC 边界交换。GWLB 终端节点是一种为服务供应商 VPC 中的虚拟设备与服务使用者 VPC 中的应用服务器之间提供私有连接的 VPC 终端节点。

进出 GWLB 终端节点的流量使用路由表进行配置。流量从服务使用者 VPC 通过 GWLB 终端节点流向服务提供商 VPC 中的 GWLB，然后返回服务使用者 VPC。用户需要在不同子网中创建 GWLB 终端节点和应用程序服务器，确保用户可以将 GWLB 终端节点配置为应用程序子网路由表中的下一跳。

（3）比较与选择

1）不同类型负载均衡器特性比较。

弹性负载均衡器是构建高可用、可扩展系统架构的重要组成部分。用户需要根据不同类型负载均衡器的特性按需选择。3 种负载均衡器主要特性比较见表 6-2。

表 6-2 3 种负载均衡器主要特性比较

	应用负载均衡器	网络负载均衡器	网关负载均衡器
负载均衡器类型	第七层	第三层	第三层网关 + 第四层负载均衡
目标类型	IP、实例、Lambda	IP、实例、应用负载均衡器 ALB	IP、实例
协议侦听器	HTTP、HTTPS、gRPC	TCP、UDP、TLS	IP
基于 HTTP 标头的路由	支持	不支持	不支持
静态、弹性 IP 地址	不支持	支持	不支持
区域隔离	不支持	支持	支持

（续）

	应用负载均衡器	网络负载均衡器	网关负载均衡器
支持的网络/平台	VPC	VPC	VPC
跨区域负载均衡	支持	支持	支持
运行状况检查	HTTP、HTTPS、gRPC	TCP、HTTP、HTTPS	TCP、HTTP、HTTPS

2）根据应用场景按需选择。

用户需要根据应用程序灵活地按需选择合适的负载均衡器。

应用负载均衡器：主要在包括微服务、容器在内的应用程序架构中为应用程序流量提供负载均衡。在优化基于 HTTP/HTTPS/Websocket 的应用层业务时，如果用户需要灵活管理应用程序，建议选择使用 ALB。

网络负载均衡器：主要在网络层为基于 TCP 的应用程序流量提供负载均衡。在优化高性能、低延时、会话保持的应用服务，需要应用服务实现极致性能，特别是需要静态 IP 地址时，建议选择使用 NLB。

网关负载均衡器：主要在网络层提供托管型负载均衡服务，将需要扫描的流量转发到一组虚拟设备上。在部署、扩展和管理第三方虚拟设备（如防火墙、入侵检测和防御系统、云中的深度数据包检测系统）扫描互联网 IGW 流量或虚拟私有网关 VGW 流量时，建议选择使用 GWLB。

2. Amazon CloudWatch

Amazon CloudWatch 是一种实时监控和管理亚马逊云科技资源及用户在其上运行的应用程序的服务，用户（开发运营工程师、开发人员、站点可靠性工程师和 IT 经理等）可以使用 CloudWatch 收集和跟踪相关资源、服务和应用程序的度量指标，帮助其统一管理和维护这些服务资源和应用程序。

Amazon CloudWatch 本质上是一个指标存储库，用户可以使用 CloudWatch 监控其账户的亚马逊云科技资源的特定指标，收集并监控日志文件，如图 6-3 所示。用户可以根据这些指标全面地了解资源使用率、应用程序性能和运行状况，并在根据指标数据解读出相应业务异常

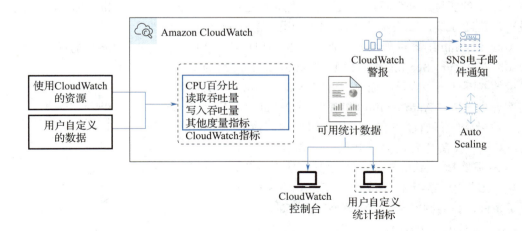

图 6-3　Amazon CloudWatch 对资源的监控

波动或者检测到指定异常时，使用告警服务将告警邮件自动发送到 Amazon Simple Notification Service（Amazon SNS）主题，或是调用 Amazon Auto Scaling 操作 Amazon EC2 实例，以自动化应对各种异常情况。

例如，用户可以创建监控 EC2 实例的 CPU 利用率、Elastic Load Balancing 请求延迟、Amazon DynamoDB 表吞吐量、Amazon SQS（Amazon Simple Queue Service）队列长度告警，还可以监控 Amazon 账单费用。用户可以使用 CloudWatch 分析结果，及时做出反应，保证应用程序顺畅运行。用户也可以针对应用程序或基础设施自定义指标创建警报。

当 CloudWatch 创建、更新、删除告警或更改告警状态时，CloudWatch 都会将事件发送给 Amazon EventBridge。Amazon EventBridge 是一种无服务器事件总线服务，用户可以使用事件模式创建 EventBridge 规则来筛选传入事件（或用户亚马逊云科技环境的变化），EventBridge 规则仅匹配所需的事件并将这些事件转发给目标进行处理。目标包括 Amazon EC2 实例、AWS Lambda 函数、Kinesis 流、Amazon ECS 任务、Amazon SNS 主题、Amazon SQS 队列和内置目标等。Event Bridge 会在这些操作进行时感知它们产生的变化，并根据需要响应这些操作变化，采取纠正措施。方法包括发送消息以响应环境、激活函数、进行更改以及捕获状态信息。

3. Amazon EC2 Auto Scaling 服务

（1）基本功能

亚马逊云科技 Auto Scaling 帮助用户轻松、安全地扩展资源（EC2 实例或应用程序），在优化应用程序性能、维持服务稳定的同时，尽可能降低系统运行的成本。其中，Amazon EC2 Auto Scaling 服务通过维护名为 Auto Scaling 组的 EC2 实例集合，并根据策略、计划和运行状况检查和帮助用户自动增加或缩减 Amazon EC2 实例数量，保障其资源能够满足应用程序负载的变化，获得所期望的性能并节约基础设施成本。

在 EC2 Auto Scaling 组中，用户可以将 EC2 实例视为可扩展的逻辑组件，通过手动方式或定义 EC2 Auto Scaling 服务扩展策略和计划加以管理和使用。例如，设置指标阈值，并根据实例运行状况监控来自动调整 EC2 实例数量。当指标达到预设阈值时，EC2 Auto Scaling 向 EC2 Auto Scaling 组中自动添加或删除实例，并确保新增 EC2 实例可以无缝地添加到业务系统以及时满足负载增加的需求。而当负载下降至低于预设阈值时，EC2 Auto Scaling 通过终止 EC2 Auto Scaling 组中的实例，来缩减实例数量以降低系统运行成本。EC2 Auto Scaling 组的容量取决于用户设置，并且可以 EC2 实例部署到不同可用区以进一步增强可用性。

Auto Scaling 组容量如图 6-4 所示，当用户设置了 EC2 Auto Scaling 组的最小实例容量，Amazon EC2 Auto Scaling 将确保 EC2 Auto Scaling 组的实例数量始终不低于该容量；而对于 EC2 Auto Scaling 组的最大实例容量，EC2 Auto Scaling 将确保 EC2 Auto Scaling 组的实例数量始终不超过该容量。如果用户在创建 EC2 Auto Scaling 组时或在其后任何时间指定所需容量，EC2 Auto Scaling 将调整 EC2 Auto Scaling 组容量，使组内实例保持指定数量。如果用户指定扩展策略，EC2 Auto Scaling 可以根据指定条件，在实例容量范围内调整实例数量。

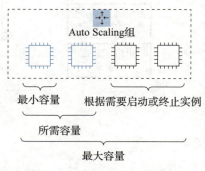

图 6-4 Auto Scaling 组容量

（2）EC2 Auto Scaling 功能构件

EC2 Auto Scaling 可以根据 CloudWatch 指标动态扩展，

或者根据用户自定义计划，以可预测的方式扩展，或者将动态扩展与预测扩展结合使用，以响应需求的不断变化。EC2 Auto Scaling 功能组件及其协作关系如图 6-5 所示。

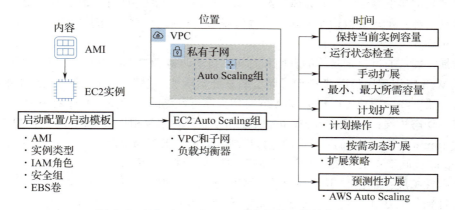

图 6-5　EC2 Auto Scaling 功能组件及其协作关系

1）启动配置。

启动配置（Launch Configuration）是 EC2 Auto Scaling 启动 EC2 实例时使用的模板，用来定义 EC2 实例的启动参数，包括实例类型规格、启动实例映像文件 AMI 的 ID、密钥对、一个或多个安全组以及挂载的储存设备映射。如果此前已启动过 EC2 实例，可以指定相同信息来启动实例。

用户可以为多个 EC2 Auto Scaling 组指定启动配置，但是一个 EC2 Auto Scaling 组一次只能与一个启动配置关联，并且启动配置在创建后不能修改。用户只能创建新的启动配置，再使用该配置更新相关 EC2 Auto Scaling 组。

用户在创建或更新 EC2 Auto Scaling 组时，必须指定启动配置、启动模板或 EC2 实例，用来配置 EC2 实例所需的信息。当用户使用指定 EC2 实例创建 EC2 Auto Scaling 组时，EC2 Auto Scaling 将自动为其创建启动配置并与 EC2 Auto Scaling 组关联。

2）启动模板。

启动模板的作用与启动配置相同，也是用于指定实例配置信息，包括实例映像文件 AMI 的 ID、实例类型规格、密钥对、安全组以及用于启动 EC2 实例的其他参数。与启动配置不同，启动模板允许用户配置多个版本，利用版本控制创建完整参数的一组子集，再通过重复使用创建其他模板或模板版本。例如，用户可以创建一个定义常用配置参数的默认模板，同时允许将其他参数指定为同一模板另一个版本的一部分。

3）EC2 Auto Scaling 组。

EC2 Auto Scaling 组是一组拥有相似配置的 EC2 实例的集合，这些实例是 Auto Scaling 组用于管理和自动扩展的逻辑组件。EC2 Auto Scaling 组需要配置并预置：实例的启动配置，实例最小和最大容量、所需容量，可用区和子网，健康状态检查及其参数。

4）运行状态检查。

EC2 Auto Scaling 定期检查 EC2 实例运行状态，如果某个实例未通过其运行状态检查，该实例将被标记为运行状况不佳。EC2 Auto Scaling 将终止该 EC2 实例并启动一个新 EC2 实例加以替代。

5）扩展选项。

在发生指定扩展事件时，EC2 Auto Scaling 为用户提供多种方式用来选择如何扩展和收缩

EC2 Auto Scaling 组。

- **保持当前实例容量**：例如，EC2 Auto Scaling 组始终保持拥有 3 个健康的实例。
- **手动扩展**：手动更改最小容量、最大容量或者所需容量参数来控制 EC2 Auto Scaling 组的实例数量。
- **计划扩展**：通过设定具体的日期和时间来自动调整 EC2 Auto Scaling 组实例数量。例如，某 Web 应用程序访问流量于每周星期三开始增加，星期四仍然维持较高水平，而星期五开始下降。用户可以根据该 Web 应用程序可预测的流量模式来计划并实施扩展操作。
- **按需动态扩展**：基于 CloudWatch 监控和参数设置来控制扩展。例如，当 CPU 利用率持续 10min 且高于 70% 时则自动进行扩展，即增加 EC2 实例数量；而当 CPU 利用率持续 10min 且低于 30% 时则自动进行缩减，即减少 EC2 实例数量。
- **预测性扩展**：根据收集的 EC2 实例实际使用历史数据，运用机器学习算法挖掘流量的每日和每周变化模式，用来预测未来流量，并在所预测变化之前预置适当数量的 EC2 实例而不是被动地做出适应性调整。预测性扩展可以更为快捷、准确地预置 EC2 Auto Scaling 组容量，从而降低成本并提高应用程序响应速度。

6.1.4 高可用系统架构设计

1. 任务分析

本项目将根据高可用系统架构的设计原则，利用亚马逊云科技高可用服务解决单 EC2 实例 WordPress 博客网站系统架构存在的问题，提高系统的可用性。

（1）服务资源冗余部署

根据假定任何服务都可能失效原则，WordPress 系统的 Web 服务器、数据库服务器、WordPress 博客服务器不但要分别部署在不同 EC2 实例上，而且需要冗余部署，以避免因服务组件故障而导致整个系统失效。

（2）多可用区设计

根据多可用区设计原则，将服务资源相互冗余部署到多个可用区中运行，既可以避免因底层基础设施故障导致系统服务失效，又可以实现资源负载的跨可用区平衡。需要注意的是，云服务系统的多可用区部署可能会导致传输延迟，特别是多可用区部署数据库，其副本间为维护数据一致性而进行同步时，可能会导致系统性能下降，甚至服务中断。

（3）系统架构自动弹性扩展

根据弹性自动扩展设计原则部署自动扩展和负载均衡服务，并利用服务状态监控机制触发扩展规则，自动增加或缩减系统服务资源。系统利用 CloudWatch 监控实例运行状态，在技术指标显示实例性能不足或服务组件失效时，触发预定义的扩展规则自动扩展或缩减 Auto Scaling 组的 EC2 实例数量，或在实例失效时启动新实例替换不健康实例，如图 6-6 所示。Elastic Load Balancing 则将业务负载自动均衡分配到新增实例上，保证服务的连续性。

（4）故障自动修复

根据故障自动修复设计原则，在系统中部署监控服务，监控和跟踪 EC2 实例 CPU 利用率、磁盘读取操作、网络接收数据包数等常用指标，收集和监控日志文件，检测实例及业务系统运

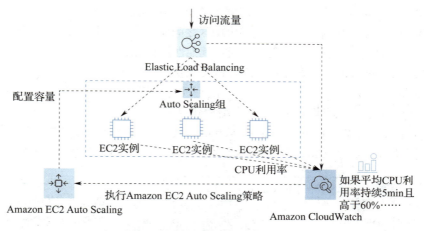

图 6-6　基于 CPU 利用率的系统架构自动扩展

行状况，诊断系统是否出现问题，以及应该采取的措施。CloudWatch 在相关指标达到告警阈值时发布警报，警报触发预定义脚本自动执行常见故障的发现、转移和恢复等运维工作，快速修复失效服务组件，提高运维效率，降低人力成本。

（5）解耦存在的紧耦合关系

根据松耦合设计原则，需要对 WordPress 博客网站系统架构进行解耦，将 Web 服务器、数据库服务器分别部署到不同实例上，并使用消息协商机制进行通信，以解耦服务组件间的紧耦合依赖关系，如图 6-7 所示。

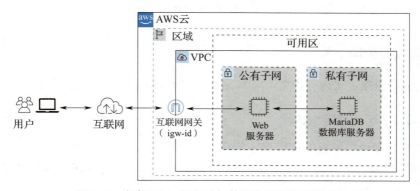

图 6-7　解耦 Web 服务器与数据库服务器信息交互

2. 架构说明

遵循上述高可用系统架构设计原则，高可用 WordPress 博客网站系统架构将包括多个可用区、安全组、CloudFront、Route 53、EC2、关系数据库 RDS（MySQL）、EC2 Auto Scaling、Elastic Load Balancing、Elastic File System、S3 等服务组件，如图 6-8 所示。高可用 Word Press 博客网站系统架构说明如下：

1）Route 53（DNS）解析 ELB 的 URL，ELB 将用户的访问请求转发给某个部署有 WordPress 博客网站服务器的 EC2 实例，该博客网站服务器通过 3309 端口远程访问 MySQL RDS 实例。

2）ELB 根据转发策略在多个实例间均衡分配 WordPress 网站流量。

3）多区域 MySQL 数据库服务器在多可用区之间实现数据库服务的高可用性。

4）CloudWatch 对实例的 CPU 利用率或者其他性能指标进行监测。

5）EC2 Auto Scaling 组自动增加、删除 EC2 实例。

6）ELB 将业务负载自动转移或是均衡分配到现有实例上。

7）S3 存储桶用于保存博客网站的所有图片和视频。

8）将博客网站设置为 CloudFront 的 Web 源，使 CloudFront 可以获取网站文件并通过重定向访问博客网站的 URL 到 CloudFront 边缘站点，利用 CloudFront 加速内容分发。

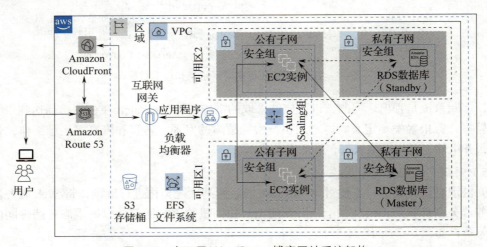

图 6-8　高可用 WordPress 博客网站系统架构

6.2　高可用系统架构部署

本项目将分阶段逐步实现上述高可用 WordPress 博客网站系统架构的设计。

6.2.1　部署多可用区网络环境

基础设施资源规模能够根据应用程序负载的变化跨可用区自动扩展和缩减、隔离故障，以避免由于资源不足或资源故障而导致云服务不可用，这是构建高可用云服务系统架构的关键一环。

1. 创建具有两个可用区的新 VPC

使用 VPC 向导创建 1 个 VPC，并在该 VPC 所在区域的 2 个可用区中分别各创建 1 个公有子网和 1 个私有子网，这将使该 VPC 拥有 2 个公有子网和 2 个私有子网。

1）登录亚马逊云科技管理控制台，创建 1 个名为"High VPC"的新 VPC，如图 6-9 所示（详细步骤可参见第 4 章相关部分）。

2）查看并确认已成功创建的名为"High VPC"的 VPC，如图 6-10 所示。

3）在 High VPC 中，分别基于 2 个可用区（AZ）各创建 1 个以"Public Subnet"开头命名的子网和 1 个以"Private Subnet"开头命名的子网，共计 4 个子网。

① 在"us-east-1a"可用区内创建名为"Public Subnet 1"的子网，如图 6-11 所示。

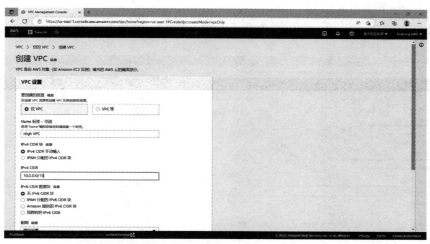

图 6-9 创建名为 "High VPC" 的新 VPC

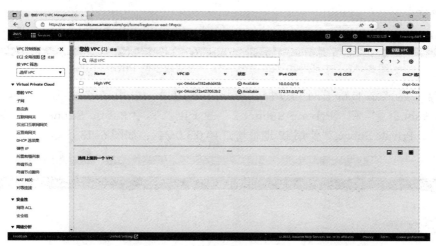

图 6-10 查看已成功创建的名为 "High VPC" 的 VPC

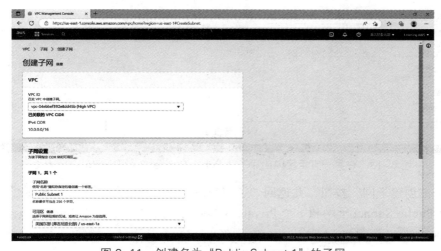

图 6-11 创建名为 "Public Subnet 1" 的子网

② 单击页面底部"添加新子网"按钮，在可用区"us-east-1a"内创建子网 Private Subnet 1，如图 6-12 所示。

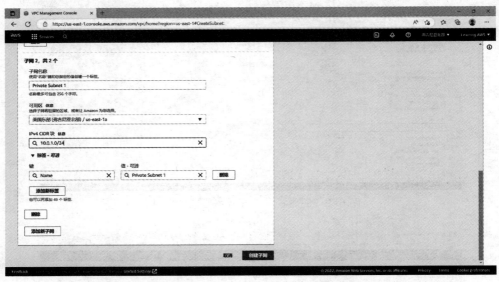

图 6-12　在可用区"us-east-1a"内创建子网 Private Subnet 1

③ 重复上述"添加新子网"过程，在该区域的另一可用区"us-east-1b"中创建名为"Public Subnet 2"和"Private Subnet 2"的子网。其中 Public Subnet 2 使用 IP 地址块"10.0.2.0/24"，Private Subnet 2 使用 IP 地址块"10.0.3.0/24"，如图 6-13 所示。

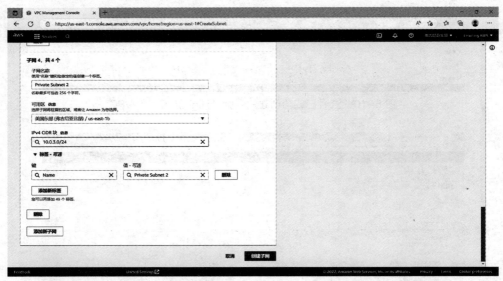

图 6-13　在另一可用区内创建子网 Public Subnet 2 和 Private Subnet 2

④ 单击"创建子网"按钮，并返回"子网管理窗格"查看并确认已成功在 2 个可用区内各创建 1 个 Public Subnet 子网和 1 个 Private Subnet 子网，共计 2 个 Public Subnet 子网、2 个 Private Subnet 子网，如图 6-14 所示。

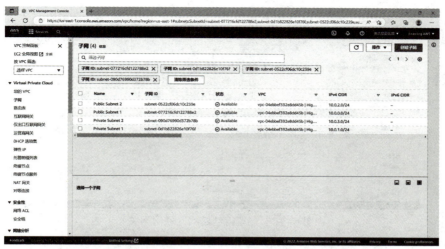

图 6-14　查看并确认已成功在 2 个可用区内分别创建 2 个子网

2. 为新 VPC 创建一个 Internet 网关

创建互联网网关（IGW），并通过编辑路由表，使 VPC 中的资源可以经由此互联网网关（IGW）与互联网进行通信。如果某个子网的流量能被直接路由到互联网网关，那么该子网就是公有子网；如果某个子网的流量不能被直接路由到互联网网关，那么该子网就是私有子网。

（1）创建 Internet 网关

1）在"互联网网关"界面单击右上侧的"创建互联网网关"按钮，如图 6-15 所示。

图 6-15　创建互联网网关

2）在"互联网网关设置"的"Name 标签"栏中填入"IGW for WordPress"，为待创建的互联网网关命名。

3）单击"创建互联网网关"按钮，创建一个名为"IGW for WordPress"的新互联网网关，如图 6-16 所示。

4）返回"互联网网关"界面，单击"操作"下拉菜单，并选择"附加到 VPC"，将"互联网网关"附加给指定的 VPC，如图 6-17 所示。

图 6-16 配置待创建的互联网网关

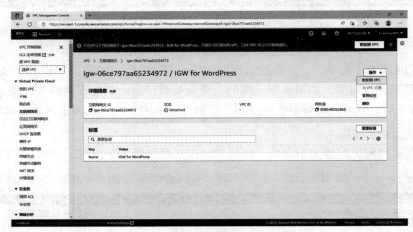

图 6-17 将互联网网关附加到 VPC

5)选择将所创建的互联网网关"IGW for WordPress"附加给"High VPC",如图 6-18 所示。

图 6-18 将互联网网关附加给"High VPC"

6)查看并确认新创建的互联网网关"IGW for WordPress"已成功附加给"High VPC",如图 6-19 所示。

7)返回"互联网网关"界面,可以在列表中选择"IGW for WordPress"以查看相关信息,如图 6-20 所示。

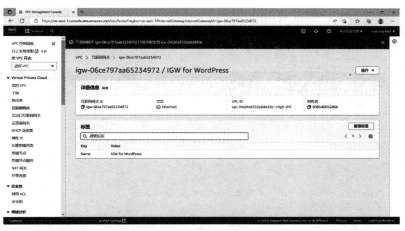

图 6-19 确认互联网网关已附加给"High VPC"

图 6-20 查看互联网网关"IGW for WordPress"的相关信息

（2）修改路由表，增加目的为互联网网关"IGW for WordPress"的默认路由

1）在"路由表"界面的路由列表中选择待编辑的路由表，并选择"路由"选项卡，以便通过"编辑路由"修改路由表，如图 6-21 所示。

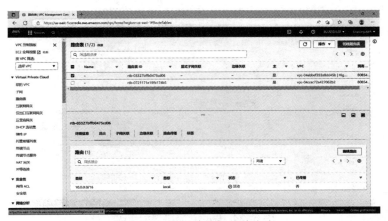

图 6-21 选择待编辑的路由表

2）选择"添加路由"，用以增加一条指向互联网网关"IGW for WordPress"的默认路由，如图 6-22 所示。

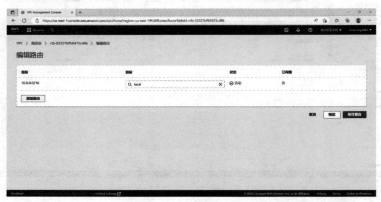

图 6-22　向路由表添加路由

3）编辑路由条目，选择增加一条指向互联网网关"IGW for WordPress"的默认路由，如图 6-23 所示。

图 6-23　增加指向互联网网关"IGW for WordPress"的默认路由

4）选择"保存更改"，保存指向互联网网关"IGW for WordPress"的默认路由，如图 6-24 所示。

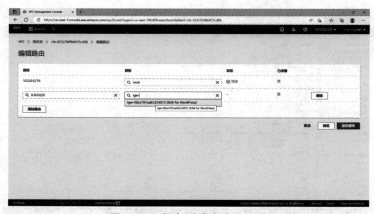

图 6-24　保存对路由表的更改

5)返回"路由表"界面,确认在"High VPC"的路由表中增加了一条指向互联网网关"IGW for WordPress"的默认路由,如图6-25所示。

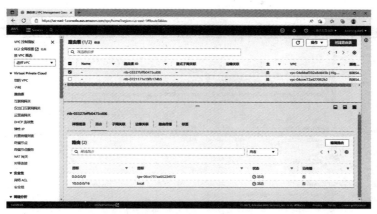

图6-25 确认对路由表的更改

6)查看"子网关联"选项卡,以便将公共子网与互联网网关"IGW for WordPress"关联,如图6-26所示。

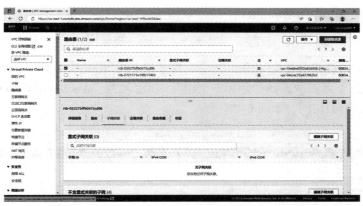

图6-26 查看路由表的"子网关联"信息

7)选择"显式子网关联"栏所对应的"编辑子网关联",以选择与互联网网关"IGW for WordPress"关联的公有子网,如图6-27所示。

图6-27 将互联网网关"IGW for WordPress"与公有子网关联

8)单击"保存关联"按钮,将所选择的子网"Public Subnet 1"和"Public Subnet 2"与路由表相关联,如图6-28所示。

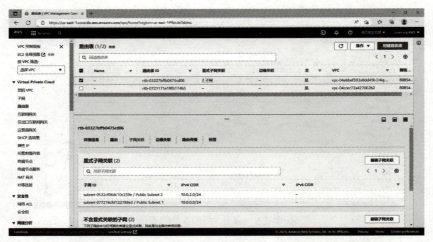

图6-28 确认"IGW for WordPress"已与公有子网关联

至此,"Public Subnet 1"和"Public Subnet 2"已成为公有子网,其中部署的实例将可以直接通过互联网网关"IGW for WordPress"为互联网所访问。

3. 创建控制Web服务器和数据库服务器访问流量的安全组

(1)为High VPC新建2个安全组,分别用于控制对Web服务器和数据库服务器的访问

1)在"安全组"界面中选择"创建安全组",创建名为"WebServerGroup"的安全组,用于控制对Web服务器的访问,如图6-29所示。

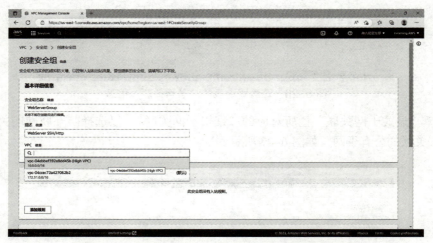

图6-29 创建用于控制对Web服务器访问的安全组

2)单击"添加规则"按钮向"WebServerGroup"安全组添加入站规则,允许SSH/HTTP访问流量进入,用以控制对Web服务器的访问,如图6-30所示。

3)在页面底部单击"创建安全组",创建名为"WebServerGroup"的安全组,如图6-31所示。

4)查看新创建的"WebServerGroup"安全组,如图6-32所示。

第 2 篇 玩转云计算

图 6-30　向"WebServerGroup"安全组添加入站规则

图 6-31　创建"WebServerGroup"安全组

图 6-32　查看创建的"WebServerGroup"安全组

5）继续创建名为"RDSServerGroup"的安全组，用于控制对 MySQL 服务器的访问，如图 6-33 所示。

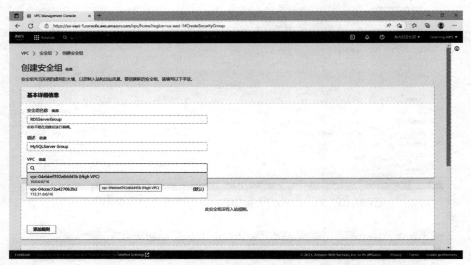

图 6-33　创建"RDSServer Group"安全组

6）向"RDSServerGroup"安全组添加入站/出站规则，仅允许来自"WebServerGroup"安全组的流量对 MySQL 服务器进行访问，但是对出站流量则不予限制，如图 6-34 所示。

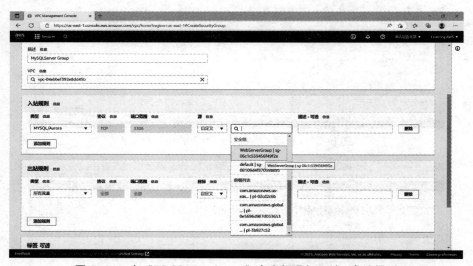

图 6-34　向"RDSServerGroup"安全组添加入站/出站规则

7）单击"创建安全组"，创建"RDSServerGroup"安全组（图略，操作与前面相同）。

8）在"安全组"界面的列表中查看并确认已成功创建的 2 个名为"RDSServerGroup"和"WebServerGroup"的安全组，如图 6-35 所示。

（2）查看 High VPC 默认创建的 NACL，以便必要时用于控制对子网的访问

1）进入"网络 ACL"界面，在网络 ACL 列表栏中选择"High VPC"默认创建的 ACL，并查看相关信息，如图 6-36 所示。

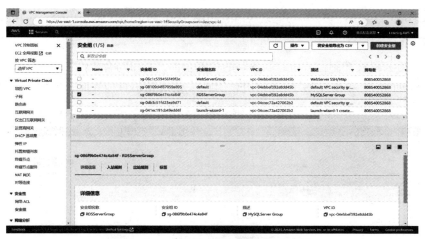

图 6-35　确认已成功创建所需安全组

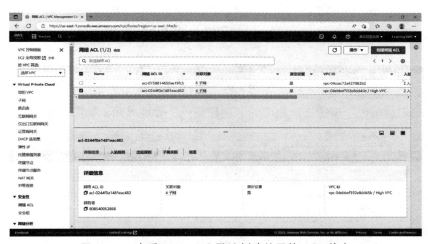

图 6-36　查看 High VPC 默认创建的网络 ACL 信息

2）查看 High VPC 默认创建的网络 ACL 的入站规则，如图 6-37 所示。

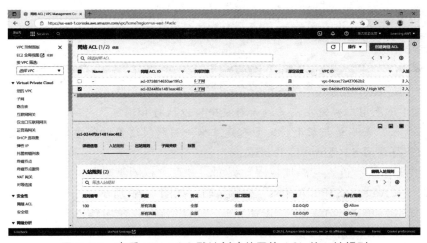

图 6-37　查看 High VPC 默认创建的网络 ACL 的入站规则

3）查看 High VPC 默认创建的网络 ACL 的出站规则及子网关联（图略，操作与前面相同）。

4. 部署 IAM 系统

1）在亚马逊云科技控制台"所有服务"的"安全性、身份与合规性"分类下，选择"IAM"，进入 IAM 管理页面后，单击左侧导航栏中的"角色"进入角色管理界面，如图 6-38 所示。

图 6-38 进入角色管理界面

2）单击"创建角色"按钮进入相应的"创建角色"管理界面，如图 6-39 所示。

图 6-39 进入"创建角色"管理界面

注意：IAM 角色用以确定在亚马逊云科技中可以执行和不可执行的操作的权限策略，旨在让需要它的人代入，而不是与某个特定的人建立唯一关联。这里所创建的角色将分配给 EC2 虚拟机，使它们获得访问 S3 存储内容的权限。

3）单击"下一步"进入"添加权限"界面，并在"权限策略"搜索栏内以"S3"为关键词，搜索并选择"AmazonS3FullAccess"权限策略，如图 6-40 所示。

4）在页面底端单击"下一步"按钮，在"角色名称"栏内输入角色名"WordPressS3FullAccess"，为待创建的角色命名，如图 6-41 所示。也可以添加标签（此为可选项）。

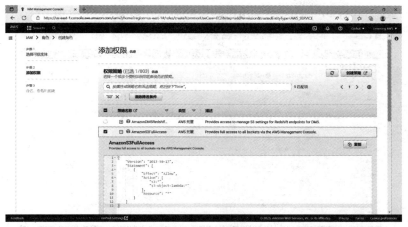

图 6-40 搜索"AmazonS3FullAccess"权限策略

图 6-41 为待创建的角色命名

5)在页面底端单击"创建角色"按钮,并返回角色管理页面。在角色列表栏中,选择所创建的"WordPressS3FullAccess"角色,查看相关信息并确认,如图 6-42 所示。

图 6-42 创建"WordPressS3FullAccess"角色并确认

6）查看"WordPressS3FullAccess"角色的摘要信息，如图 6-43 所示。

图 6-43　查看"WordPressS3FullAccess"角色摘要信息

6.2.2　部署多可用区数据库服务器

部署多可用区数据库时需要注意，由于需要执行同步数据复制，可能会增加写入和提交延迟，以及用户不能使用备用副本处理读取访问流量。

1. 部署多可用区 RDS 数据库服务器

Amazon 多可用区 RDS 数据库服务器能在不同可用区内自动同步配置并维护备用副本。主数据库实例将跨可用区同步复制到备用副本，以提供数据冗余、消除 I/O 冻结并在系统备份期间将延迟峰值降至最低，为数据库实例提供高可用性和对故障转移的支持。

（1）配置 RDS MySQL 运行环境

1）在亚马逊云科技管理控制台"所有服务"的"数据库"分类下，选择"RDS"。随后，在"Amazon RDS"导航窗格中选择"子网组"，进入"子网组"管理界面。

注意：子网组是对 VPC 子网的逻辑划分。由于 VPC 中定义有多个子网，因此需要通过子网组限定哪些子网可供 RDS 使用。

2）单击"创建数据库子网组"进入"子网组"管理界面，如图 6-44 所示。

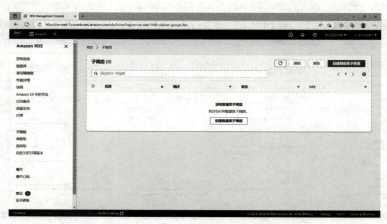

图 6-44　进入"子网组"管理界面

3）在"子网组详细信息"下的"名称"栏内，输入"WordPress–RDS–Subnet"为待创建子网组命名，并在"VPC"栏内，选择"High VPC"以将 RDS 数据库服务器部署到 High VPC，如图 6–45 所示。

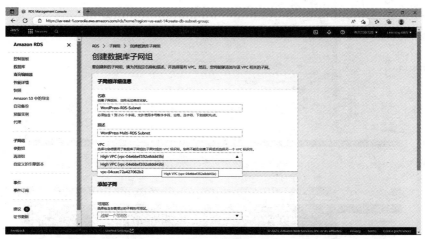

图 6–45　为待创建的子网组命名

4）在"子网组详细信息"下的"添加子网"栏内，为待创建的子网组添加用于部署 RDS 数据库服务器的可用区，如图 6–46 所示。本项目数据库服务器将部署在 Internet 不能直接访问的私有子网。

图 6–46　添加用于部署 RDS 数据库服务器的可用区

5）在"子网组详细信息"下的"子网"栏内，为待创建的子网组添加"High VPC"中用于部署 RDS 数据库服务器的私有子网，如图 6–47 所示。

6）单击"创建"按钮，完成子网组的创建，如图 6–48 所示。

（2）创建 Mutli–MySQL 数据库服务器

1）在左侧"Amazon RDS"导航列表中，选择"数据库"，进入数据库管理界面，以创建新的数据库服务器，如图 6–49 所示。

图 6-47 添加用于部署 RDS 数据库服务器的私有子网

图 6-48 完成子网组的创建

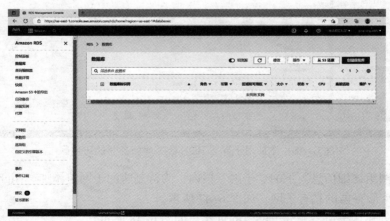

图 6-49 进入数据库管理界面

2)单击"创建数据库",进入创建数据库页面。在"选择数据库创建方法"中选择"标准创建",并在"引擎选项"中选择使用"MySQL"数据库引擎,以创建 MySQL 数据库服务器,如图 6-50 所示。

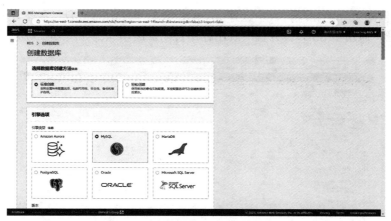

图 6-50　选择使用 MySQL 数据库引擎

3）使用默认的 MySQL 数据库版本，在"模板"下选择"生产"，并在"可用性与持久性"下选择"多可用数据库实例"，以多可用区部署 MySQL 数据库服务器，如图 6-51 所示。

图 6-51　选择待创建数据库服务器的版本等参数

4）在"设置"的相应栏目中填写 MySQL 数据库实例的名称（此处为：mysqlServer）、主用户名（此处为：wordpressDB），以及密码（此处为：mysqlPass）等信息，如图 6-52 所示。

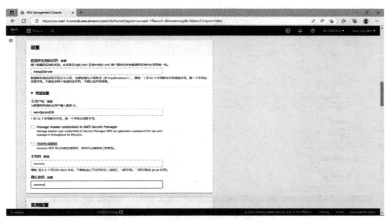

图 6-52　设置数据库实例相关信息

5）在"实例配置"的相应栏目中选择 MySQL 数据库实例的类型、存储容量等信息。作为实验，此处选择"通用型 SSD"，并且不启用存储自动扩展功能，如图 6-53 所示。

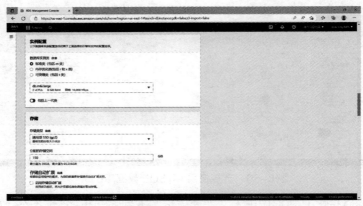

图 6-53　设置数据库实例类型及其存储信息

6）在"连接"的相应栏目中设置数据库实例的网络连接信息，如图 6-54 所示。

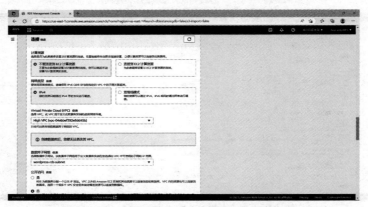

图 6-54　设置数据库实例的网络连接信息

7）在"VPC 安全组"中选择"选择现有"，并在"现有 VPC 安全组"中选择此前所创建的"RDSServerGroup"安全组，用以控制对数据库实例的网络访问，如图 6-55 所示。

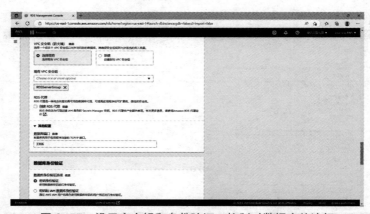

图 6-55　设置安全组和身份验证，控制对数据库的访问

8）展开"其他配置"列表项，在其"数据库选项中"设置初始数据库名称（此处为：wordpressDB），并基于本项目的目的选择取消"启用自动备份"和"启用加密"，如图6-56所示。

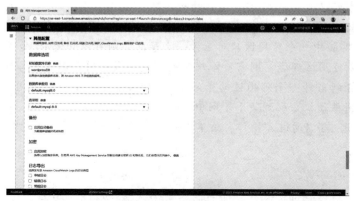

图6-56　设置初始数据库名称并取消自动备份和加密

9）查看待创建数据库实例的"月度估算费用"信息，确认后单击"创建数据库"按钮，开始创建MySQL数据库实例，如图6-57所示。创建过程约需10min左右。

图6-57　确认待创建数据库实例费用信息并创建数据库

10）返回"数据库"管理界面，在列表中确认数据库实例创建成功，并查看实例所在的可用区（本次是部署在"us-east-1a"可用区），如图6-58所示。

图6-58　查看并确认数据库实例创建成功

注意：
1. Multi-AZ 部署数据库，在创建 RDS 时不能指定 RDS 实例将部署在哪个子网，只有在创建完成后才可以确定 RDS 实例所在的子网。
2. 非 Multi-AZ 部署数据库，在创建 RDS 时可以指定 RDS 实例所在的可用区。此时，如果 RDS 子网组中一个可用区只对应于一个子网，则可以知道 RDS 实例所在的子网（后续若启用多可用区部署，则需要修改实例，选择多可用区部署，另外一台 Standby 的实例将会部署到另外一个可用区的子网中）；如果子网组中一个可用区对应于多个子网，RDS 实例将被随机分配到某个子网中。
3. 为降低费用，可以通过"操作"菜单下的"暂时停止"操作，暂时停止所创建数据库实例的运行。

2. 创建多可用区共享文件存储

1）在亚马逊云科技管理控制台"所有服务"中选择"存储"服务分类下的"EFS"，进入 EFS 文件系统管理页面，如图 6-59 所示。

图 6-59　进入 EFS 文件系统管理页面

2）单击"创建文件系统"按钮，在弹出的"创建文件系统"对话框的"名称"栏中输入待创建的 EFS 文件系统名称（此处为：wordpressEFS），在"Virtual Private Cloud（VPC）"中选择"High VPC"。在"存储类"栏中选择"标准"，即可在多个可用区间冗余存储数据，如图 6-60 所示。

图 6-60　选择待创建文件系统所在区域及类型

注意：
1. EFS 文件系统在每个可用区中仅能创建一个挂载目标，只需在可用区中创建一个挂载目标，该可用区中所有子网的 EC2 实例都可以共享该挂载目标。
2. 如果在"存储类"栏中选择"标准"，待创建 EFS 文件系统可以在所处亚马逊云科技"区域（Region）"的多个可用区中创建挂载目标；如果选择"单区"，则待创建 EFS 文件系统只能在用户指定的可用区中创建一个挂载目标。

3）单击"自定义"按钮，进入自定义创建 EFS 文件系统的设置页面，根据需要设置待创建 EFS 文件系统生命周期管理（此处选择默认值）与加密（此处选择不加密）信息，如图 6-61 所示。

图 6-61　设置待创建 EFS 文件系统生命周期管理与加密信息

4）在"性能设置"的"吞吐量模式"中选择"突增"模式；在"其他设置"的"性能模式"中选择"一般用途"；在"标签"栏中为文件系统添加"wordpressEFS"标签。最后，在页面底端单击"下一步"按钮，进入 EFS 网络访问配置页面，如图 6-62 所示。

图 6-62　设置待创建文件系统性能及标签

5）在"挂载目标"下创建 EFS 文件系统将挂载的"可用区""子网 ID""安全组"。其中，"子网 ID"选择两个可用区的私有子网，如图 6-63 所示。单击"下一步"按钮，进入 EFS 文件系统策略配置页面。

6）将 EFS 文件系统的"文件系统策略"配置为"可选"项，此处选择忽略，如图 6-64 所示。单击"下一步"按钮，进入 EFS 文件系统审核和创建页面。

图 6-63 创建 EFS 文件系统将挂载的目标

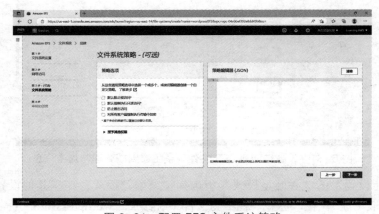

图 6-64 配置 EFS 文件系统策略

7)审核 EFS 文件系统的设置,在确认无误后,单击文件系统"审核和创建"页面底部的"创建"按钮,创建 EFS 文件系统,如图 6-65 所示。

图 6-65 审核并创建 EFS 文件系统

8)返回"文件系统"管理页面,查看文件系统列表中是否已创建相应的 EFS 文件系统,如图 6-66 所示。

图 6-66　查看 EFS 文件系统已成功创建

9）在 EFS 列表中选择"wordpressEFS"，查看所创建 EFS 文件系统的一般信息，如图 6-67 所示。

图 6-67　查看所创建 EFS 文件系统一般信息

10）在"wordpressEFS"页面的"一般"设置栏的右上角，选择"连接"查看所创建 EFS 文件系统的挂载信息（此处选择"通过 DNS 挂载"；如果选择"通过 IP 挂载"，由于需要使用固定 IP，所挂载可用区只能限制在 IP 地址所在的可用区），如图 6-68 所示。

图 6-68　EFS 文件系统的连接设置

11）通过亚马逊云科技管理控制台"所有服务"，选择"联网和内容分发"服务分类下的"VPC"。单击"VPC 控制面板"窗格中的"安全组"，随后在"安全组"列表中选择"WebServerGroup"为 NFS 访问添加入站规则，如图 6-69 所示。

图 6-69　选择控制 NFS 访问的安全组

12）在"WebServerGroup"安全组的"入站规则"选项卡中，选择"编辑入站规则"，添加 NFS 入站规则，如图 6-70 所示。

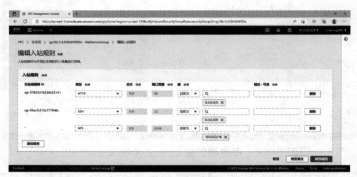

图 6-70　向控制 EFS 访问的安全组添加 NFS 入站规则

13）单击"保存规则"按钮并返回安全组管理页面，在安全组列表中选择"WebServer-Group"安全组，确认已成功为 NFS 访问添加入站规则（本项目暂不对文件系统权限和访问点进行配置，仅使用前面所配置的安全组来控制访问权限），如图 6-71 所示。

图 6-71　确认已成功为 NFS 访问添加入站规则

3. 部署用于安装 Web 服务器的 EC2 实例

在 Multi-AZ MySQL 所在可用区的公共子网中创建 EC2 实例并关联 IAM 角色。

1）在管理控制台的"所有服务"菜单中，选择"计算"类服务的"EC2"，打开 EC2 管理控制台。随后在 EC2 控制面板中，单击"启动实例"按钮，在 Multi-AZ MySQL 数据库服务器所在可用区创建 EC2 实例（详细步骤可参见第 4 章相关部分，下同）。

2）为 EC2 实例命名（即添加标签），此处为"HA-WordPress"，并选择"Amazon Linux 2 AMI（HVM）"版本的 Amazon 系统映像（AMI），如图 6-72 所示。

图 6-72　设置实例名称并选择 Amazon 系统映像

3）在"实例类型"选择"符合条件的免费套餐"的"t2.micro"实例类型（默认情况下的选择），"密钥对名称"选择现有密钥对"weblog-key"，如图 6-73 所示。

图 6-73　选择实例类型及密钥对

4）在"网络设置"栏单击"编辑"按钮，选择用于部署 EC2 的网络 VPC 及其子网。其中 VPC 选择"High VPC"，子网选择"Public Subnet 2"，"自动分配公有 IP"选择"启用"，"防火墙（安全组）"选择"选择现有的安全组"（此处为"WebServerGroup"），如图 6-74 所示。

5）为 EC2 实例添加实例存储卷作为"根"卷，此处选择使用默认的 10GB"通用型 SSD（GP2）"，如图 6-75 所示。

图 6-74 设置待创建 EC2 实例的网络环境

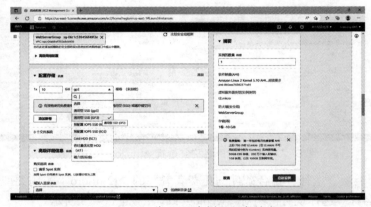

图 6-75 为 EC2 实例配置存储卷

6)展开"高级详细信息",在"IAM 实例配置文件"中选择"WordPress-S3FullAccess";"终止保护"选择"启用",以防止实例被意外终止,如图 6-76 所示。

图 6-76 选择 IAM 实例配置文件并启用终止保护

注意:目前,亚马逊云科技对于 us-east-1 区域的公有 IPv4 DNS 主机名采用 ec2-public-ipv4-address.compute-1.amazonaws.com 形式;而对于其他区域,则采用 ec2-public-ipv4-address.region.compute.amazonaws.com 形式。

7）检查并确认对 EC2 实例配置信息无误后，选择右侧窗格中的"启动实例"，创建 EC2 实例。待出现成功创建 EC2 的信息后，返回 EC2 管理窗口查看所创建 EC2 实例的详细信息及运行状态，如图 6-77 所示。

图 6-77　查看所创建 EC2 实例详细信息及运行状态

建议：创建该 EC2 实例的映像文件，用于后续阶段可能需要的恢复（详细步骤可参见第 4 章相关部分）。

6.2.3　多可用区部署 Web 服务器

1. 部署 Apache 服务器并挂载 EFS

（1）安装 Apache、PHP 程序

1）使用 Putty 登录新创建的实例，执行"sudo yum update –y"命令对该实例现有系统进行更新，如图 6-78 所示。

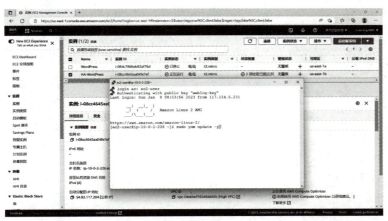

图 6-78　更新实例现有系统

2）执行"sudo yum install –y httpd"命令，安装 Apache Web 服务器，如图 6-79 所示。

```
sudo amazon-linux-extras install -y php7.3
```

3）执行以下命令，安装 PHP 并设置其开机自启动，如图 6-80 所示。

```
sudo amazon-linux-extras enable php7.3
```

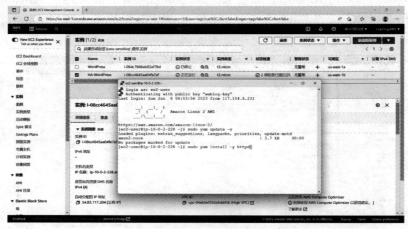

图 6-79　安装 Apache Web 服务器

图 6-80　安装 PHP 并设置其开机自启动

4）执行以下命令，更新 PHP 支撑软件包，如图 6-81 所示。

```
sudo yum install -y php php-fpm php-gd php-json php-mbstring php-xml php-xmlrpc php-opcache php-pecl-zip php-intl php-soap php-pecl-redis php-cli php-mysqlnd
```

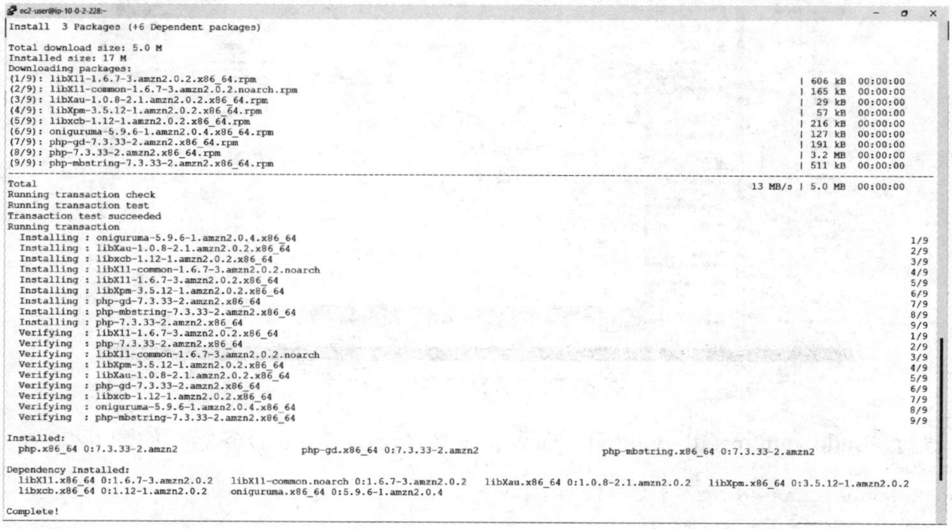

图 6-81　更新 PHP 支撑软件包

5）通过"VPC 控制面板"查看并在"操作"菜单下选择"编辑 VPC 设置"以更新 VPC 对 DNS 的支持属性，如图 6-82 所示。

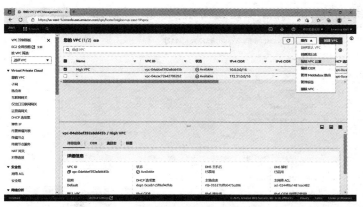

图 6-82　查看并编辑 VPC 设置

6）在 DNS 设置栏中选择"启用 DNS 主机名"，随后单击页面底端的"保存"按钮，更新对 VPC 的 DNS 设置，如图 6-83 所示。

图 6-83　设置 VPC 启用 DNS 主机名信息

7）在管理控制台"所有服务"的"存储"类下选择"EFS"进入 Amazon EFS "文件系统"页面，选择"wordpressEFS"并单击"查看详细信息"，如图 6-84 所示。

图 6-84　选择"wordpressEFS"并查看详细信息

8）选择"连接"，查看挂载 EFS 的"连接"信息，如图 6-85 所示。

图 6-85　查看挂载 EFS 的"连接"信息

9）选择"通过 DNS 挂载"，并"使用 NFS 客户端"，复制 EFS 的连接信息，用于挂载 EFS，如图 6-86 所示。

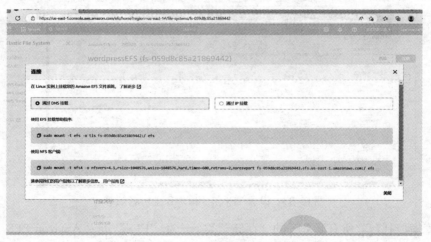

图 6-86　复制 EFS 的连接信息用于挂载 EFS

10）执行上述所复制的命令，使用 NFS 客户端挂载 EFS 文件系统。

```
sudo yum -y install nfs-utils
    sudo mount -t nfs4 -o nfsvers=4.1,rsize=1048576,wsize=1048576,hard,timeo=600,retran
s=2,noresvport fs-059d8c85a21869442.efs.us-east-1.amazonaws.com:/ /var/www/html
```

11）执行以下命令，在 /etc/fstab 中添加 EFS 挂载信息，用于在实例启动时自动挂载 EFS，如图 6-87 所示。

```
sudo -s
    echo "fs-059d8c85a21869442.efs.us-east-1.amazonaws.com:/ /var/www/html nfs4 nfsvers
=4.1,rsize=1048576,wsize=1048576,hard,timeo=600,retrans=2 0 0" >> /etc/fstab
```

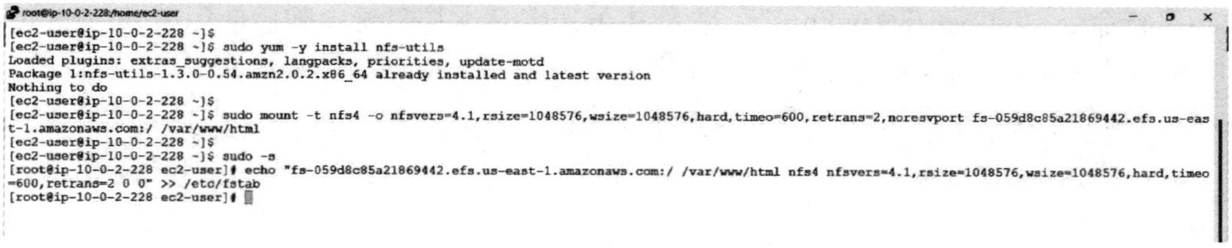

图 6-87 挂载 EFS 文件系统并将其设置为自动挂载

注意：在练习过程中，请将有关信息替换成当前实例和 EFS 的信息。

（2）修改 Apache 服务器根目录权限

在本项目中，Apache 服务器的根目录是 /var/www/html，默认为 root 所拥有，需要修改该目录权限，授权 ec2-user 账户能够操作该目录的文件。为此，采用创建 apache 组的方法，并将 ec2-user 添加到该组中，再为 apache 组赋予 /var/www 目录的所有权，以及将子目录递归写入权限，使 ec2-user（以及 apache 组的任何未来成员）有权限添加、删除和编辑 apache 文档根目录中的文件（详细步骤参见第 4 章相关内容）。

1）执行命令"sudo usermod -a -G apache ec2-user"，将 ec2-user 账户添加到 apache 组中。

2）执行命令"exit"，注销退出，再重新登录以加入新用户组，然后验证用户的成员资格，如图 6-88 所示。

图 6-88 创建 apache 组并将 ec2-user 账户添加到其中

注意：使用"exit"命令可能会导致终端窗口关闭。

3）重新连接到实例，执行命令"groups"，验证当前用户 ec2-user 账户被成功添加到 apache 组中（所得反馈内容应为"ec2-user adm wheel apache systemd-journal"）。

4）执行命令"sudo chown -R ec2-user:apache /var/www"，将 /var/www 及其内容的组所有权变更为 apache 组，赋予其修改内容的权限。

5）执行以下命令，为组添加写入权限，以及设置未来子目录上的组 ID 更改 /var/www 及其子目录的目录权限。

sudo chmod 2775 /var/www && find /var/www -type d -exec sudo chmod 2775 {} \;

6）执行以下命令，为组增加递归更改 /var/www 及其子目录文件的写入权限，如图 6-89 所示。

find /var/www -type f -exec sudo chmod 0664 {} \;

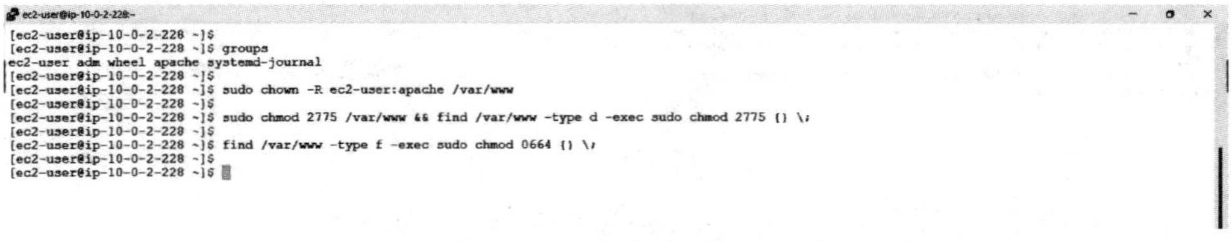

图 6-89 更改 Apache 服务器子目录递归写入权限

7）执行命令"cd /var/www/html"，进入 Web 服务器文档目录。随后使用命令"rm –rf *"，清除 EFS 中可能存储的文件，如图 6-90 所示。

注意：此命令仅限于首次和重新安装文件系统时使用。

图 6-90　进入 Web 服务器文档目录并清空文件

8）使用下面的命令，在当前目录下创建一个名为"phpinfo.php"的文件，该文件的内容仅包含"<?php phpinfo（）; ?>"。随后使用命令"cat phpinfo.php"，查看并确认该文件的内容，如图 6-91 所示。

```
echo "<?php phpinfo(); ?>" > phpinfo.php
```

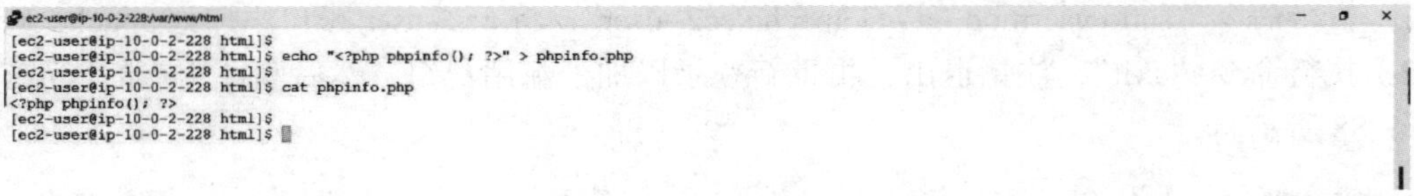

图 6-91　查看"phpinfo.php"文件

9）执行以下命令，启动 Apache httpd，并设置开机自动启动 httpd，如图 6-92 所示。

```
sudo systemctl start httpd
sudo systemctl enable httpd
```

图 6-92　启动 Apache httpd 并将其设置为开机自动启动

10）使用 Web 实例 URL 链接，测试 Apache httpd 可以从互联网访问，如图 6-93 所示。

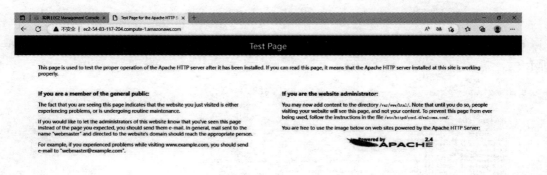

图 6-93　测试 Apache httpd 可以从互联网访问

2. 安装并配置 WordPress 博客服务器

（1）下载并安装 WordPress 服务器

1）执行命令"cd /var/www/html"，将当前目录切换为 WordPress 待安装目录。

2）执行以下命令，下载最新中文版 WordPress 安装包到当前目录，并将其解压，如图 6-94 所示。

```
wget https://cn.wordpress.org/latest-zh_CN.tar.gz
tar -xzf latest-zh_CN.tar.gz
```

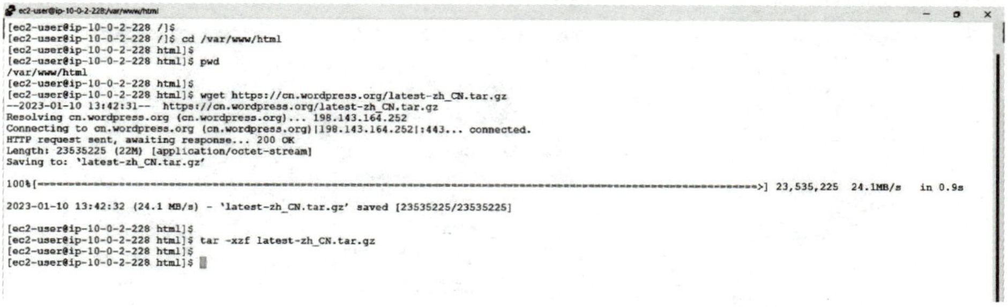

图 6-94 下载并解压 WordPress 安装包

3）执行以下命令，将解压后的 WordPress 文件移动到 /var/www/html/ 目录下。

```
mv wordpress/* /var/www/html/
```

4）执行以下命令，删除不用的 WordPress 目录和 latest.tar.gz 文件包，如图 6-95 所示。

```
rm -rf wordpress/ latest-zh_CN.tar.gz
```

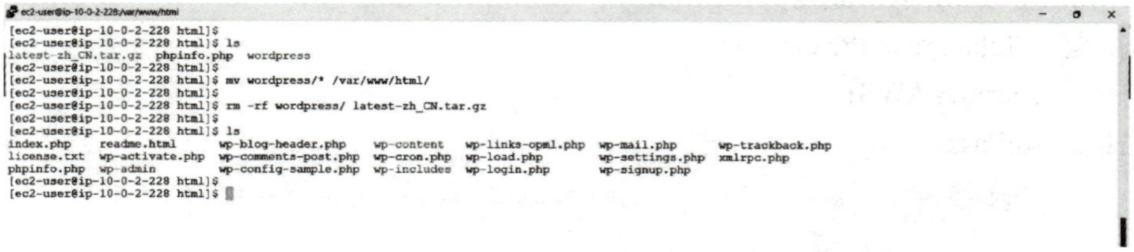

图 6-95 移动解压的文件到网站根目录并删除不用的目录和文件包

5）使用 EC2 实例的 URL 地址测试 WordPress 网站是否正常安装，如图 6-96 所示。

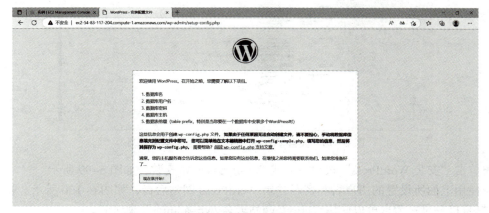

图 6-96 测试 WordPress 网站是否正常安装

（2）配置 WordPress 服务器

1）根据此前对 MySQL 数据库的设置，填写数据库主机地址及数据库名、账号和密码等信息，如图 6-97 所示。此处为：

数据库名：wordpressDB；

用户名：wordpressDB；

密码：mysqlPass；

数据库主机：mysqlserver.ckb4rcm0etxy.us-east-1.rds.amazonaws.com。

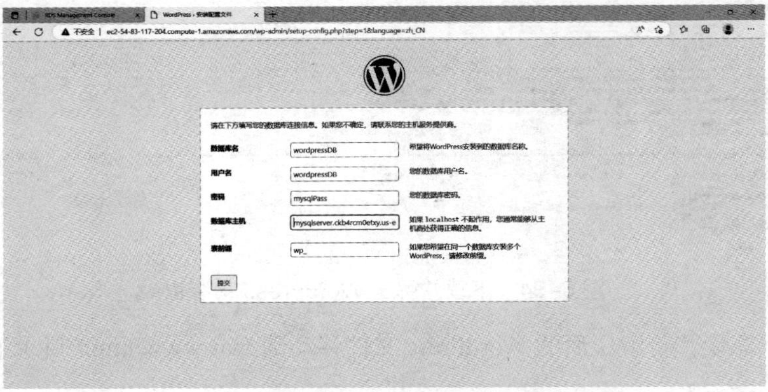

图 6-97　设置数据库相关账户连接信息

注意：请将有关信息替换成当前实例和数据库的信息（下同）。

2）填写待创建 WordPress 网站的基本信息（建议不要使用默认用户名 admin，最好设置为强密码），如图 6-98 所示，此处为：

站点标题：Take me to the cloud；

用户名：Learning AWS；

密码：mysqlPass。

图 6-98　设置 WordPress 网站相关基本信息

3）单击"安装 WordPress"按钮，完成 WordPress 网站安装，如图 6-99 所示。

4）使用上面所设置的用户名和密码登录 WordPress 网站后台，如图 6-100 所示。初次访问可以选择直接登录；后台可以使用"http:// 网站域名 /wp-admin/"来访问。

图 6-99　完成 WordPress 网站安装

图 6-100　登录所部署的 WordPress 网站

5）默认的 WordPress 后台被打开。至此，WordPress 服务器软件安装成功，进入 WordPress 网站管理界面，如图 6-101 所示。

图 6-101　进入 WordPress 网站管理界面

6）在确认 WordPress 网站安装成功后，可以返回"数据库"的管理页面，对"mysqlServer"数据库执行"拍摄快照"操作（此处快照名称为"wordpressdb-init"），也可以对部署 WordPress 的 EC2 实例创建"映像"文件，用于备份恢复（此两项均为可选操作），如图 6-102 所示。

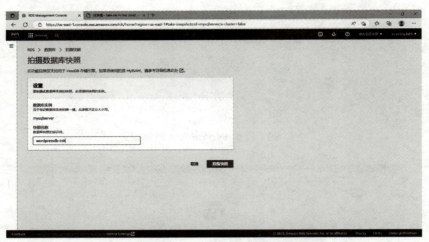

图 6-102　拍摄数据库快照进行备份

3. 创建用于数据备份的 S3 存储桶

创建并设置用于 Weblog 备份的 S3 存储桶。

1）在管理控制台"所有服务"的"存储"分类下选择"S3"服务。进入 S3 管理页面，选择"创建存储桶"，并在常规配置栏给存储桶命名（此处为"weblog-s3-20230110"），选择存储桶所在的亚马逊云科技区域（此处为"us-east-1"），如图 6-103 所示。

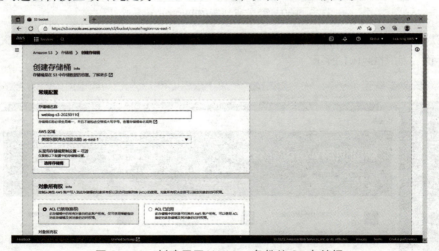

图 6-103　创建用于 Weblog 备份的 S3 存储桶

2）解除对"阻止公有访问"的限制，以授权对存储桶和对象的公有访问，如图 6-104 所示。

3）禁用"存储桶版本控制"，设置标签（可选，此处标签值为"WeblogS3"），如图 6-105 所示。

4）单击页面右侧底端"创建存储桶"按钮，并返回 S3 管理页面，在"存储桶"列表中查看确认成功创建 S3 存储桶，如图 6-106 所示。

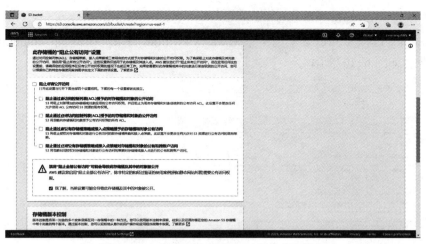

图 6-104　授权对存储桶和对象的公有访问

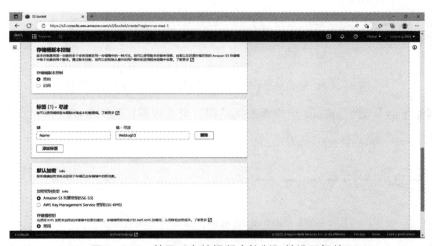

图 6-105　禁用"存储桶版本控制"并设置标签

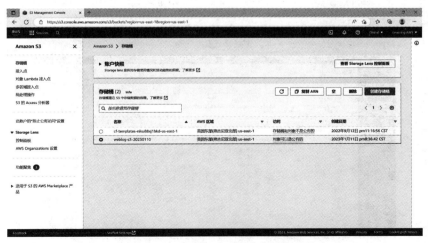

图 6-106　确认并查看所创建存储桶的信息

4. 将 WordPress 数据存储到 S3

1）使用 Putty 远程登录 EC2 实例，并在 /var/www/html 目录下编辑 wp-config.php，向其中增加如下命令，如图 6-107 所示。

```
define( 'AS3CF_AWS_USE_EC2_IAM_ROLE', true );
```

图 6-107　赋权 WordPress 使用 IAM 角色访问 S3 存储桶

2）使用如下命令赋予 apache 用户修改网站根目录的权限，如图 6-108 所示。

```
sudo chown -R apache:apache /var/www/
```

图 6-108　赋予 apache 用户修改网站根目录权限

3）使用 EC2 实例域名加路径"/wp-login.php"作为 URL 登录"WordPress"管理页面，并在左侧窗格中选择"插件"，然后在右侧"插件"管理窗格中单击"安装插件"，如图 6-109 所示。

图 6-109　选择安装 WordPress S3 插件

4)在随后的"添加插件"页面右侧的搜索栏中搜索并立即安装"WP Offload Media Lite for Amazon S3"插件,如图 6-110 所示。

图 6-110　搜索并选择安装 WordPress S3 插件

5)待"WP Offload Media Lite for Amazon S3, DigitalOcean Spaces, and Google Cloud Storage"插件安装完成后,单击启用该插件(包括其他需要的已安装插件),如图 6-111 所示。

图 6-111　启用所安装的 WordPress S3 插件

6)在"插件"页面的插件列表栏中选择该插件,然后单击"设置(Setting)",设置该插件的使用,如图 6-112 所示。

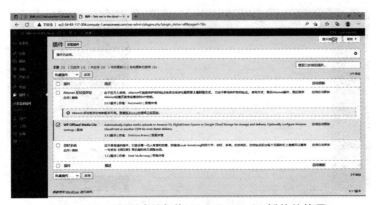

图 6-112　设置对所安装 WordPress S3 插件的使用

7)选择使用"Use Existing Bucket",选择"Browse existing buckets"列出本账户已创建的 S3 存储桶,并选择相应存储桶加以关联(此处为"weblog-s3-20230110"),如图 6-113 所示。

图 6-113 设置并选择插件所关联的存储桶

8)设置并更改插件所关联存储桶的安全特性,如图 6-114 所示。

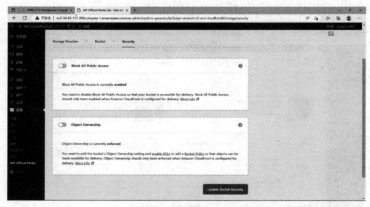

图 6-114 设置插件所关联存储桶的安全特性

9)设置插件在所关联存储桶中上传文件的路径(此处为"wp-content/uploads/"),如图 6-115 所示。

图 6-115 设置插件在所关联存储桶中存储文件的路径

10）关闭 URL 重定向"Deliver Offloaded Media"功能，如图 6-116 所示。

图 6-116　关闭 URL 重定向功能

11）编辑待发布的文章，如图 6-117 所示。

图 6-117　编辑待发布的文章

注意：标题使用中文时，会自动生成中文链接。但是由于此链接不符合 URL 规则而将导致网页链接错误，出现页面内容无法显示的问题。如果一定需要使用中文标题，可以先使用英文名作为标题，待成功发布后再改为中文。

12）使用 URL 链接访问查看所编辑文章的发布效果，如图 6-118 所示。

图 6-118　查看所编辑文章的发布效果

13）使用所关联的 S3 存储桶 URL 查看该图片，如图 6-119 所示。此时图片链接是指向 S3 存储桶的，这意味着插件已将多媒体文件上传到 S3 存储桶（WordPress 在 S3 中是使用日期来生成目录的）。

图 6-119　使用 URL 在 S3 存储桶中查看图片

14）返回亚马逊云科技管理控制台，查看 S3 存储桶，可以看见在该目录下保存有相应的图片文件，如图 6-120 所示。

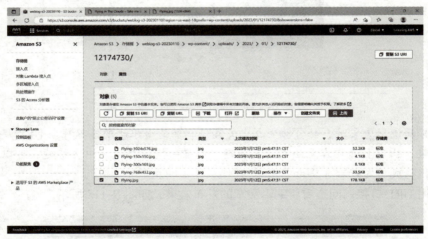

图 6-120　从管理控制台查看 S3 存储桶中图片

5. 创建 CloudFront 分配加速内容发布

1）在管理控制台"所有服务"的"联网和内容分发"分类下选择"CloudFront"，进入 CloudFront 管理页面，如图 6-121 所示。

2）单击"创建 CloudFront 分配"按钮，进入"创建分配"页面，设置 CloudFront 的源参数，如图 6-122 所示。此处输入源的域名为"ec2-54-83-117-204.compute-1.amazonaws.com"。

3）确认 CloudFront 支持访问的 HTTP 版本及"默认缓存行为"等相关参数，确认后单击页面底端的"创建分配"按钮，如图 6-123 所示。

图 6-121　进入 CloudFront 管理页面

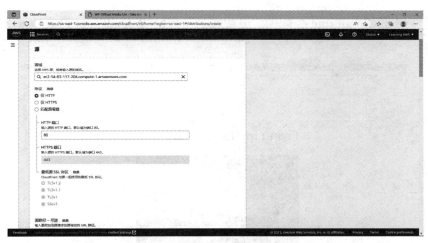

图 6-122　设置 CloudFront 的源参数

图 6-123　查看支持访问的 HTTP 版本等相关参数

4）查看所创建的"CloudFront 分配"的相关参数，如图 6-124 所示。

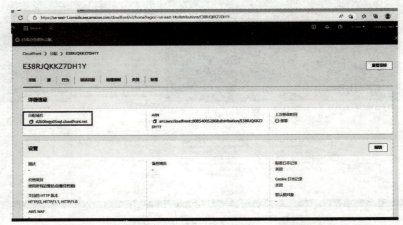

图 6-124　查看所创建的 CloudFront 分配相关参数

5）使用所创建 CloudFront 分配的"分配域名"，确认 CloudFront 已成功部署并启用，如图 6-125 所示。

图 6-125　确认 CloudFront 分配已成功启用

6.2.4　实现基础架构的自动扩展

1. 部署弹性负载均衡器

（1）配置目标群组

创建一个用于请求路由的目标组。用户侦听器的默认规则将请求路由给在该目标组注册的目标。负载均衡器使用该目标组所定义的健康检查设置来检查目标组中目标的健康状况。

1）从管理控制台顶部导航栏的"服务"菜单中，选择"计算"类服务的"EC2"服务，打开 EC2 控制台。在 EC2 控制台左侧导航窗格的"负载均衡（Load Balancing）"分类下，选择"目标群组（Target groups）"，再在右侧窗格单击"创建目标组（Create target group）"，随后，在"基本配置（Basic configuration）"下，以"选择目标类型（Choose a target type）"为实例，如图 6-126 所示。

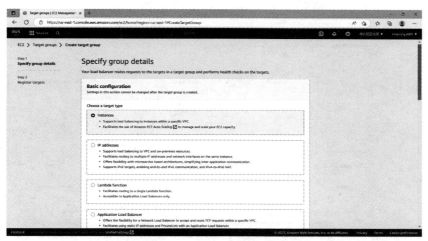

图 6-126　为负载均衡创建目标群组

2）在"目标群组名称（Target group name）"栏中填写待创建目标群组名称，此处为"weblogTG"；保留"协议"默认的"HTTP"，"端口"默认为"80"；选择包含目标实例的 VPC 是"High VPC"，并保留"协议版本"为"HTTP1"。最后，在页面底端单击"下一步"按钮，如图 6-127 所示。

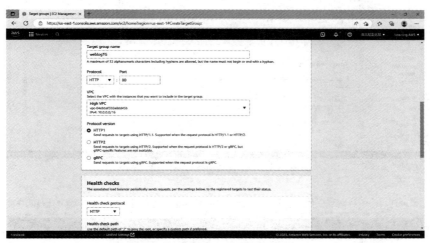

图 6-127　配置负载均衡的目标群组

3）在"注册目标（Register targets）"页面选择可用实例，保持默认端口为 80，然后选择"包括为以下待处理（Include as pending below）"，最后在页面底端选择"创建目标组（Create target group）"，如图 6-128 所示。

4）在"目标群组（Target groups）"窗格中查看已成功创建的目标群组，如图 6-129 所示。

（2）创建 Application Load Balancer

1）打开 Amazon EC2 控制台，在左侧导航窗格的"负载均衡（Load Balancing）"分类下，选择"负载均衡器"，页面载入后选择"创建负载均衡器（Create load balancer）"，如图 6-130 所示。

图 6-128　为目标群组注册可用实例

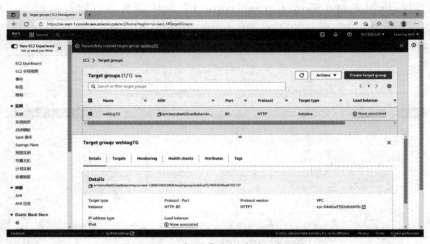

图 6-129　查看成功创建的目标群组

图 6-130　选择创建负载均衡器

2）根据需求选择负载均衡器类型。这里选择 Application Load Balancer，并单击"创建（Create）"按钮，如图 6-131 所示。

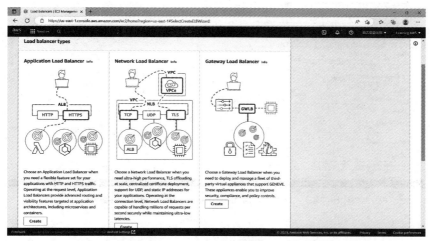

图 6-131 选择创建 Application Load Balancer

3）在"基本配置（Basic configuration）"栏中填写待创建"负载均衡器名称（Load balancer name）"，这里为"weblogALB"；"模式（Scheme）"和"IP address type"保留默认值"面向 Internet"和"IPv4"，如图 6-132 所示。

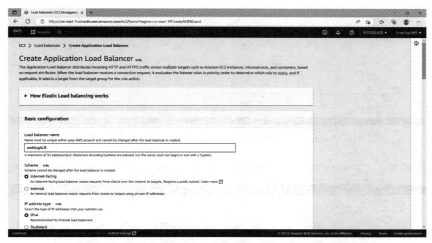

图 6-132 配置 Application Load Balancer 名称等基本信息

4）在"网络映射（Network mapping）"栏中，选择 EC2 实例所在的 VPC 及其可用区（子网）。至少选择两个可用区，每个可用区各选择一个公有子网，如图 6-133 所示。

5）在"安全组（Security groups）"栏中选择已创建的 WebServerGroup 安全组。对"侦听器"的"协议"保留使用默认的"HTTP"协议和端口 80 检查连接请求的过程。随后在"默认操作（Default action）"选择此前所创建的目标群组 weblogTG，如图 6-134 所示。

6）查看并确认配置，然后选择"创建负载均衡器（Create load balancer）"，如图 6-135 所示。

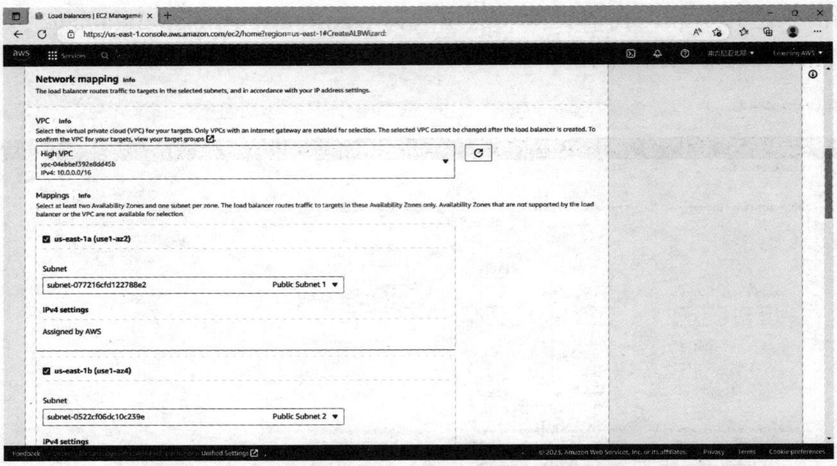

图 6-133 配置 Application Load Balancer 网络映射

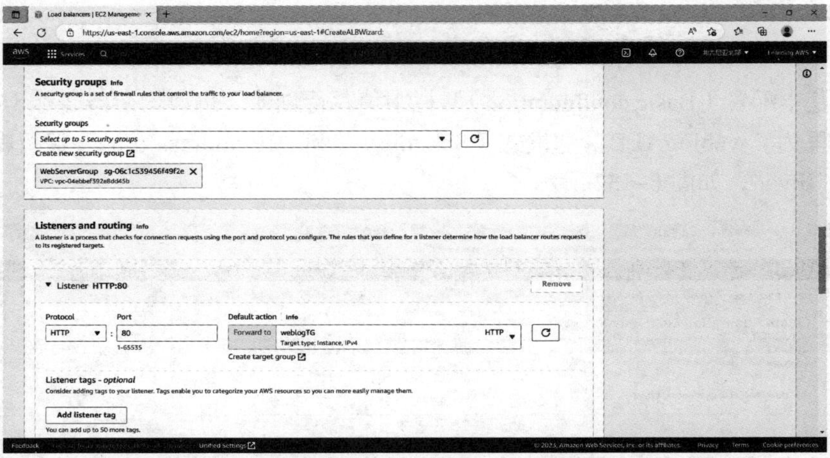

图 6-134 配置 Application Load Balancer 的安全组与侦听器

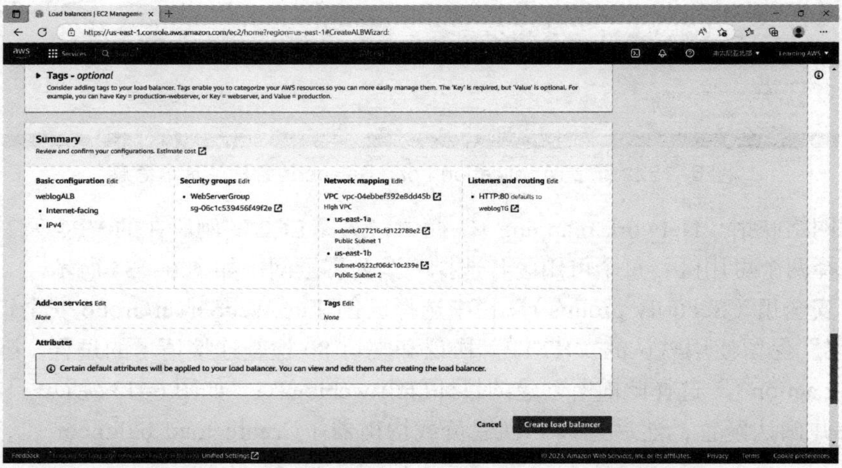

图 6-135 确认 Application Load Balancer 配置并创建

7）在"Application Load Balancer"列表中选择并查看所创建的 weblogTG，并在"Details"栏中复制负载均衡器的"DNS 名称（DNS name）"（此处为"weblogALB-2117553817.us-east-1.elb.amazonaws.com"）。使用该 DNS 名称作为 URL 地址，通过浏览器访问测试所创建的 Application Load Balancer，如图 6-136 所示。

图 6-136 测试 Application Load Balancer

8）（可选）返回"WordPress"管理页面，在左侧窗口栏中选择"设置"，并在"常规选项"中将 Weblog "站点地址"修改为所创建 Application Load Balancer 的地址（图略）。

注意：由于实验中 EC2 所使用的公有 IP 地址为弹性 IP 地址，因此，EC2 实例的 DNS 域名也会随实例 IP 地址的变化（如实例重启）而变化。

2. 部署 Auto Scaling

（1）创建 Weblog 映像文件

1）在 Amazon EC2 控制台导航窗格的"实例"类下，选择"实例"，并在右侧窗格的实例列表栏中选择待创建映像的实例"HA-WordPress"。随后在"操作"菜单栏下选择"映像和模板"下的"创建映像"，以创建"HA-WordPress"实例的映像文件，如图 6-137 所示。

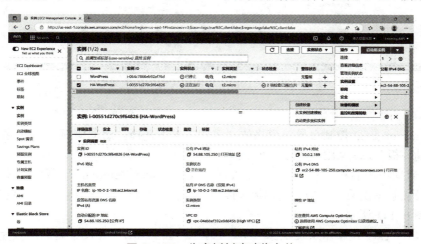

图 6-137 为实例创建映像文件

2）在"映像名称"栏中填写"HA-Weblog-Final-AMI"，命名待创建的实例映像文件，并填写"映像描述"，随后单击页面底端的"创建映像"按钮，以创建该实例的映像文件，如图 6-138 所示。

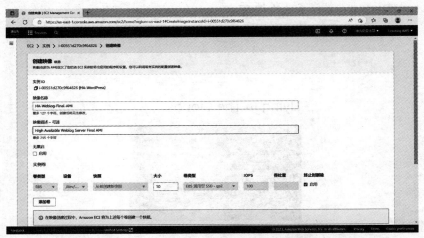

图 6-138 命名待创建实例的映像文件

3）在 Amazon EC2 控制台左侧导航窗格的"映像"类下选择"AMI"，查看 AMI 列表确认该映像文件已成功创建，如图 6-139 所示。

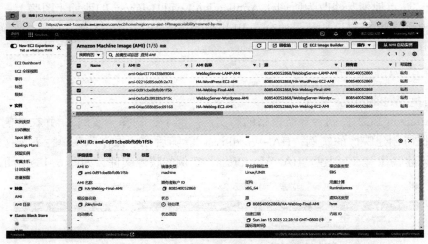

图 6-139 确认已成功创建实例的映像文件

（2）创建启动模板

1）在 Amazon EC2 控制台导航窗格的"实例"类下选择"启动模板"，随后在右侧窗格单击"创建启动模板"以开始创建模板，如图 6-140 所示。

2）在"启动模板名称"栏中填写"HA-Weblog-LaunchTemplate"，命名待创建的启动模板，并在"模板版本说明"栏中对此模板加以说明。在"Auto Scaling 指导"下选择复选框以提供指导，如图 6-141 所示。

3）在"应用程序和操作系统映像"中，选择"我的 AMI"并设置启动模板使用此前所创建的映像文件"HA-Weblog-Final-AMI"，如图 6-142 所示。

第 2 篇 玩转云计算

图 6-140 创建实例启动模板

图 6-141 命名待创建启动模板

图 6-142 设置启动模板使用此前创建的映像文件

4)在"实例类型"中选择"t2.micro";在"Key pair(login)"中选择现有密钥对"weblog-key",如图 6-143 所示。

图 6-143 设置实例类型和密钥对

5)在"网络设置"中,设置"子网"信息不包括在启动模板中;在"防火墙(安全组)"设置中"选择现有的安全组"并选择"WebServerGroup";展开"高级网络配置"并选择启用"自动分配公有 IP",如图 6-144 所示。

图 6-144 设置启动模板的网络环境

6)在"高级详细信息"中,设置"IAM 实例配置文件"为"WordPress-S3FullAccess";设置"主机名类型"为"IP 名称";设置"DNS 主机名"为"启用基于资源的 IPv4(A 记录)DNS请求",如图 6-145 所示。

7)其余"高级详细信息"保留默认设置的"请勿包括在启动模板中"。在确认参数无误后,单击页面右侧的"创建启动模板"按钮,查看并确认已成功创建启动模板,如图 6-146 所示。

(3)使用启动模板创建 Auto Scaling 组

1)在 Amazon EC2 控制台导航窗格中选择"Auto Scaling 组",随后在右侧窗格中选择"创建 Auto Scaling 组";或在"启动模板"页面的"操作"菜单下选择"创建 Auto Scaling 组",直接开始创建 Auto Scaling 组,如图 6-147 所示。

第 2 篇 玩转云计算

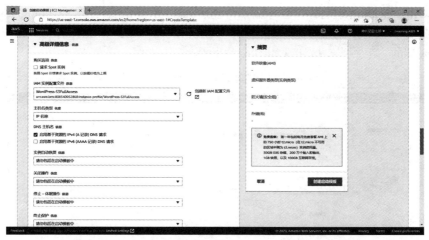

图 6-145　设置启动模板的高级详细信息

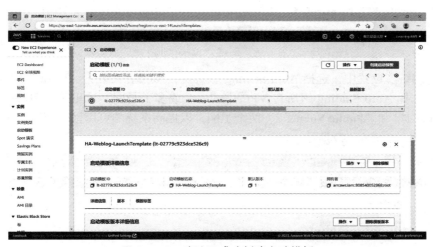

图 6-146　确认已成功创建启动模板

图 6-147　创建 Auto Scaling 组

2）在"Auto Scaling 组名称"栏中输入待创建 Auto Scaling 组名称"weblogASG"。对于启动模板，则选择"现有启动模板"中此前创建的启动模板"HA-Weblog-LaunchTemplate"。随后单击页面底端的"下一步"按钮，如图 6-148 所示。

图 6-148　命名并选择创建 Auto Scaling 组的启动模板

3）在"网络"设置中，选择 Auto Scaling 组所在的 VPC，此处为"High VPC"。对"可用区和子网"，选择 Auto Scaling 组所在 VPC 中的一个或多个子网，这里选择 High VPC 拥有的"Public Subnet 1"和"Public Subnet 2"两个子网，以提高系统的可用性。随后单击页面底端的"下一步"按钮，如图 6-149 所示。

图 6-149　设置 Auto Scaling 组的网络环境

4）在随后的"配置高级选项"中，设置"负载均衡"为"附加到现有负载均衡器"，并从"现有的负载均衡器目标组"中选择"weblogTG"。在"运行状况检查类型"中增加启用"ELB"选项。随后单击页面底端的"下一步"按钮，如图 6-150 所示。

5）在"配置组大小和扩展策略"中设置组的所需容量、最小容量和最大容量。随后单击页面底端的"下一步"按钮，如图 6-151 所示。

图 6-150　将 Auto Scaling 组附加到现有负载均衡器

图 6-151　设置 Auto Scaling 组容量

6）忽略可选项的"添加通知"，为待创建 Auto Scaling 组添加标签"weblogASG"，如图 6-152 所示。

图 6-152　为 Auto Scaling 组添加标签

7)单击"下一步"按钮,在"审核"页面,确认参数无误后单击页面底端的"创建 Auto Scaling 组",如图 6-153 所示。

图 6-153　审核并确认创建 Auto Scaling 组

8)返回"Auto Scaling 组"页面,确认已成功创建 Auto Scaling 组 weblogASG,状态显示为"正在更新容量",如图 6-154 所示。

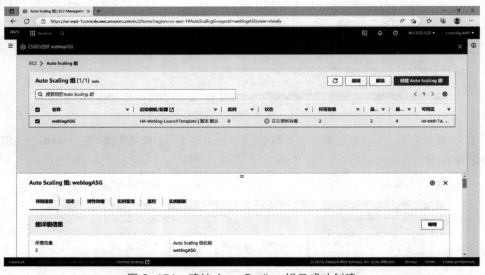

图 6-154　确认 Auto Scaling 组已成功创建

9)返回"实例"管理页面,查看右侧窗格的 EC2 实例列表,确认 Auto Scaling 组根据容量设置正在创建两个实例,并在稍后转为"正在运行"状态,如图 6-155 所示。

10)分别复制 weblogASG 在不同可用区所创建的正在运行的实例的链接,并在浏览器中使用该链接作为 URL 地址访问以测试 weblogASG 所创建的网站是否工作正常,如图 6-156 所示。

图 6-155　确认 Auto Scaling 组根据容量设置正在创建实例

图 6-156　确认 weblogASG 所创建的网站工作正常

第 7 章　公有云基础设施部署自动化

概述

基础设施即代码（Infrastructure as Code）是一种通过结构化、可编码文件的编写与执行来定义、自动化完成IT基础设施部署和更新的技术。基础设施即代码的核心思想是将IT基础设施、工具和服务，以及对IT基础设施的管理作为一个软件系统，基于软件工程实践，以结构化、安全的方式来管理复杂的IT基础设施构建与配置管理。

本章以部署Web网站项目为导向，引领学生分别使用Amazon CloudFormation Designer完成基于Amazon EC2实例的Web网站部署，及利用Amazon CloudFormation模板架设WordPress个人博客网站等任务，理解基础设施即代码工作原理，初步掌握使用Amazon CloudFormation部署和配置亚马逊云科技资源的基本流程和实现步骤，感受基础设施即代码IaC对烦琐的人工配置、管理和维护工作的替代作用。

学习目标

1. 理解CloudFormation及其运行机制；
2. 熟悉CloudFormation模板框架结构；
3. 掌握CloudFormation Designer创建堆栈部署亚马逊云科技资源的基本方法和流程；
4. 了解使用CloudFormation模板创建堆栈部署亚马逊云科技资源的基本方法和流程。

CloudFormation是亚马逊云科技的基础设施即代码IaC服务，用户可以用其简化基础设施管理、快速复制基础设施、轻松控制和跟踪对基础设施更新。CloudFormation Designer能够以图形化方式展示CloudFormation模板中资源及其之间的关系，帮助系统开发和管理人员理解、描述、创建和管理亚马逊云科技资源集合。系统开发和管理人员可以基于CloudFormation版本控制追溯资源配置，模拟新应用流程并对更新进行测试。

7.1　CloudFormation 原理概述

CloudFormation使用模板文件描述待部署云资源属性及其依赖关系，以堆栈创建方式部署和配置这些资源集合，并在它们的整个生命周期内对其进行管理。

7.1.1 CloudFormation 模板

1. 功能概述

CloudFormation 使用模板（Template）文件描述待部署云资源集合、配置参数及其相互关系。用户可以使用文本编辑器创建、编辑并保存模板，或使用 Amazon CloudFormation Designer 通过拖拽方式编辑资源及其属性来生成模板。利用亚马逊云科技管理控制台、亚马逊云科技命令行界面（CLI），或者调用 API，用户通过简单操作就可以部署模板所定义的资源，配置其属性及相互关系以创建云基础设施。

2. 模板结构

（1）文件格式

CloudFormation 模板（Template）文件采用 JSON（JavaScript Object Notation）或 YAML（Yet Another Markup Language）语法编写。JSON 是一种基于 JavaScript 语言的轻量级数据交换格式，采用完全独立于编程语言的文本格式来存储和表示数据。JSON 语法可以视为是 JavaScript 对象表示法的子集。YAML 则是一种语法简单的非标记语言，用以表达清单（数组）、散列表、标量等数据形态。YAML 本身并不包含可执行命令，多用于为其他语言执行代码提供模板文件、日志文件等服务层面的数据模型定义。

综合考虑 JSON 和 YAML 的语言特征与 CloudFormation 模板的资源描述特点，以及 JSON 语言在现实中的广泛应用，并且能够完全满足 CloudFormation 模板描述所有资源的需要，本章后续将使用 JSON 语言作为 CloudFormation 模板的描述语言。

（2）JSON 语法规则简介

1）JSON 名称 / 值对。

JSON 数据的书写格式为：名称 / 值对。字段名称包括在双引号中，后面是一个冒号，然后是值。其格式如下：

```
"firstName" : "John"
```

上述 JSON 语句等价于 JavaScript 语言中的：

```
firstName = "John"
```

2）JSON 值。

JSON 值可以是：

- 数字（整数或浮点数）；
- 字符串（在双引号中）；
- 逻辑值（true 或 false）；
- 数组（在方括号中）；
- 对象（在花括号中）；
- null。

3）JSON 对象。

JSON 对象在花括号中书写，对象可以包含多个名称 / 值对。其格式如下：

```
{ "firstName":"John" , "lastName":"Brown" }
```

上述 JSON 语句等价于 JavaScript 语言中的:

```
firstName = "John"
lastName = "Brown"
```

4) JSON 数组。

JSON 数组包括在方括号中。数组可以包含多个对象。其格式如下:

```
{
    "employees": [
        { "firstName":"John" , "lastName":"Brown" },
        { "firstName":"David" , "lastName":"Miller" },
        { "firstName":"Jane" , "lastName":" Smith " }
    ]
}
```

在上面例子中,对象"employees"是包含 3 个对象的数组。每个对象代表一条关于某人(姓和名)的记录。

(3) 代码结构

在 Amazon CloudFormation 模板中,代码根据亚马逊云科技资源进行分段。表 7-1 所示为 JSON 格式 CloudFormation 模板结构。

表 7-1 JSON 格式 CloudFormation 模板结构

```
{
  "AWSTemplateFormatVersion" : "version date",
  "Description" : "JSON string",
  "Metadata" : {
    template metadata
  },
  "Parameters" : {
    set of parameters
  },
  "Rules" : {
    set of rules
  },
  "Mappings" : {
    set of mappings
  },
  "Conditions" : {
    set of conditions
  },
  "Transform" : {
    set of transforms
  },
  "Resources" : {
    set of resources
  },
  "Outputs" : {
    set of outputs
  }
}
```

3. 模板结构剖析

表 7-2 展示了 CloudFormation 模板主要包含的 10 个部分，其中仅"Resources"部分是必需部分。虽然 CloudFormation 模板各个部分可以是任意顺序，由于后续部分的代码值可能会引用前面某个部分的值，因此，建议用户按照表 7-2 的逻辑顺序构建模板。

表 7-2　JSON 格式 CloudFormation 模板基本逻辑顺序

值	描述
AWSTemplateFormatVersion（可选）	用于描述模板所遵循的 Amazon CloudFormation 模板版本
Description（可选）	用于描述模板的字符串文本。此部分必须始终紧随在模板格式版本部分之后，且不能使用参数或者函数
Metadata（可选）	用于提供关于模板的其他详细信息的 JSON 或 YAML 对象，包括某些特定资源的实现细节
Parameters（可选）	用于在运行模板（创建或更新堆栈）时给模板传递需要自定义的值。用户可以引用模板中 Resources 和 Outputs 部分的参数
Rules（可选）	用于验证在创建或更新堆栈过程中传递给模板的参数或参数组合
Mappings（可选）	用于将密钥与一组对应的命名值相匹配。例如，用户根据区域设置值，创建将区域名称用作密钥且其中含有用户将为每个特定区域指定的值的映射
Conditions（可选）	用于定义是否创建某些资源或者在创建或更新堆栈过程中是否为某些资源属性分配值的条件。例如，用户可以根据堆栈是用于生产环境还是用于测试环境来有条件地创建资源
Transform（可选）	用于指定 CloudFormation 处理用户模板的一个或多个宏，用户可以在模板中声明一个或多个宏，CloudFormation 按照指定的顺序执行宏
Resources（必需）	用于指定堆栈包含的 Amazon 资源及其属性。例如，Amazon EC2 实例或 Amazon S3 存储桶。用户可以引用模板中 Resources 和 Outputs 部分的资源
Outputs（可选）	用于指定创建堆栈后的返回值，用户可以将这些值导入到其他堆栈中（以便创建跨堆栈引用）。例如，用户可以输出堆栈的 S3 存储桶名称，然后调用亚马逊云科技 CLI 命令"aws cloudformation describe-stacks"查看该名称

7.1.2　CloudFormation 堆栈

1. 功能概述

CloudFormation 使用模板创建的亚马逊云科技资源集合称为"堆栈"，即所有堆栈资源作为一个管理单元，均由 CloudFormation 模板定义、创建与更新。用户使用 CloudFormation 控制台、CloudFormation API 或 Amazon CLI 调用模板创建、更新和删除堆栈。

例如，CloudFormation 模板定义了包括 Web 服务器、Auto Scaling 组、Elastic Load Balancing 负载均衡器、Amazon Relational Database Service（Amazon RDS）数据库实例，以及联网规则等运行 Web 应用程序需要的所有资源。用户使用该模板创建的 CloudFormation 堆栈就是这些资源的集合及其配置。如果用户不再需要运行该 Web 应用程序，则可以通过删除堆栈来清除所创建的相关资源。

2. 创建堆栈

CloudFormation 创建堆栈时对亚马逊云科技资源和服务的所有调用与配置，都是根据用户在模板中的定义进行。例如，用户有一个描述 t1.micro 实例类型的 EC2 实例模板。当用户使用该模板创建堆栈时，CloudFormation 将调用创建 Amazon EC2 实例的 API 并将该实例类型指定为 t1.micro。CloudFormation 创建堆栈的流程如图 7-1 所示。

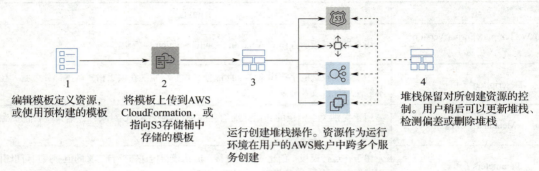

图 7-1 CloudFormation 创建堆栈的流程

1）用户使用 CloudFormation Designer 或文本编辑器，创建或修改 CloudFormation 模板，定义需要创建的资源及其设置。用户在 CloudFormation 模板中声明创建一个 EC2 实例，并对该 EC2 实例的属性进行描述见表 7-3。

表 7-3 用于创建 EC2 实例的模板（JSON 格式）

JSON 格式样例
| ```
{
  "AWSTemplateFormatVersion" : "2010-09-09",
  "Description" : "A simple EC2 instance",
  "Resources" : {
    "MyEC2Instance" : {
      "Type" : "AWS::EC2::Instance",
      "Properties" : {
        "ImageId" : "ami-0ff8a91507f77f867",
        "InstanceType" : "t1.micro"
      }
    }
  }
}
``` |

2）用户在本地或在 S3 存储桶中保存该模板用以创建堆栈。用户如果是新创建一个模板，可以使用 JSON 格式（.json）、YAML 格式（.yaml）或文本格式（.txt）保存该模板。

3）用户为 CloudFormation 指定用来创建堆栈的模板文件所在的位置（本地计算机路径或 Amazon S3 URL）。CloudFormation 通过调用模板中所描述的亚马逊云科技资源来创建堆栈并配置这些资源。如果模板包含参数，用户可以在创建堆栈时指定输入值，利用参数将相关数值传入模板，供其在创建堆栈时定义资源。

4）堆栈中的所有资源成功创建后，CloudFormation 会报告用户堆栈创建完毕。用户就可以
```

使用堆栈中的资源。如果堆栈创建失败，CloudFormation 会删除堆栈已创建的资源并回滚用户的更改。

注意：CloudFormation 只能执行亚马逊云科技用户所拥有的权限操作。例如，使用 CloudFormation 创建 EC2 实例，亚马逊云科技用户需要具有创建该实例的权限。同理，用户在删除带实例的堆栈时，同样需要拥有终止该实例的权限。用户可以使用 Amazon Identity and Access Management（IAM）管理权限。

3. 更新堆栈

（1）更新方法

用户在更新堆栈资源时，不需要创建新堆栈并删除旧堆栈，CloudFormation 提供两种方法用于更改堆栈运行的资源及设置，即直接更新和更改集（Change Set）。

1）直接更新：用户通过提交更新后的模板或者针对堆栈中的资源更新输入参数值更新堆栈。CloudFormation 会基于提交内容与堆栈资源的当前状态进行比对，并只更新需要更改的资源。例如，用户通过更新堆栈来更改堆栈现有 EC2 实例的 AMI ID。直接更新适用于需要 CloudFormation 快速部署更新的情况。

2）更改集：用户可以预览 Amazon CloudFormation 将对堆栈进行的更改，然后决定是否应用这些更改。更改集是 JSON 格式文档，汇总 CloudFormation 将对堆栈进行的更改。用户可以使用 CloudFormation 控制台、Amazon CLI 或 CloudFormation API 来创建和管理更改集。更改集更新堆栈，适用于用户希望了解更改可能对正在运行的资源（特别是关键资源）产生的影响，确保更改不会出现意外，或者希望考虑多个选项的情况。例如，在更新期间可以使用更改集来验证 CloudFormation 是否会替换用户堆栈的数据库实例。

（2）更改集使用流程

CloudFormation 可以将用户提交的修改模板与原始模板进行比较生成一个更改集，并列出建议的更改。使用更改集，用户可以预览将要对堆栈进行的更改可能会对正在运行的资源产生的影响（例如，是否会删除或替换任何关键资源），并在审核后确定是否启动更改集来更新堆栈，或者创建新的更改集。

图 7-2 是使用更改集更新堆栈的流程。CloudFormation 只有在用户决定执行更改集时，才会对堆栈进行更改。因此，用户可以决定是否继续执行所提交的更改，或者创建另一个更改集来探索其他更改。

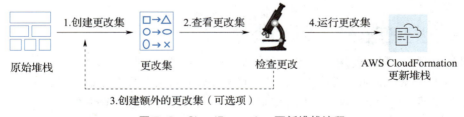

图 7-2 CloudFormation 更新堆栈流程

1）用户使用 CloudFormation Designer 或文本编辑器修改 CloudFormation 堆栈模板。例如，通过修改原始堆栈模板中的 InstanceType 属性值，更改 EC2 实例的实例类型。用户将修改后的

CloudFormation 模板保存在本地或 Amazon S3 存储桶中。用户通过指定需要更新的堆栈和修改后的模板位置（本地计算机路径或 Amazon S3 URL）来创建更改集。如果模板包含参数，则可以在创建更改集时指定参数值。

2）检查更改集并确认 CloudFormation 是否将执行预期更改。例如，检查 CloudFormation 是否将替换任何关键堆栈资源。

3）（可选项）用户可以创建多个更改集，直至包含用户需要的所有更改。

4）CloudFormation 执行应用于堆栈的更改集，并仅更新用户修改的资源来更新堆栈。CloudFormation 在完成堆栈更新后，发出已成功更新堆栈的消息。如果堆栈更新失败，CloudFormation 将回滚更改，将堆栈还原到上一个已知工作状态。

（3）资源更新属性

在堆栈更新过程中，CloudFormation 不会中断不需要更改的资源的运行。对于更新资源，CloudFormation 采用的更新方法取决于用户对相关资源类型的更新属性，以降低更改对应用程序的影响（亚马逊云科技在其资源类型参考中对每个属性的更新行为有具体描述）。

1）无中断更新：CloudFormation 更新资源时不会中断该资源的运行，也不更改该资源的物理 ID。例如，用户更新 AWS::CloudTrail::Trail 资源的某些属性，CloudFormation 会跟踪更新是否出现中断。

2）暂时中断更新：CloudFormation 更新资源时可能会出现暂时性中断。例如，用户更新 AWS::EC2::Instance 资源的特定属性，在 CloudFormation 重新配置该 EC2 实例期间，实例可能会暂时停止服务。

3）替换（Replacement）：CloudFormation 在更新过程中将重新创建资源，并生成新的物理 ID。CloudFormation 需要先创建替换资源，然后将其他相关资源的引用更改指向替换资源，最后才删除旧资源。例如，用户更新 AWS::EC2::Instance 资源类型的 AvailabilityZone 属性，CloudFormation 会创建新资源再将当前 EC2 实例资源替换为新资源。

4. 删除堆栈

用户可以使用 CloudFormation 控制台、CloudFormation API 或 Amazon CLI 删除指定堆栈。CloudFormation 删除堆栈时将删除该堆栈包含的所有资源，并在该堆栈所有资源删除后，发出相关堆栈已被用户成功删除的消息。如果 CloudFormation 无法删除堆栈资源，那么堆栈将不会被删除，而所有未被删除资源都将保留，直至用户成功将该堆栈删除。如果用户需要删除某个堆栈但又希望保留该堆栈中的某些资源，可使用删除策略来保留这些资源。

7.2 使用 CloudFormation 部署 Web 网站

本项目包括两个阶段：使用 CloudFormation Designer，以可视化方式在 VPC 中部署 Web 网站，理解 CloudFormation 如何通过模板描述、堆栈创建、部署和配置云资源及其依赖关系的基本流程和实现步骤；使用 Amazon 提供 CloudFormation 模板快速部署 Web 网站，感受基础设施即代码 IaC 对烦琐的人工部署、配置和管理云资源工作的替代作用。

7.2.1 使用 CloudFormation Designer 创建堆栈

在本阶段，将使用 CloudFormation Designer 创建一个模板文件，用于在 VPC 中部署一个单

EC2 实例 Web 网站系统（用户在计划创建堆栈的区域已拥有 Amazon EC2 密钥对），如图 7-3 所示，并使用该模板部署一个相应的堆栈。

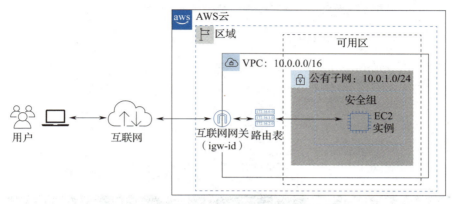

图 7-3　单 EC2 实例 Web 网站系统堆栈

1. 创建 CloudFormation 模板

用户通过 Amazon CloudFormation 创建堆栈，首先可以使用 CloudFormation Designer 创建模板，用以添加所需资源。

1）登录亚马逊云科技管理控制台，在"管理与监管"服务分类下选择 CloudFormation，打开 CloudFormation 控制台，单击"创建堆栈"按钮，如图 7-4 所示。

图 7-4　使用 CloudFormation 创建堆栈

2）选择"在设计器中创建模板"调用 CloudFormation Designer，并在页面下半部分单击"在设计器中创建模板"按钮，如图 7-5 所示。

3）在集成设计器页面的下半部分中，选择"编辑"将新建空白模板的名称更改为"MyWebsite"。确认修改，并将在后续步骤中，通过添加资源使其有效，如图 7-6 所示。

图 7-5 选择"在设计器中创建模板"

图 7-6 创建名为"MyWebsite"的模板文件

2. 向新建模板添加资源并建立连接

用户需要在模板内添加资源,并在资源间建立连接来描述其相互关系(例如,将实例与安全组关联)。

1)在"资源类型"窗格的"EC2"类别下选择 VPC 资源并将其拖动放置到右侧"画布"窗格上。根据亚马逊云科技的资源类别组织,本项目后续添加的资源均属于"EC2"类别,如图 7-7 所示。

2)重命名 VPC。

① 选择 VPC 资源。

② 在集成编辑器中,选择编辑图标。

③ 将名称更改为"VPC",然后按 <Enter> 键确认更改,如图 7-8 所示。

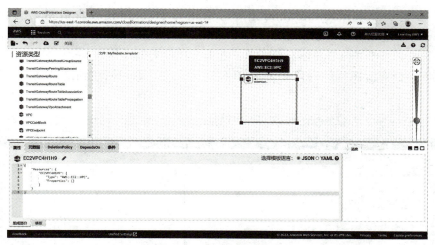

图 7-7 创建 VPC 资源

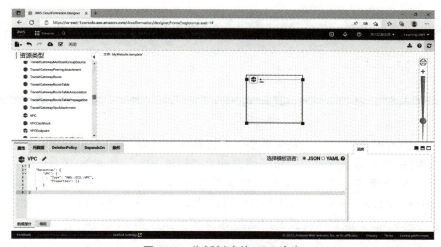

图 7-8 为新创建的 VPC 命名

Amazon CloudFormation Designer 会立即修改模板以包含 VPC 资源，也就是在模板中添加以下代码段（JSON 格式）描述该 VPC 资源。

JSON 格式代码

```
"Resources": {
    "VPC": {
        "Type": "AWS::EC2::VPC",
        "Properties": {},
        "Metadata": {
            "AWS::CloudFormation::Designer": {
                "id": "eb3fccf1-4334-4200-9b03-fdae150e81fb"
            }
        }
    }
}
```

注意：在重命名资源时，更改的是资源的逻辑 ID，即模板中引用的名称，而不是 CloudFormation 创建该资源时分配的名称。而该 VPC 的属性，例如，VPC 的 CIDR 块等，则在后续操作中指定。对于其他将要添加的资源，也需要执行类似操作。

3）拖动 VPC 资源图标的一角扩大该 VPC 图标，将其面积调整到足以容纳多项资源，如图 7-9 所示。

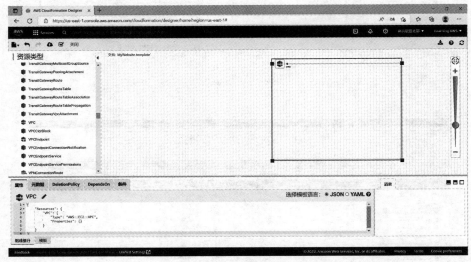

图 7-9　调整 VPC 图标的面积

4）在 VPC 中添加一个 Subnet 资源类型，并将其重命名为"PublicSubnet"。CloudFormation Designer 在向 VPC 中添加子网时，会将子网自动关联到该 VPC，如图 7-10 所示。

由于实例必须部署在子网内，因此用户需要首先添加一个用于部署该实例的子网，并使用该子网来划分 VPC 的 IP 地址范围（用户可以将其关联到其他亚马逊云科技资源，例如，Amazon EC2 实例），而不能直接将托管网站的 EC2 实例添加到 VPC 中。

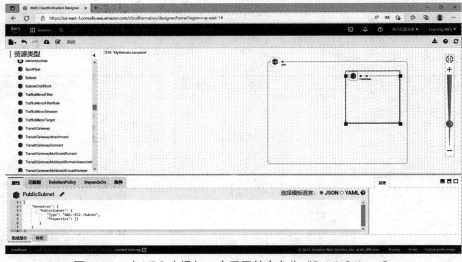

图 7-10　在 VPC 中添加一个子网并命名为"PublicSubnet"

5）向公共子网资源内添加一个 EC2 实例，并将其重命名为"WebServer"，如图 7-11 所示。该 EC2 实例将为托管的 Web 网站提供虚拟计算环境。同 PublicSubnet 子网与 VPC 的情况一样，向子网中添加实例会使实例自动关联到该子网。

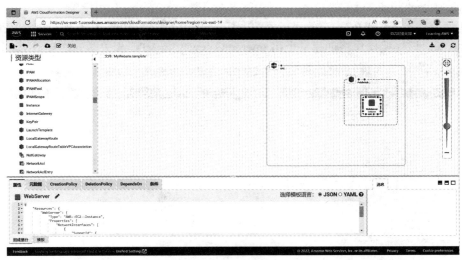

图 7-11　向 PublicSubnet 子网内添加一个 EC2 实例并重命名

6）在 VPC 中添加安全组，并将其重命名为"WebServerSG"，如图 7-12 所示。作为一种虚拟防火墙，WebServerSG 安全组在这里用以控制 Web 服务器实例的入站和出站流量。用户后续需要在指定实例属性时将 Web 服务器实例与此安全组关联。

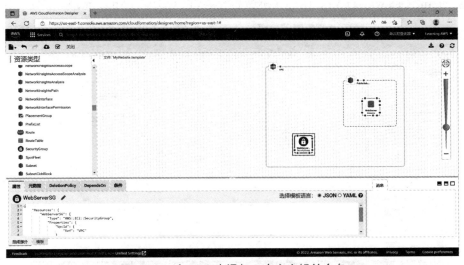

图 7-12　在 VPC 中添加一个安全组并命名

7）在 VPC 图标范围外的空白画布处添加一个 Internet 网关，并将其重命名为"InternetGateway"，如图 7-13 所示。Internet 网关用于 VPC 内实例与 Internet 进行通信。没有 Internet 网关，公众将无法从 Internet 访问所创建的 Web 网站。

8）在 InternetGateway 资源和 VPC 资源之间创建连接。

Internet 网关不会自动创建与 VPC 的关联，因此，用户建立 Internet 网关与 VPC 之间的关联。

① 在 InternetGateway 资源上，将鼠标指针悬停在 Internet 网关连接（AWS::EC2::VPCGatewayAttachment）上。

② 拖动一个连接到 VPC。有效目标资源图标的边界会改变颜色。在本项目中，VPC 是唯一有效目标资源。该连接操作将创建一个将 InternetGateway 与 VPC 相关联的连接资源。

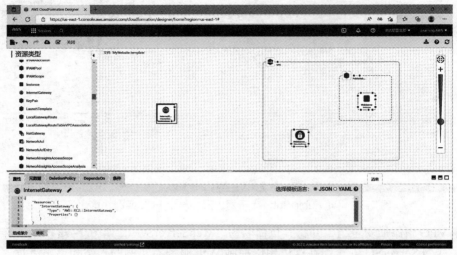

图 7-13　添加 Internet 网关并重命名

③ 将 InternetGateway 与 VPC 的连接重命名为"VPCGatewayAttachment"，如图 7-14 所示。

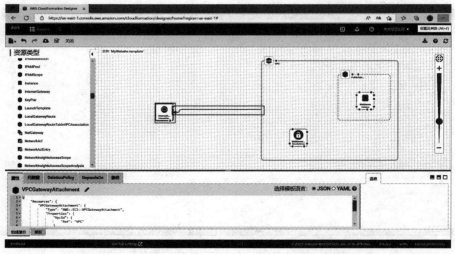

图 7-14　建立 InternetGateway 与 VPC 的连接并重命名

9）向 VPC 中添加路由表，并将其重命名为"PublicRouteTable"，用以添加路由引导子网内部的网络流量，如图 7-15 所示。该操作将为 VPC 关联一个新的路由表。

10）路由表通过路由规则将流量定向到指定目标，因此需要向路由表添加路由规则。这里是在 PublicRouteTable 资源内添加 Route 资源类型，并将其重命名为"PublicRoute"，如图 7-16 所示。

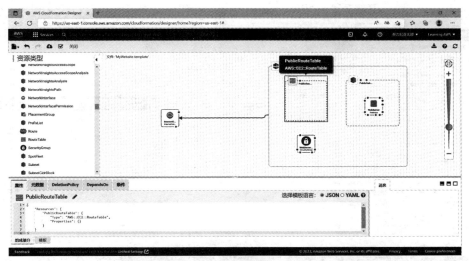

图 7-15 在 VPC 中添加路由表并重命名

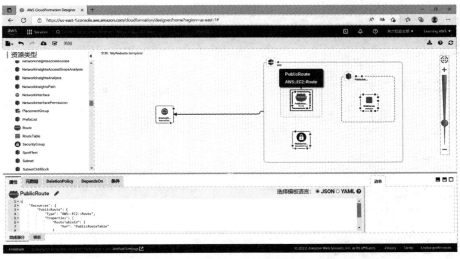

图 7-16 在 PublicRouteTable 路由表中添加路由规则并重命名

11）对于公有路由规则 PublicRoute，需要将 InternetGateway 作为目标。使用 GatewayId 创建从 PublicRoute 资源到 Internet 网关的连接（使用与在 InternetGateway 和 VPC 之间创建连接相同的拖拽操作方式），如图 7-17 所示。

注意：CloudFormation 只有在 "InternetGateway-VPC 连接" 关联建立之后，才能将 PublicRoute 资源与 InternetGateway 关联。这意味着还需要通过后续操作将其与 "InternetGateway-VPC 连接" 建立一个显式依赖关系。

12）通过以下操作在 PublicRoute 与 "VPCGatewayAttachment（InternetGateway–VPC 连接）" 之间建立显式依赖关系，如图 7-18 所示。

① 在 PublicRoute 资源上，将鼠标指针悬停在 DependsOn 点上。

② 拖拽一个连接到 "VPCGatewayAttachment（InternetGateway–VPC 连接）" 上。

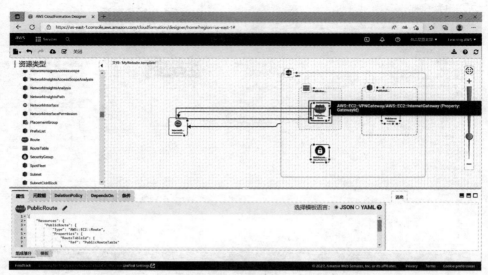

图 7-17 将 InternetGateway 作为 PublicRoute 规则的目标

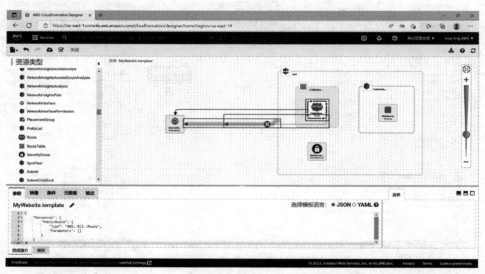

图 7-18 建立 PublicRoute 对 "InternetGateway-VPC 连接" 的显式依赖关系

通过 DependsOn，CloudFormation Designer 能够创建起始资源依赖于目标资源的依赖关系（DependsOn 属性）。在这里，CloudFormation Designer 为起始资源 PublicRoute 添加一个 DependsOn 属性，并指定其对 "InternetGateway-VPC 连接" 的依赖关系。

13）将鼠标指针悬停在 WebServer 资源的 DependsOn 点上，拖拽一个连接到 PublicRoute 资源，以建立 WebServer 实例对 PublicRoute 的依赖关系，如图 7-19 所示。WebServer 实例资源通过 PublicRoute 路由规则将流量路由到 Internet。

14）将鼠标指针悬停在 PublicRouteTable 资源的 DependsOn 点上，拖拽生成从 PublicRouteTable 资源到 PublicSubnet 资源的连接，如图 7-20 所示。

15）从 Amazon CloudFormation Designer 工具栏中，使用文件菜单（文件图标）将模板保存在本地，如图 7-21 所示。

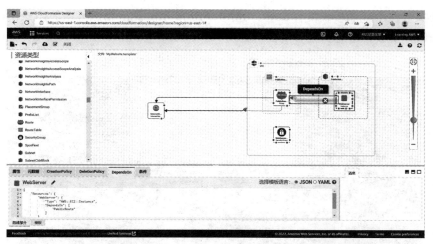

图 7-19 建立 WebServer 实例对 PublicRoute 的依赖关系

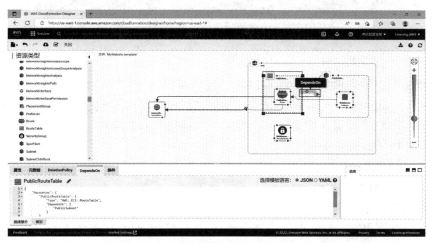

图 7-20 关联路由表与 PublicSubnet 子网

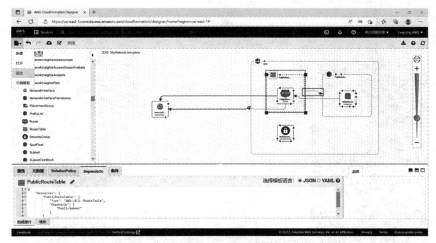

图 7-21 将 CloudFormation 模板保存到本地

16）为保存在本地的模板文件命名，如图7-22所示。此后用户可以使用该模板创建堆栈，并通过定期保存模板，避免丢失对模板的更改。

图7-22　命名模板文件并将其保存到本地

3. 添加参数、映射和输出

使用此模板创建堆栈前，用户还可以添加其他模板组件，以便在不同环境下复用该模板。用户需要使用CloudFormation Designer集成编辑器对模板组件进行修改，添加参数、映射和输出。在此之后，用户才可以在指定资源属性时引用这些参数和映射（本项目仅提供JSON版示例，用户可以将其复制到集成编辑器中）。

（1）添加参数

参数是用户在创建堆栈时指定的输入值，使用户不必在模板中使用硬编码值。例如，用户可以在创建堆栈时使用参数指定实例类型，而不必在模板中硬编码Web服务器的实例类型。利用参数，用户可以使用同一个模板创建多个具有不同实例类型的Web服务器。

1）在CloudFormation Designer中打开此前保存而未完成"MyWebsite"模板文件，"画布"窗格将展现此前所创建的资源及其相互连接，如图7-23所示。

图7-23　选择并打开保存的CloudFormation模板文件

2）单击 CloudFormation Designer 画布空白区域，可以编辑模板级组件；而编辑某个资源级组件，则需要选定该资源。

根据用户的选择，集成编辑器将显示用户可以编辑的模板级或资源级组件。对模板级组件，用户可以编辑除资源部分外的所有其他部分，如模板参数、映射、输出等；对资源级组件，用户可以编辑资源特征和属性。

3）单击 CloudFormation Designer 画布空白区域，并在集成编辑器窗格中选择"参数"选项卡。该编辑器具有自动完成功能，用户可以方便地手动指定每个属性，如图 7-24 所示。

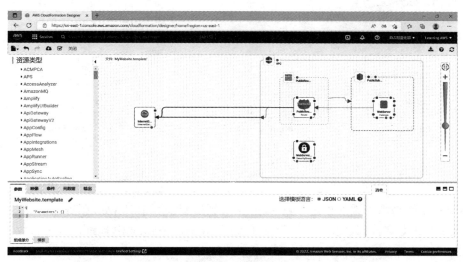

图 7-24　选择"参数"选项卡

4）将 JSON 格式的"Parameters"文件内容复制粘贴到集成编辑器"参数"选项卡中，如图 7-25 所示（亚马逊云科技支持 JSON 或 YAML 代码段，本项目仅使用 JSON 代码，下同）。

JSON 格式

```
{
  "Parameters": {
    "InstanceType" : {
      "Description" : "WebServer EC2 instance type",
      "Type" : "String",
      "Default" : "t2.micro",
      "AllowedValues" : [
        "t1.micro",
        "t2.nano",
        "t2.micro",
        "t2.small",
        .................
        "cc2.8xlarge",
        "cg1.4xlarge"
      ],
      "ConstraintDescription" : "must be a valid EC2 instance type."
    },
```

(续)

JSON 格式
| ```
    "KeyName": {
      "Description": "Name of an EC2 KeyPair to enable SSH access to the instance.",
      "Type": "AWS::EC2::KeyPair::KeyName",
      "ConstraintDescription": "must be the name of an existing EC2 KeyPair."
    },
    "SSHLocation": {
      "Description": " The IP address range that can be used to access the web server using SSH.",
      "Type": "String",
      "MinLength": "9",
      "MaxLength": "18",
      "Default": "0.0.0.0/0",
      "AllowedPattern": "(\\d{1,3})\\.(\\d{1,3})\\.(\\d{1,3})\\.(\\d{1,3})/(\\d{1,2})",
      "ConstraintDescription": "must be a valid IP CIDR range of the form x.x.x.x/x."
    }
  }
}
``` |

上述 JSON 代码用于添加指定 Web 服务器实例类型、用于对 Web 服务器进行 SSH 访问的 Amazon EC2 密钥对名称,以及可以通过 SSH 访问 Web 服务器的 IP 地址范围等参数。

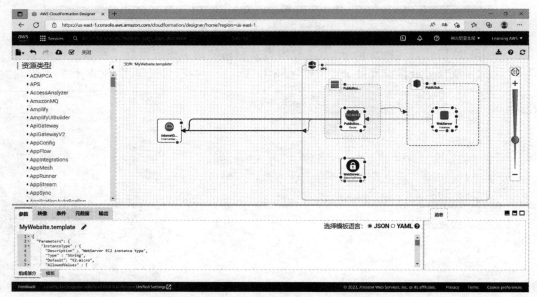

图 7-25 将相关"参数"添加到模板中

(2) 添加映像

"映像"是一组与"名称–值对"相关联的键,用于根据输入参数指定值。在本项目中,用户可以使用映像基于实例类型和创建堆栈的区域为 EC2 实例指定一个 AMI ID。

1) 在集成编辑器窗格中,选择"映像"选项卡,如图 7-26 所示。
```

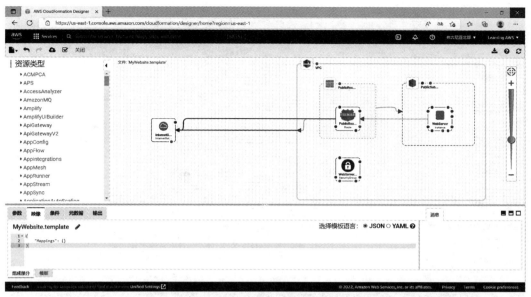

图 7-26 选择"映像"选项卡

2）将 JSON 格式的"Mappings"文件内容复制粘贴到集成编辑器的"映像"选项卡中，如图 7-27 所示。

JSON 格式

```
{
  "Mappings" : {
    "AWSInstanceType2Arch" : {
      "t1.micro"     : { "Arch" : "HVM64"  },
      "t2.nano"      : { "Arch" : "HVM64"  },
      "t2.micro"     : { "Arch" : "HVM64"  },
      "t2.small"     : { "Arch" : "HVM64"  },
      ................................................
      "cr1.8xlarge"  : { "Arch" : "HVM64"  },
      "cc2.8xlarge"  : { "Arch" : "HVM64"  }
    },
    "AWSRegionArch2AMI" : {
      "us-east-1"         : {"HVM64" : "ami-0ff8a91507f77f867", "HVMG2" : "ami-0a584ac55a7631c0c"},
      "us-west-2"         : {"HVM64" : "ami-a0cfeed8", "HVMG2" : "ami-0e09505bc235aa82d"},
      ..............................
      "cn-northwest-1"    : {"HVM64" : "ami-6b6a7d09", "HVMG2" : "NOT_SUPPORTED"}
    }
  }
}
```

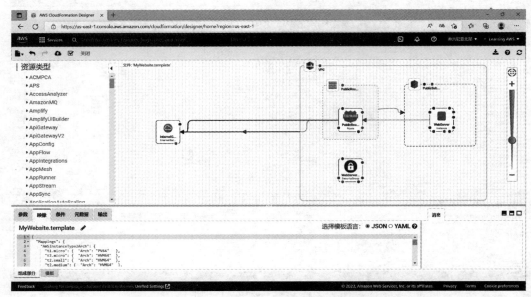

图 7-27　通过"映射"为模板的输入参数指定值

（3）添加输出

输出用于声明用户需要开放给 Describe Stacks API 调用或通过 CloudFormation 控制台的堆栈"输出"选项卡显示的值。本项目将输出堆栈所创建网站的 URL，供用户通过浏览器查看。

1）在集成编辑器窗格中，选择模板的"输出"选项卡，如图 7-28 所示。

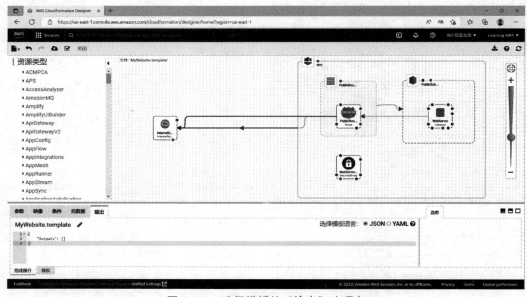

图 7-28　选择模板的"输出"选项卡

2）将 JSON 格式的"Outputs"文件内容复制粘贴到集成编辑器"输出"选项卡中，如图 7-29 所示。

JSON 格式

```json
{
  "Outputs": {
    "URL": {
      "Value": {
        "Fn::Join": [
          "",
          [
            "http://",
            {
              "Fn::GetAtt": [
                "WebServer",
                "PublicIp"
              ]
            }
          ]
        ]
      },
      "Description": "Newly created application URL"
    }
  }
}
```

上述 JSON 格式代码，使用 Fn::GetAtt 内部函数获取堆栈 WebServer 实例的公有 IP 地址并"输出"。

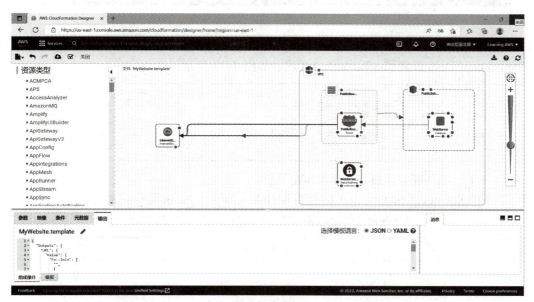

图 7-29　通过"输出"获取模板的相关参数值

3）再次保存模板，以免丢失配置更改信息。用户可以将更改信息安全地保存到此前所创建的模板文件。至此，模板的参数、映射和输出均已配置完成。

4. 指定资源属性

模板中，许多资源还需要定义其配置或设置属性。例如，Web 服务器需要使用的实例类型。与前面的方法相同，用户需要使用 CloudFormation Designer 集成编辑器设置资源的属性（本项目提供 JSON 格式文件示例，用户可以将其复制粘贴到集成编辑器中）。

- 指定资源属性

1）在画布上选择 VPC 资源。集成编辑器将显示用户可以编辑的资源级 VPC 组件的特性，在集成编辑器窗格中选择"属性"选项卡，如图 7-30 所示。

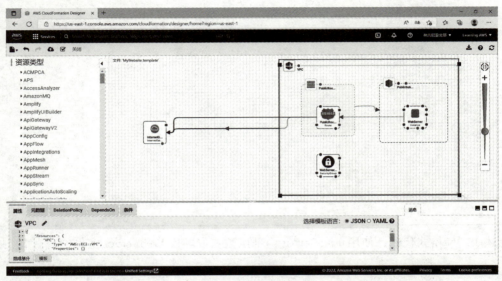

图 7-30　选择"属性"选项卡

2）复制以下 JSON 代码段，并将其粘贴到集成编辑器中"属性"的大括号（{}）之间。此段代码用以指定 DNS 设置和 VPC 的 CIDR 块，如图 7-31 所示。

JSON 格式

`"EnableDnsSupport": "true",`
`"EnableDnsHostnames": "true",`
`"CidrBlock": "10.0.0.0/16"`

3）对以下资源重复上述过程，添加相应属性。

① PublicSubnet。在 VPC ID 属性后面添加以下 CIDR 块属性。将子网拖到 VPC 中，Amazon CloudFormation Designer 自动添加 VPC ID 属性，如图 7-32 所示。

JSON 格式

`"VpcId": {`
`  "Ref": "VPC"`
`},`
`"CidrBlock": "10.0.0.0/24"`

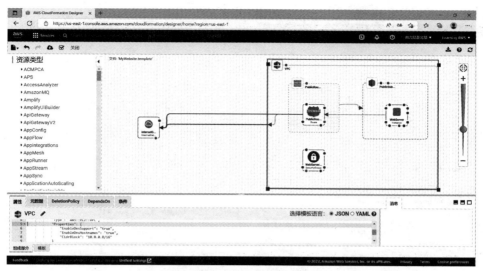

图 7-31　将 DNS 和 CIDR 块设置添加到 VPC "属性" 中

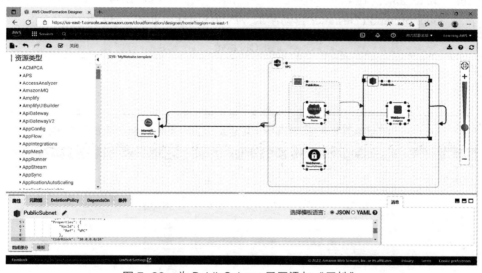

图 7-32　为 PublicSubnet 子网添加 "属性"

② PublicRoute。添加下面的目标 CIDR 块属性（该属性将所有流量定向到 InternetGateway），如图 7-33 所示。

JSON 格式
| ```
"DestinationCidrBlock": "0.0.0.0/0",
"RouteTableId": {
  "Ref": "PublicRouteTable"
},
"GatewayId": {
  "Ref": "InternetGateway"
}
``` |
```

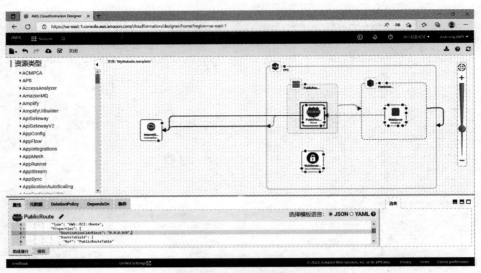

图 7-33 为 PublicRoute 添加"属性"

③ PublicRouteTable。在 PublicRouteTable 的属性中添加 VPC 属性。将 PublicRouteTable 拖到 VPC 中，CloudFormation Designer 自动添加 VPC ID 属性，如图 7-34 所示。

JSON 格式

"VpcId": {
　"Ref": "VPC"
}

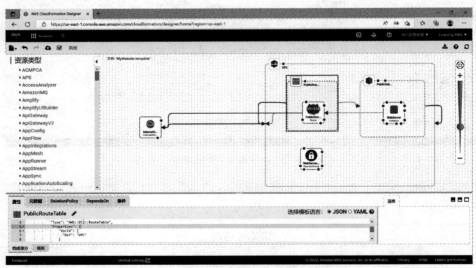

图 7-34 为 PublicRouteTable 添加"属性"

④ WebServerSG。添加下面的入站规则，用以确定哪些流量可以到达 WebServer 实例。这些规则允许所有的 HTTP 和特定的 SSH 流量（在创建堆栈时通过参数值指定）通过，如图 7-35 所示。

JSON 格式

```json
"VpcId": {
    "Ref": "VPC"
},
"GroupDescription": "Allow access from HTTP and SSH traffic",
"SecurityGroupIngress": [
    {
        "IpProtocol": "tcp",
        "FromPort": 80,
        "ToPort": 80,
        "CidrIp": "0.0.0.0/0"
    },
    {
        "IpProtocol": "tcp",
        "FromPort": 443,
        "ToPort": 443,
        "CidrIp": "0.0.0.0/0"
    },
    {
        "IpProtocol": "tcp",
        "FromPort": 22,
        "ToPort": 22,
        "CidrIp": {
            "Ref": "SSHLocation"
        }
    }
]
```

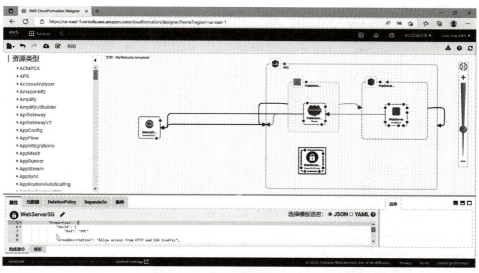

图 7-35 为安全组添加"属性"

⑤ WebServer 实例。用户需要为托管 Web 服务器的 EC2 实例指定某些属性。本项目仅重点介绍部分属性。

- **InstanceType 属性**：创建堆栈时，需要以参数值的形式指定实例类型，这里使用前面用户指定的参数和映射值。
- **ImageId 属性**：ImageId 值是基于堆栈区域和指定实例类型的映射，这里使用前面用户指定的参数和映射值（这里将采用硬编码方式，将其指定为此前所创建的私有 AMI）。
- **NetworkInterfaces 属性**：指定托管 Web 服务器的 EC2 实例的网络设置。该属性使用户能够将安全组和子网关联到实例，因此在指定 NetworkInterfaces 属性时，必须在该属性中指定子网和安全组。使用 NetworkInterfaces 属性是用户为托管 Web 服务器的 EC2 实例提供公有 IP 地址的唯一方式，尽管 Amazon CloudFormation Designer 使用 SubnetId 属性来关联实例和子网。
- **UserData 属性**：用户在其中指定实例启动并运行后的配置脚本。所有配置信息均在实例的元数据中定义（这将在下一步中添加）。

将 JSON 格式的"WebServerProperties"文件内容复制粘贴到集成编辑器 WebServer 实例资源的"属性"选项卡中，替换（不是附加到现有属性）所有属性，如图 7-36 所示。

JSON 格式

```
"InstanceType": {
  "Ref": "InstanceType"
},
"ImageId": {
  "Fn::FindInMap": [
    "AWSRegionArch2AMI",
    {
      "Ref": "AWS::Region"
    },
    {
      "Fn::FindInMap": [
        "AWSInstanceType2Arch",
        {
          "Ref": "InstanceType"
        },
        "Arch"
      ]
    }
  ]
},
"KeyName": {
  "Ref": "KeyName"
},
"NetworkInterfaces": [
  {
    "GroupSet": [
      {
        "Ref": "WebServerSG"
```

(续)

JSON 格式

```json
      }
    ],
    "AssociatePublicIpAddress": "true",
    "DeviceIndex": "0",
    "DeleteOnTermination": "true",
    "SubnetId": {
      "Ref": "PublicSubnet"
    }
  }
],
"UserData": {
  "Fn::Base64": {
    "Fn::Join": [
      "",
      [
        "#!/bin/bash -xe\n",
        "yum install -y aws-cfn-bootstrap\n",
        "# Install the files and packages from the metadata\n",
        "/opt/aws/bin/cfn-init -v ",
        "         --stack ",
        {
          "Ref": "AWS::StackName"
        },
        "         --resource WebServer ",
        "         --configsets All ",
        "         --region ",
        {
          "Ref": "AWS::Region"
        },
        "\n",
        "# Signal the status from cfn-init\n",
        "/opt/aws/bin/cfn-signal -e $? ",
        "         --stack ",
        {
          "Ref": "AWS::StackName"
        },
        "         --resource WebServer ",
        "         --region ",
        {
          "Ref": "AWS::Region"
        },
        "\n"
      ]
    ]
  }
}
```

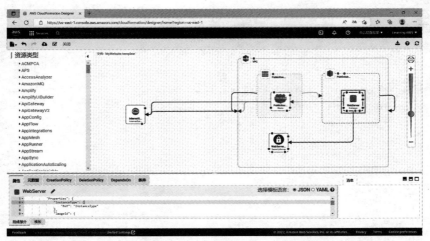

图 7-36　替换 WebServer 实例的"属性"

4）将用于托管 Web 服务器的 EC2 实例配置元数据添加到 WebServer 实例资源，如图 7-37 所示。

① 选择 WebServer 实例资源，然后在集成编辑器窗格中选择"元数据"选项卡。

② 如果是 JSON 格式编写的模板，则在 Metadata {} 内、AWS::CloudFormation::Designer 右括号后面添加一个逗号（,）。

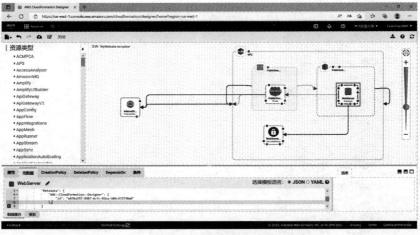

图 7-37　选择 EC2 实例资源的"元数据"

③ 在 AWS::CloudFormation::Designer 属性的后面添加下面的代码段，指示 cfn-init 帮助程序脚本启动 WebServer 服务器并创建基本网页，如图 7-38 所示。

JSON 格式
| ```
"AWS::CloudFormation::Init" : {
"configSets" : {
  "All" : [ "ConfigureSampleApp" ]
},
"ConfigureSampleApp" : {
  "packages" : {
``` |
```

（续）

JSON 格式

```
          "yum" : {
            "httpd" : []
          }
        },
        "files" : {
          "/var/www/html/index.html" : {
            "content" : { "Fn::Join" : ["\n", [
              "<h1>Hello, World! Using Amazon Cloudformation Designer, I have successfully launched the Website.</h1>"
            ]]},
            "mode"    : "000644",
            "owner"   : "root",
            "group"   : "root"
          }
        },
        "services" : {
          "sysvinit" : {
            "httpd"    : { "enabled" : "true", "ensureRunning" : "true" }
          }
        }
      }
    }
```

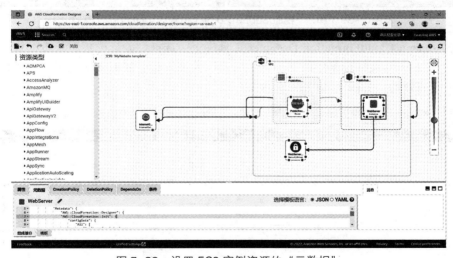

图 7-38　设置 EC2 实例资源的"元数据"

5）单击 CloudFormation Designer 集成编辑器窗格底部的"模板"选项卡。在模板文件中找到包含""WebServerSG":{"的行，然后将以下代码插入到该行的前面，如图 7-39 所示。

```
        "PublicSubnetRouteTableAssociation": {
            "Type": "AWS::EC2::SubnetRouteTableAssociation",
            "Properties": {
                "SubnetId": {
                    "Ref": "PublicSubnet"
```

```
                    },
                    "RouteTableId": {
                        "Ref": "PublicRouteTable"
                    }
                }
            },
```

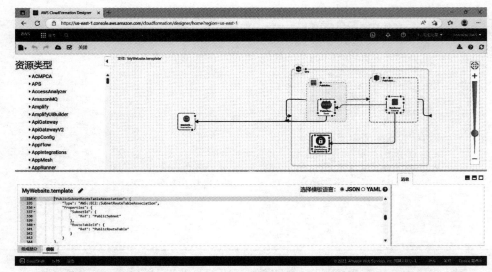

图 7-39 加入 PublicSubnetRouteTableAssociation 代码段

6）在 Amazon CloudFormation Designer 工具栏上，选择"验证模板"检查模板中的语法错误。查看并修复 Messages 窗格中的错误，然后再次验证模板。如果未看到错误，则说明用户的模板语法上是有效的，如图 7-40 所示。

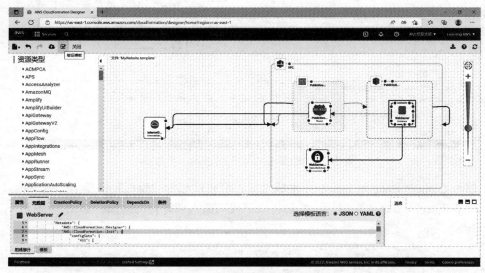

图 7-40 检查模板中的语法错误

7）保存完成的模板，以保存所有更改。

5. 部署资源

用户可以从 CloudFormation Designer 中启动 CloudFormation 创建堆栈向导，使用在上述过程中创建的模板创建一个 CloudFormation 堆栈。在 CloudFormation 完成所有资源的配置后，用户将拥有一个正常启动并运行的 Web 网站。

1）在 CloudFormation Designer 工具栏上，选择创建堆栈（云图标），如图 7-41 所示。

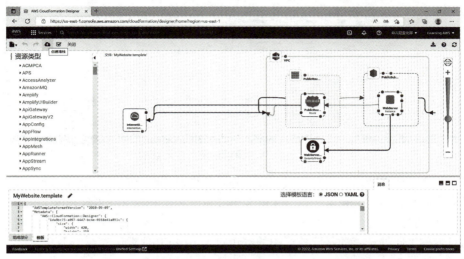

图 7-41　从 CloudFormation Designer 中创建堆栈

2）CloudFormation Designer 将打开的模板保存在 S3 存储桶中，然后启动 Amazon CloudFormation 创建堆栈向导。CloudFormation 使用用户每次上传模板时创建的同一 S3 存储桶，如图 7-42 所示。

图 7-42　上传模板文件到 S3 存储桶

3）Amazon CloudFormation 会自动填充模板 URL。之后选择"下一步"按钮，如图 7-43 所示。

4）在"指定堆栈详细信息"部分的"堆栈名称"字段中，输入堆栈名称，此处为"MyWebsite"。

图 7-43 填写调用模板文件的 URL

注意：堆栈名称是帮助用户从堆栈列表中查找特定堆栈的标识符。堆栈名称只能包含字母、数字、字符（区分大小写）和连字符，且该名称必须以字母开头，并不得超过 128 个字符。

5）在"参数"部分的"KeyName"字段中，输入要创建堆栈的同一区域中的有效 Amazon EC2 密钥对名称（此处选择的是此前使用的密钥对），保持其他默认参数值不变，然后选择"下一步"按钮，如图 7-44 所示。

图 7-44 填写"指定堆栈详细信息"

6）在本项目中，用户无须添加标签或指定高级选项设置，因此选择"下一步"按钮，如图 7-45 所示。

7）审核堆栈设置，确保堆栈名称与 Amazon EC2 密钥对名称正确，然后选择"创建堆栈（Create）"，如图 7-46 所示。

8）Amazon CloudFormation 创建堆栈可能需要几分钟时间，可以通过查看堆栈事件监控进度，并确认堆栈创建成功，如图 7-47 所示。

图 7-45　完成"高级选项"设置

图 7-46　对堆栈设置进行审核

图 7-47　创建堆栈

9）堆栈创建成功后，查看堆栈输出并复制 URL，如图 7-48 所示。

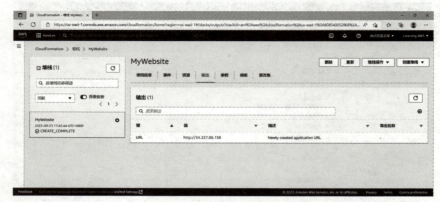

图 7-48　查看堆栈输出并复制 URL

10）使用 URL 访问网站确认网站正在运行，如图 7-49 所示。

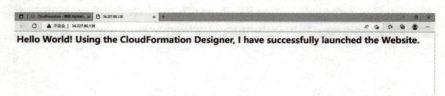

图 7-49　使用 URL 访问并验证堆栈已成功创建网站

11）单击"删除"按钮回收堆栈所创建的资源，如图 7-50 所示。

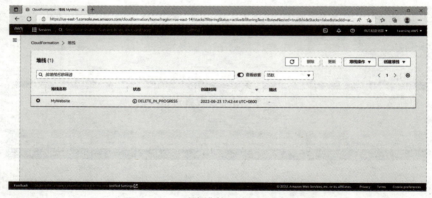

图 7-50　删除堆栈回收所创建资源

7.2.2　使用 CloudFormation 模板部署 Web 网站

在本阶段，使用一个下载的 Amazon CloudFormation 示例模板，快速创建一个类似于第 4 章所构建的单 EC2 实例 WordPress 网站的 CloudFormation 堆栈。

1. 获取 CloudFormation 示例模板

（1）了解 CloudFormation 示例模板资源

Amazon 免费提供各种用途的 CloudFormation 示例模板，供用户直接使用模板 Cloud-

Formation 堆栈来试运行相关服务。用户可以通过浏览相关网站并获取模板。

注意：亚马逊云科技建议用户仅将示例模板作为创建自己模板的基础，而不是直接用于部署生产级环境。

（2）下载模板

用户可以将选择的 CloudFormation 模板文件下载到本地保存，用于后续创建 CloudFormation 堆栈，如图 7-51 所示。

（3）任务分析

为完成本任务，用户将通过 Amazon CloudFormation 控制台，使用亚马逊云科技所提供的 CloudFormation 模板文件，创建堆栈，实现亚马逊云科技各种资源的自动化部署和配置，将此前烦琐的手工配置云基础设施过程简化为 CloudFormation 模板文件的若干操作步骤。

图 7-51　可供下载的 CloudFormation 模板文件

2. 使用 CloudFormation 示例模板创建堆栈

1）登录亚马逊云科技管理控制台并进入 CloudFormation 控制台页面，选择"创建堆栈"按钮，如图 7-52 所示。

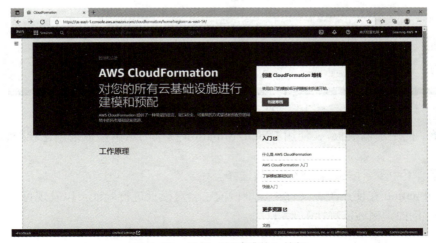

图 7-52　选择"创建堆栈"按钮

2）在打开的"指定模板"页面上，使用相应选项选择堆栈模板。

① 如果选择"模板已就绪"，且模板在指定的 S3 存储桶中，则在 Amazon S3 URL 字段中输入相应的 URL，如图 7-53 所示。

图 7-53　选择在 S3 存储桶中的指定模板

② 如果选择"模板已就绪"，且模板文件保存在本地计算机，则选择"上传模板文件"，并通过"选择文件"，从模板所在的本地路径选择要上传的模板文件。对于用户选择的本地模板，CloudFormation 将上传此文件并显示 S3 URL，如图 7-54 所示。

图 7-54　选择要上传的模板文件

③ 选择"使用示例模板"，使用 CloudFormation 提供的示例模板来创建堆栈，如图 7-55 所示。

3）选择"下一步"按钮确认对模板的选择。

CloudFormation 在使用模板文件创建堆栈前，会对模板进行验证，以发现可能存在的语法和语义错误。例如，循环依赖性等问题。

第 2 篇　玩转云计算

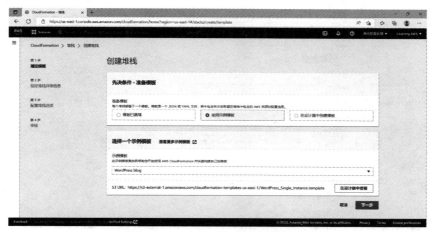

图 7-55　选择"使用示例模板"

在验证期间，CloudFormation 首先检查是否为有效的 JSON 模板。如果不是，则检查是否为有效的 YAML 模板。如果两种检查都失败，CloudFormation 将返回模板验证错误信息。

4）指定在所选择模板文件中定义的堆栈名称和相关参数。

模板使用参数值来修改资源在堆栈中的配置方式，以便用户可以利用参数，在堆栈创建时可以自定义堆栈，而不需要通过对多个模板中的代码值进行硬编码来指定不同设置。

① 在"指定堆栈详细信息"页面的"堆栈名称"框中输入堆栈名称。

② 在"参数"部分中，指定在堆栈模板中定义的参数。用户可使用或更改带默认值的任何参数，如图 7-56 所示。

③ 确认堆栈名称和相关参数值设置无误后，选择"下一步"按钮，以继续为堆栈设置选项。

图 7-56　为待创建堆栈命名并指定相关参数

5）设置 CloudFormation 堆栈的"配置堆栈选项"，如图 7-57 所示。

① "标签"用于标识堆栈，可以是任意键值对。其中"键"最长为 127 个字符的任意字符或空格；而"值"最长为 255 个字符的任意字符或空格。

② "权限"设置允许 CloudFormation 代入现有的 Amazon Identity and Access Management（IAM）服务角色。这样 CloudFormation 可以使用角色凭证来创建用户堆栈。

图 7-57　设置用于标识堆栈的标签和权限

6）用户还可以设置以下高级选项用于创建堆栈，如图 7-58 所示。

①"堆栈策略"定义在堆栈更新期间需要防止意外更新的资源。默认情况下，堆栈更新期间所有资源都可更新。用户可以直接以 JSON 形式输入堆栈策略，也可以上传包含堆栈策略的 JSON 文件。

②"回滚配置"使用户可以指定要监控 CloudFormation 警报。CloudFormation 可以在堆栈创建和更新期间监控堆栈的状态，并在堆栈超出用户指定的阈值或有任何警报进入 ALARM 状态时，回滚整个堆栈操作。

③"通知选项"用于指定将发送有关堆栈事件的通知的新或现有 Amazon Simple Notification Service 主题。如果用户创建 Amazon SNS 主题，则必须指定名称和电子邮件地址（将向该电子邮件地址发送堆栈事件通知）。

④"堆栈创建选项"包含用于创建堆栈的选项，但这些选项不能作为堆栈更新的一部分。其中，"超时"指定 CloudFormation 用于判断堆栈创建操作超时前的时间长度（以分钟为单位）；而"终止保护"则用于防止意外删除堆栈。

图 7-58　设置用于堆栈的高级选项

7)在输入所有堆栈选项之后,选择"下一步"按钮进入堆栈"审核"页面,审核堆栈详细信息。如果需要在启动堆栈之前更改任何值,可以选择相应部分中的编辑以返回要更改的设置页面,如图 7-59 所示。

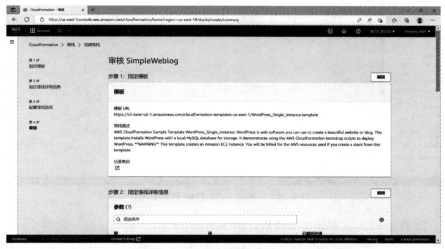

图 7-59 审核用于创建堆栈的参数和选项

8)如果用户希望估算堆栈的成本,可以选择模板部分的"估算费用"链接。

9)在审核创建堆栈的参数和选项设置无误之后,选择"创建堆栈",以启动堆栈的创建。整个过程约需要几分钟,在此期间,CloudFormation 会将该堆栈的创建状态设置为 CREATE_IN_PROGRESS,待堆栈创建成功后,堆栈状态将更改为 CREATE_COMPLETE。用户随后可以选择输出选项卡查看堆栈的输出(如果在模板中定义了相关输出),如图 7-60 所示。

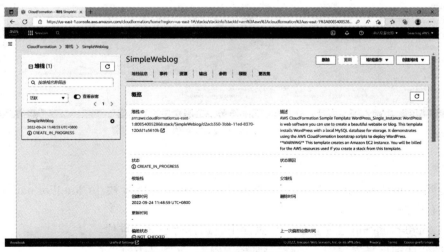

图 7-60 查看堆栈创建信息

CloudFormation 会在事件窗格页面显示堆栈创建的详细信息,列出堆栈的相关事件、数据或资源,并会每分钟自动刷新堆栈事件供用户查看,以了解堆栈创建事件的顺序。

10)跳转到 EC2 管理控制页面,可以查看 EC2 实例是否创建,如图 7-61 所示。

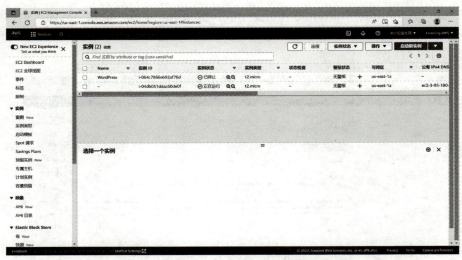

图 7-61　查看 EC2 实例是否创建

11）查看所创建 EC2 实例的详细信息，如图 7-62 所示。

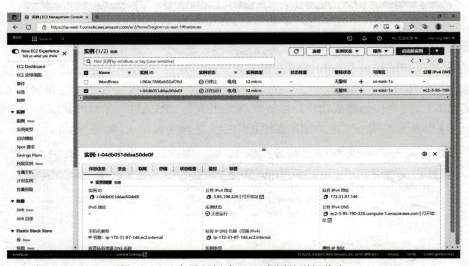

图 7-62　查看所创建 EC2 实例的详细信息

3. 删除 CloudFormation 堆栈

在不需要 Cloudformation 堆栈所创建的网站时，可以删除堆栈。CloudFormation 将删除堆栈创建的所有资源。

1）在 CloudFormation 控制台的堆栈页面中，选择待删除的堆栈。

2）在堆栈详细信息窗口中，选择"删除"按钮，如图 7-63 所示。

3）在系统弹出的提示窗口中，选择"删除堆栈"按钮，如图 7-64 所示。

4）在堆栈删除过程中，将在事件窗口中看到相关资源的状态为"DELETE_IN_PROGRESS"。默认情况下，"DELETE_COMPLETE"状态的堆栈不会显示在 CloudFormation 控制台上，如图 7-65 所示。

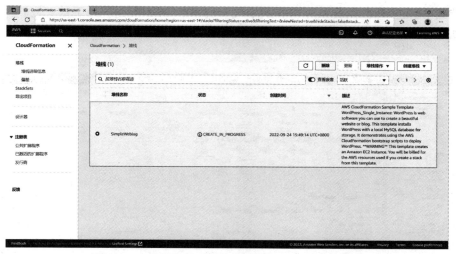

图 7-63　选择需要删除的堆栈并执行"删除"操作

图 7-64　确认对堆栈执行"删除"操作

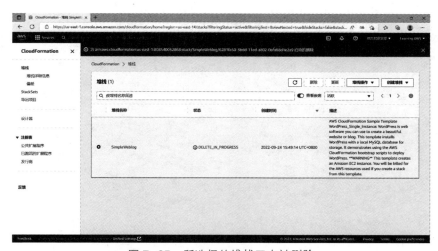

图 7-65　所选择的堆栈正在被删除

5）转到 EC2 管理控制台，可以看到堆栈所创建的 EC2 实例正处于被"终止"状态，如图 7-66 所示。

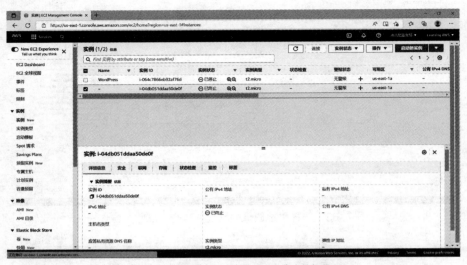

图 7-66　堆栈所创建的 EC2 实例被终止

第 3 篇 进阶云计算

第 8 章 云架构设计与行业实践

概述

组织（企业）从传统平台向云平台的迁移，不仅是为降低软硬件投资和运维成本，更是为数字化转型提供技术保障和丰富资源，帮助其更专注于业务战略实现，激发创新活力。因此，无论是本地业务迁移云端，还是全新转型云服务，不仅涉及组织（企业）业务、人员、治理、平台、安全和运营等诸多方面，而且将会为整个组织（企业）带来根本性变革。显然，如何结合业务场景，充分发挥云服务优势，优化或重构业务及其流程，构建具有完善架构的云应用系统，对组织（企业）的云迁移与转型至关重要。

本章通过亚马逊云科技云采用框架（Cloud Adoption Framework, CAF），帮助学生了解实施云迁移与转型将为组织（企业）的业务和管理带来的各种重大转变。通过亚马逊云科技完善架构框架（Well-Architected Framework, WAF），帮助学生理解如何组织和协调云服务集合，充分利用云服务优势，构建并优化组织（企业）的云应用系统。最后，通过一些行业实践成功案例，帮助学生进一步理解业务系统迁移上云的意义。

学习目标

1. 理解云采用框架 CAF；
2. 了解云系统完善架构框架 WAF；
3. 初步理解云迁移对业务系统及其架构影响；
4. 知晓云服务在行业领域应用的意义及成功案例。

亚马逊云科技的云采用框架（Cloud Adoption Framework, CAF）基于其服务众多客户的经验与实践，帮助用户明确转型机遇及其优先级，评估并改进其云准备情况，并迭代地发展其云转型路线图。亚马逊云科技的完善架构框架 WAF（Well-Architected Framework）可帮助用户了解在使用亚马逊云科技服务构建云应用系统时所做决策的所做决策的优点和不足，是一套帮助用户根据最佳实践持续衡量其云应用系统架构，确定哪些方面需要改进的方法。借助亚马逊云科技的云采用框架 CAF 和完善架构框架 WAF，组织（企业）可以明确云迁移目标，制定出完善、可操作的云转型解决方案并加以实施。

8.1 云转型与云采用框架

云迁移与转型不仅是技术的变革，更是服务模式创新。传统业务向云端迁移，可以利用云计算技术引领传统制造业数字化转型，发展低碳环保、资源节约型产业，赋能增效政务、金融、医疗、教育等行业，全面提升社会整体信息化水平与综合治理能力。

8.1.1 云转型影响分析

云迁移与转型在为组织（企业）发展注入新动力的同时，其技术转型不可避免地带来业务流程改变，而业务流程改变又将推动组织（企业）架构调整，进而促使组织（企业）的服务（产品）转型。

1. 技术转型带来业务流程改变

云应用系统架构是一系列云服务组件间为实现组织（企业）的业务目标而相互协作的关系的集合。云应用系统架构可以感知外部环境变化，并对系统的性能、功能进行弹性调整以尽可能满足用户需求。这意味着云应用系统及其基于互联网和云服务所构建的系统架构，不是传统软件架构的抽象延伸，而需要组织（企业）重新定义其业务流程，将传统的业务功能模块替代为云服务组件，并通过云平台开展业务、交付服务。而这种基于云服务的、可以持续演化的系统架构，使得云应用系统对软硬件的需求与传统的本地部署模式有着较大的不同。

业务流程是组织（企业）实现业务目标、管理各类资源的载体。显然，云计算技术所带来的不同于传统信息系统的新型体系结构的推进方式和演化路径，需要传统组织（企业）在云迁移与转型过程中改变现有业务流程，甚至有可能颠覆传统业务流程环节和活动内容。

云服务供应商所提供的计算力、存储力、网络性能，以及更细粒度的度量与自定义配置能力，在为组织（企业）业务发展注入强大动力的同时，也将促使组织（企业）业务系统服务模式从传统的以"应用"为中心向以"数据"为中心转变，进而带来业务流程的改变。

2. 流程改变推动系统架构转变

业务流程是组织（企业）为达到特定的价值目标而进行的一系列具有严格先后顺序限定的价值转换活动组合。云计算技术运用所带来的业务流程环节与内容的改变，需要组织（企业）重新定义活动内容、方式与责任，并导致业务流程、能力需求、服务模式的改变，进而推动业务系统架构优化与重构。

（1）降低运营成本，提升服务质量

采用云服务将大幅降低组织（企业）信息建设与运维成本。一方面，专业化与规模化，使云服务供应商能以低廉价格向组织（企业）提供信息基础设施服务，供用户根据业务需求弹性使用，并按实际使用量付费，从而降低业务系统运营成本；另一方面，用户不再单纯依赖自身力量建设和运维信息系统，从而可以大幅缩短系统建设周期，提升业务敏捷性，并且可以将更多资金和人员用于改善服务质量，创新业务。

（2）增强系统功能，应对环境变化

云计算技术用于业务开发、测试及管理，有助于组织（企业）快速获得以下能力。

- **强大的计算能力**：数字经济时代，计算力就是生产力。云计算使组织（企业）可以快速获得强大的计算分析能力和海量数据存储能力，用于业务信息分析、产品研发、决策优化，以充分挖掘数据价值，助力实现业务腾飞。
- **快速响应能力**：利用云服务及其管理调度技术，组织（企业）可以根据实际需求快速、动态调整云资源，既可以避免过度配置造成资源闲置，也能防止资源配置不足导致业务受损。而在系统出现异常时，可以通过资源调配、业务迁移和数据复制，快速实现业务系统灾备，增强抗风险能力。
- **敏捷开发能力**：利用云服务，组织（企业）可以快速建立与生产环境完全相同的真实测试环境，从而大幅缩短产品开发、部署周期，快速交付具备实用价值的产品或服务。以此为基础，组织（企业）可以通过"小步试错，快速迭代"的方式，分解更新复杂度，实现业务（产品）的敏捷开发和快速交付，增强业务系统的持续优化能力。

（3）提高业务系统运营效率

虚拟化技术使云服务平台拥有开放的生态环境，可以方便地整合扩充各种计算资源与服务，较好地解决软、硬件系统兼容问题和遗留软件问题，从而有效支持用户业务系统的升级与动态调整。

这也意味着，云服务供应商通过分析各类场景的共性特点与典型需求，进而根据组织（企业）业务规模和应用特点，可以有针对性地为其提供信息系统建设、维护与资源管理优化服务，从而大幅提升业务系统运营效率。

3. 架构转变助力产品（服务）转型

云迁移与转型促使组织（企业）业务信息系统体系结构发生改变，业务流程、协同模式，乃至业务目标也随之发生变化，进而需要优化与重构原有业务系统的架构，并最终推动组织（企业）业务全面转型与升级，催生出新的业务价值。

（1）业务价值重构优化

在云环境下，组织（企业）对原有交付流程和业务优化，是组织（企业）基于运营成本、发展空间、综合能力等的考虑，是原有业务流程相关各要素的调整与完善。这种云环境下交付流程和业务的优化，可以理解为是对现有业务价值的一种渐进性重构，以为社会提供更多高质量、符合需要的新服务或新产品。

例如，某企业基于自身产品生产和销售需要，建立自营物流配送系统。这种传统物流配送系统规模相对较小，配送内容单一，配送区域较固定，且不以营利为目的。为提升市场竞争力，企业采用云平台分析电子商务平台、移动 APP、视频直播等的销售信息，优化物流配送方案，达到优化物流配送体系、提高配送效率、降低配送成本的目的。

（2）业务价值协同创新

组织（企业）基于云服务，重新定义业务交付流程与模式，以实现新的业务价值目标。这种对原有交付流程相关要素的解构与协作关系的重构，可以理解为组织（企业）应用云计算等新技术协同创造新业务价值的过程。这种业务价值创新的本质是业务模式的创新。

仍以上述企业自营物流配送系统为例。企业根据自身发展需要，利用云服务将自营物流配送系统与第三方物流公司、代理服务商、设备制造商等整合集成为协同物流的"资源池"。如此，企业原有自营物流配送系统在云服务平台下，被重新定位为一种"平台开放，资源共享，服务集成"的云物流平台，形成新的物流电子商务服务价值。

（3）科技创新价值发现

通过云计算技术在相关领域的应用与融合、创新，推动效率提升与价值发现，并最终促进其关键技术体系的变革。这种新技术助力科技创新与价值发现一般历经以下阶段。

- **数据资源处理**：数字时代，数据成为一种新型生产要素。无论是在科学研究还是生产领域，计算力是实现数据要素的转化生产力。在数据转化为数据资源的阶段，运用云服务构建系统平台，围绕数据采集、加工、分析、挖掘过程改造原有信息基础设施，实现云端迁移，加快数据资源处理，完成科技创新与价值发现的物质手段准备。例如，生物信息研究中利用云服务供应商所提供的强大计算力实现海量数据的处理。
- **技术手段演进**：一方面，将云计算技术与人工智能、深度学习等算法深度融合，改进并深化数据采集、加工、分析、挖掘方法，解决原有方法存在的瓶颈问题，深度发掘数据资源所蕴含的内在规律和联系。例如，云计算技术与神经网络算法在数据挖掘中的融合应用。另一方面，借助云服务平台，高效、精确地管理数据运用，通过分享和交易，充分发掘和拓展数据资源的空间。例如，企业运用各种云服务从销售数据中提炼有价值的信息，发掘产品销售与客户间存在的内在联系和规律，进而通过合理分类、分组，为用户提供精准服务。
- **应用模式创新**：数据资源蕴含着巨大的应用价值，随着云计算、人工智能等新技术在数据资源加工、处理过程中的协同应用更为紧密，原有数据资源加工方法与技术构成发生变化，数据资源转化流程和途径随之改变，进而促成未知内在关系与规律得以发现，重塑数据资源的价值。应用模式创新是数据资源处理方法中新技术的运用从积累到突破，从量变到质变的转变所开辟的数据资源应用新渠道。

8.1.2 云采用框架

亚马逊云科技的云采用框架从业务、人员、治理、平台、安全和运营 6 个方面帮助用户理解云业务转型与重构对业务现状的影响，厘清组织（企业）在技术和流程方面存在的差距，展现可供选择解决方案的多样性，为用户规划良好的云迁移路线图并处理复杂的云迁移任务，如图 8-1 所示。

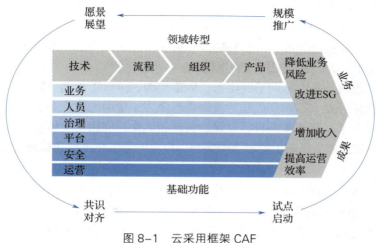

图 8-1　云采用框架 CAF

1. 基础功能

基础功能是组织（企业）根据其战略目标，利用流程来组织资源（包括人员、技术，以及各种有形和无形资产）取得特定成果的能力。亚马逊云采用框架从业务、人员、治理、平台、安全和运营 6 个视角分析组织（企业）的能力，每个视角涵盖一组能力，并由相关职能的干系人在云转型过程中承担或管理这些能力。

（1）业务视角——战略目标

业务视角着重确保组织（企业）的云投资能够帮助其快速实现数字化转型规划并取得业务成果。主要干系人包括组织（企业）的高层主管（如业务主管、财务主管、运营主管、技术主管等）。

业务视角覆盖组织（企业）的战略管理、服务目录管理、创新管理、产品管理、战略合作、数据变现、业务洞察、数据科学等能力，帮助组织（企业）了解如何更新员工技能和组织流程，以便在业务云转移过程中优化业务价值。

（2）人员视角——文化变革

人员视角关注组织（企业）的文化、组织结构、领导力和员工，帮助快速发展出一种持续增长、学习和将变革视为业务常态的组织（企业）文化，并作为技术和业务之间的桥梁，加速云转型历程。主要干系人包括组织（企业）的高层主管，以及组织（企业）各职能部门的领导者。

人员视角覆盖组织（企业）的文化变革、领导力思维变革、劳动力转型、组织架构优化、组织间协作等能力，帮助组织（企业）了解如何更新员工技能和组织流程，为优化和维护其工作能力，提供人力资源、培训和沟通指导。

（3）治理视角——监督控制

治理视角帮助用户编排其云转型计划，同时最大化组织（企业）利益并最小化与转型相关的风险。主要干系人包括组织（企业）的高层主管。

治理视角覆盖组织（企业）的计划和项目管理、收益管理、风险管理、云财务管理、应用服务目录管理、数据治理、数据监管等能力，帮助组织（企业）了解如何更新确保云业务治理所需的员工技能和组织流程，并管理和衡量云投资来评估其业务成果。

（4）平台视角——基础设施和应用程序

平台视角侧重于通过企业级、可扩展的混合云环境加快交付云工作负载。主要干系人包括组织（企业）的技术主管、系统架构师和工程师。

治理视角覆盖组织（企业）的平台架构、数据架构、平台工程化、数据工程化、配置与编排、现代化应用程序开发、持续集成和持续部署等能力，帮助组织（企业）了解如何更新交付服务并优化云解决方案，基于业务目标设计、实现和优化云应用系统体系架构。平台视角还包括用于目标状态环境交互、新的云解决方案实现，以及本地工作负载迁移到云端的原则与模式。

（5）安全视角——合规性与保证

安全视角帮助用户实现数据和云工作负载的机密性、完整性和可用性。主要干系人包括组织（企业）的安全主管、内部审计主管以及安全架构师和工程师等。

安全视角覆盖组织（企业）的安全治理、安全保障、身份和权限管理、威胁检测、漏洞管理、架构保护、数据保护、应用安全、事件响应等能力，确保部署在云中的架构符合组织的安全控制要求、弹性和合规性要求。遵循安全性视角的指导有助于云服务组件的选择和实现，可以更容易确定不合规领域，以及正在实施的安全解决方案。

（6）运营视角——运行状况和可用性

运营视角侧重于确保按照组织与业务干系人商定的水平交付云服务。通过自动化和运营优化，用户可以有效地规模推广，并提高工作负载的可靠性。主要干系人包括组织（企业）的基础设施和运营主管、网站运维工程师和信息技术服务经理等。

运营视角覆盖组织（企业）的运营可视化、事件管理、问题管理、变更与发布管理、性能和容量管理、配置管理、补丁管理、可用性和连续性管理、应用管理等能力，以确保业务在迁移上云期间系统的健康与可靠性，并付诸敏捷、持续、最佳的云计算实践进行运营。运营视角定义当前的操作过程，以及从计划和维持到变更和事件管理的IT运营以支持业务运作，帮助用户运行、使用、运营IT工作负载，并将其恢复到能够满足众多客户业务需求的水平。

2. 领域转型

云服务的采用是通过一系列基础功能的转变来推动组织（企业）变革转型，加快其业务成果的获得。这一变革所促成的领域转型（Transformation Domains）呈现为一条价值链，在该价值链中，技术转型可以带来流程转型，流程转型又能促使组织转型，组织转型进而能够实现产品转型。领域转型所带来的关键业务成效包括业务风险降低，环境改善，社会和治理绩效ESG（Environmental, Social Responsibility, Corporate Governance），以及收入增加和运营效率的提高。

（1）技术转型

技术转型着重于利用云迁移来改进传统基础设施、应用程序以及数据和分析平台。云价值基准测试表明，从本地迁移到亚马逊云科技后获得的收益是，用户成本平均降低约27%，管理员管理虚拟机数量平均增加约58%，异常宕机时间缩短约57%，安全事件减少约34%。

（2）流程转型

流程转型着重于对组织（企业）业务运营进行数字化、自动化和优化。这可能包括利用新的数据和分析平台获得有价值的洞察力，或者使用机器学习改善其客户服务体验、员工工作效率和决策、业务预测、欺诈检测和预防、行业运营等。这样可以帮助用户提高运营效率、降低运营成本以及改进员工和客户的体验。

（3）组织转型

组织转型着重于重塑组织（企业）运营模式，即围绕创造客户价值并满足组织的战略意图，来重新协调组织的业务团队和技术团队的工作。组织（企业）通过围绕产品和价值流组织其团队，并利用敏捷开发方法来快速迭代和进化，帮助组织（企业）提高响应速度并强化其以客户为中心的理念。

（4）产品转型

产品转型着重于创造新的价值主张（产品、服务）和收入模式，来重塑组织（企业）的业务模式。这样可以帮助用户获得新的客户，并进入新的细分市场。云价值基准测试表明，采用亚马逊云科技后，新功能和应用程序的上市时间缩短约37%，代码部署频率提高约342%，部署新代码所需时间减少约38%。

3. 迭代阶段

每个组织（企业）有着自己独特的云转型之路，需要组织（企业）构想自己希望达到的目标状态、了解自身的云转型准备情况，并采用敏捷开发方法逐步缩小差距。这种渐进转型使用户得以迅速展示价值，同时尽量减少做出可能产生深远影响的预测。采用迭代方式将有助于用户持续保持动力，在不断吸取自身经验教训的同时改进其路线图。云采用框架推荐采用4个阶段来迭代实现云转型。

（1）愿景阶段

愿景阶段着重于展示云转型如何帮助组织（企业）快速取得业务成效。这一阶段会根据其业务的战略目标，在4个转型领域中发现转型机会并确定实现这些机会的优先级。通过将用户的转型计划与主要利益干系人（能够影响和推动变革的高级管理人员）关联，可以衡量业务成效并帮助组织（企业）在转型过程中展示价值。

（2）对齐阶段

对齐阶段着重于发现亚马逊云采用框架6个视角间的功能差距，确定跨组织的依赖关系，并揭示利益干系人关切的问题与挑战。这样可以帮助组织（企业）制定战略来改善云就绪状况，确保利益干系人可以达成共识，并帮助开展相关的组织变革管理活动。

（3）启动阶段

启动阶段着重于在生产环境中实施试点计划，并展现出不断增长的业务成效。试点应当能够产生较大的影响力，并且如果成功或者成功之后，它们将有助于影响未来的发展方向。从试点所吸取的经验教训，可以在扩展到整个生产环境之前帮助组织（企业）调整其方法。

（4）规模阶段

规模阶段着重于将生产试点和业务成效扩展到所需的规模，确保与组织（企业）云投资相关的业务利益得到实现并持续。

8.2 云服务与云架构完善框架

8.2.1 云服务系统架构环境

1. 云服务与系统架构

根据国际标准化组织（ISO）定义，系统是一种由人、机器以及各种方法、过程或技术相互协作共同构成的，完成一组特定功能的有机整体。系统架构是组织（企业）根据自身业务目标与发展规划，在多层面、多角度深刻理解其业务流程的基础上，对业务管理信息系统的建模与描绘，是系统的基本结构。这里的组织（企业）可以是某种组织机构、企业、企业的部门，也可以是基于某种共同关系构建的组织链。

云应用系统是组织（企业）为提供高效、安全、可靠的业务服务，最大限度降低其运营成本，而采用一系列云服务构建的业务管理信息系统。为充分满足用户业务需求，云应用系统架构不仅需要感知外部环境变化进行弹性伸缩，使系统的性能、功能可以随着外部环境变化而动态调整，而且基于当前环境部署的云应用系统应该能够持续演化，包括其软件服务、算力服务、管理模式、安全体系等，以适应未来用户对系统性能、功能及服务的需求变化。

云应用系统基于开放、动态的网络环境。用户基于互联网的广泛范围使用 Web 浏览器接入并按需使用云服务，使得云应用系统架构不仅是传统软件架构的简单延伸，而是一种基于 Internet 融合构建的新型架构。显然，具有良好架构的云应用系统不仅是满足组织（企业）现时的技术与业务需求，还对其未来发展具有决定性的作用。

2. 互联网与云系统架构

云应用系统与本地部署信息系统的不同主要体现在基于互联网的云数据中心大规模、高服务器密度、大网络带宽的资源部署模式和系统架构模式等方面。

（1）对资源部署模式的影响

- **流量优化的挑战**：数据中心接入网络承载着庞大的用户访问流量，如何优化云数据中心面向互联网的庞大的服务流量是一项严峻挑战。一方面，云服务供应商需要根据自身数据中心分布及流量特点，优化网络结构和路由策略，以分散数据中心流量压力；另一方面，互联网运营商需要根据此优化的网络结构，实现网络链路的优化与流量分流，以应对云服务供应商的庞大业务流量。
- **业务承载的挑战**：一方面，云服务供应商为降低其数据中心接入互联网的传输时延，会尽可能靠近互联网运营商骨干网络节点选址；另一方面，云服务供应商如果提供数据中心基础设施托管业务，第三方云计算业务需要租用专用线路接入骨干网，从而改变传统互联网运营商骨干网不直接开展业务的局面。因此，互联网运营商需要调整骨干网络架构与设备配置，以应对这种用户和信源分布的变化，优化云计算业务承载能力。
- **网间互联的挑战**：互联网运营商间的网络互联可能造成应用系统的网络瓶颈。因此，一方面，在不同互联网运营商间实现链路冗余备份，避免因单一线路发生单点故障导致系统服务中断；另一方面，利用互联网运营商路由策略有针对性地部署用户服务器，以提升其客户访问云服务器的速度和效率。互联网运营商则可以在调整现有互联架构与路由策略、优化互联网运营商间跨网络互联的同时，拓展现有网络架构，增加网间交换节点，以提高跨互联网运营商访问云服务的可靠性和效率，满足云计算未来发展的需求。

（2）系统架构模式的影响

由于云应用系统的业务流程需要根据业务逻辑对不同区域云服务进行编排来支撑，因此，云应用系统架构在构成、运行、可靠性、开发、安全性、生命周期等方面与传统软件系统存在较大差异。

- **动态按需扩展**：云服务供应商提供云服务监测、分析、规划、调整等功能，使云应用系统架构具有自主演化、协同多态等特性。而云基础设施的按需部署使云应用系统架构拥有传统体系架构所不具备的动态按需扩展特性。
- **开放协同服务**：云应用系统中，逻辑上相互分离的服务组件基于业务流程协同显式构造应用系统的体系结构。相互协同的云服务组件可以是由不同云服务开发者开发的，并基于某种标准技术，如 Web Services 等加以封装调用。因此，通过旧服务组件的迭代更新与新组件的集成，可以不断优化完善云应用系统以适应应用场景的快速变化。
- **应用场景驱动**：云应用系统架构可以通过感知和分析系统状态与运行环境，以及其与用户的交互模式，对场景的行为模式进行预测，进而驱动云应用系统架构的演化和扩展以实现对场景的主动适应。例如，通过亚马逊云科技 CloudWatch 监控、告警并触发应用系统的动态调整可以实现基于应用场景的驱动。

8.2.2 云架构完善框架

框架（Framework）作为构建系统架构的方法指导，帮助开发人员优化其对系统架构的设计。亚马逊云科技的云架构完善框架（Well-Architected Framework）所提供的使用其云服务组件和功能模块构建云应用系统架构的指导和规范，是一系列帮助组织（企业）评估其云应用系统架构并实施可扩展设计的方法。

1. 云架构设计前期工作

在系统架构设计之前，需要开展一系列前期工作，以充分理解云应用系统及其架构可能对用户业务产生的影响，特别是对复杂业务系统。

（1）理解系统架构及其本质

云服务系统架构是系统所包含的各种功能组件及其相互关系，以及它们的演化规则。主要包括以下部分。

- **云服务组件**：独立提供某种逻辑功能的服务对象，如 EC2 实例、数据库服务器、Web 服务器等。
- **连接件**：云服务间、业务进程间的交互方式与流程，如云服务组件间使用 HTTP 协议或 TCP 协议进行交互。
- **规范与约束**：云服务组件间的交互规则与限制，如访问权限、自动伸缩策略等规范与原则。

云应用系统开发与部署的本质是如何利用一组独立部署的，相互间通过 API 等轻量方式进行信息交互的云服务组件协作构建一个完整系统。而云应用系统架构则是云服务组件为实现该系统的目标而相互调用的关系和规范，包括前端与后端、服务交付和网络资源。

因此，传统业务系统向云端迁移，其系统架构设计任务是在对用户业务进行系统分析、权衡得失之后，利用云服务组件有序化重构当前业务系统，是在云环境约束下做出的一种"最合理决策"。特别是紧耦合应用系统的云迁移，需要对现有业务系统架构进行解耦，以尽可能消除单点故障，避免某个服务组件的变动导致其他关联组件的更改。

（2）充分了解用户业务需求

充分满足用户需求的、良好的云系统架构设计通常呈现为一个循序渐进、逐步完善的过程。在架构设计之前需要对组织（企业）进行深入调查，充分了解其业务场景、流程、特性，以及未来发展规划。在此基础上，通过一系列工作逐步清晰架构需求、设计与实现各阶段的内容，特别是业务规模及波动规律、高并发服务处理流程、未来增长趋势等需求。目的是在保证用户现有业务平滑迁移的前提下，最大限度地发挥云计算优势，并面向未来预留可扩展发展空间。

如果组织（企业）的不同职能部门（例如，人力资源、财务、生产、市场等）采用独立业务系统时，需要避免因为缺乏统一协调导致过度采购云服务资源，造成系统架构规模过大、成本过度升高等状况发生。

2. 一般性设计原则

亚马逊云科技根据其规划、运行众多云应用系统的经验，提出一组云系统架构设计应遵循的通用设计原则，用于设计如图 8-2 所示的大型云应用系统的完善架构。

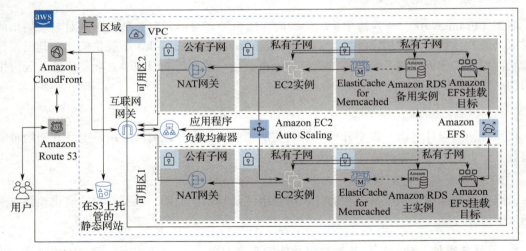

图 8-2 大型云应用系统的完善架构

（1）不猜测容量需求

传统系统在容量决策过程可能需要面对大量高额成本资源闲置，或因容量紧张而导致服务性能受限的两难局面。云应用系统则不需要对系统的基础设施容量进行猜测，可以利用系统架构的自动伸缩特性，在系统实际部署初期尽可能降低容量，而在后续根据需求对容量规模进行自动扩展。

（2）以生产规模测试系统

在云环境下，用户仅需要为实际使用的资源量付费。用户可以根据需求部署一套生产规模级别的测试环境，并在测试完成后清空该测试环境的所有资源。这意味着，用户模拟该生产环境的成本仅相当于传统模式下自建机房环境进行类似测试的很小一部分。

（3）自动化使架构容易验证

自动化运维机制不仅能以较低成本创建并复制业务系统及其工作负载，而且可以避免手动操作所带来的各种开销和风险，并且还能够追踪运维过程中各项变更、审计相关影响并在必要时回退至原有状态。具有复杂架构的大型云应用系统，其架构可能由于复杂性和大型化带来众多问题。组织（企业）在云系统开发部署之前对系统架构进行设计验证，可以有效应对潜在的风险。

（4）可以演进的架构

自动化运维与按需测试能力，可以大幅降低云应用系统设计与变更可能带来的影响和风险。这使得云应用系统可以随着业务发展而不断演进，用户可以将创新作为实践准则加以利用，使用新服务、新工具和新技术来持续发展云应用系统。而在传统环境下，系统架构设计决策通常作为静态的、一次性的行为来实施，并在系统的整个生命周期中往往仅有几个主要版本。随着业务及其环境的不断发展，某些早期的决策可能会阻碍系统为不断变化的业务提供其所需要的能力。

（5）使用数据驱动架构

在云环境下，通过收集相关数据，了解系统架构选择对工作负载的哪些行为产生影响，从而基于客观现实来就如何改进工作负载做出决策。以代码形式存在的用户云基础设施，使用户可以利用这些数据指导其架构的选择并随着时间的推移而改进。

（6）利用演练（Game Days）实现改进

定期组织演练活动模拟实际生产的各类状况，借此测试系统架构及其流程的执行情况，帮助用户了解潜在的改进空间，积累丰富的处理此类状况的实践经验。

3. 云架构完善框架的六大支柱

虽然不存在某种普适的云系统架构设计方法，亚马逊云科技认为，完善的云系统架构应该由卓越运营、安全性、可靠性、性能效率、成本优化、可持续性六大核心支柱构成。

（1）卓越运营支柱

卓越运营支柱主要承担有效开发和运行工作负载的能力，洞察其操作，并通过持续改进支持流程与程序来实现业务价值。实现云应用系统的卓越运营有如下设计原则。

- **执行操作代码化**：用户可以对整个环境的应用程序代码运用相同的工程规范。用户可以将整个工作负载（应用程序、基础设施等）定义为代码，并使用代码对其进行更新。用户可以实现操作流程代码化，并通过事件响应来触发它们自动执行。这种以代码形式执行的操作，可以限制人为错误并实现对事件响应的一致性。
- **频繁、小规模、可逆的改进**：将工作负载设计为允许有规律更新的组件。通过小规模的递增来改进，并且在这些更改失败时可以（在尽可能不会影响客户的情况下）逆向撤销。
- **经常优化操作流程**：寻找机会改进所使用的操作流程。随着工作负载提高，需要适当优化流程。设置定期实际演练来检查并验证所有流程是否有效，以及团队是否熟悉这些流程。

- **预测故障**：执行"事前预防"演练发现潜在问题，确定并消除或缓解问题。测试故障场景，验证用户已经充分理解其影响。测试响应程序，以确保其有效性，以及用户团队能够熟练执行它们。设置定期演练，来测试工作负载和用户团队对模拟事件的响应。
- **从失败中吸取经验教训**：从所有操作事件和故障中吸取经验教训来推动改进，并在多个用户团队之间乃至整个组织范围内分享经验教训。

（2）安全性支柱

安全性支柱主要负责利用云技术来保护数据、系统和资产，从而改善用户的安全状况。以下设计原则可以保障云应用系统的安全性。

- **强大的身份验证体系**：实施最小权限原则，并对亚马逊云科技资源间的每一次交互进行适当授权来强制执行职责分离。集中进行身份管理，旨在消除对长期静态凭证的依赖。
- **可追溯性**：实时监控、告警、审计操作行为以及用户环境发生的变化。将日志和度量采集与系统整合，以实现调查和应对措施的自动化。
- **在每一层运用安全措施**：采用具有多种安全控制措施的深度防御方法，并将其应用到所有层面（例如，网络边缘、VPC、负载均衡、所有实例、计算服务、操作系统、应用程序和代码等）。
- **自动化安全最佳实践**：基于软件的自动化安全机制能提升用户快速并具有良好成本效益的安全扩展能力。创建安全架构，包括在版本控制模板中作为代码定义和管理的控制措施的实现。
- **保护静态和传输中的数据**：根据敏感程度对数据进行分类，并恰当地运用加密、令牌，以及访问控制等机制。
- **限制对数据的访问**：利用机制和工具来减少或消除直接访问或手工处理数据的需要，降低处理敏感数据时数据处理不当、被修改以及人为错误的风险。
- **安全事件的应对准备**：制定符合组织（企业）需要的事件管理和调查策略与流程，做好应对安全事件的准备。通过开展事件响应模拟演练并使用具有自动化功能的工具来提高检测、调查和恢复的速度。

（3）可靠性支柱

可靠性支柱着重确保在预期时间内正确、一致地对工作负载执行期望处理的能力。这包括在其整个生命周期内操作和测试工作负载的能力。以下设计原则可以帮助提高云应用系统的可靠性。

- **故障自动恢复**：通过监控工作负载的关键绩效指标（KPI），可以在指标超出阈值时触发自动处置。对于这些 KPI 应该是业务价值的衡量，而不是服务操作的技术方面的衡量。除自动发送故障通知并跟踪故障，以及启动解决或修复故障的自动恢复流程外，借助更为复杂的自动化，可以在故障发生之前预测并纠正。
- **测试恢复过程**：在云环境下，用户可以测试工作负载是如何失效的，并且可以验证恢复过程。用户可以采用自动化方式模拟不同的故障，或者重新建立此前导致故障的场景。这种方法可以在真正故障场景发生之前通过测试与恢复来揭示故障路径，从而降低风险。而在本地部署环境下，测试通常只能用来验证工作负载在特定场景中可以正常工作，不用于验证恢复策略。

- **水平扩展以增加聚合工作负载的可用性**：将一个大型资源替换为多个小型资源，来降低单个故障对整个工作负载的影响。将请求分发到多个较小的资源上，并确保它们不会共有某个常见的故障点。
- **停止猜测容量**：在云环境下，用户可以监控需求和工作负载利用率，并自动增加或删除资源，既可以维持最佳水平来满足需求，又不会出现超额预置或预置不足的问题。而本地部署工作负载发生故障的常见原因是资源饱和，即对工作负载的需求超出该工作负载的容量（这通常是拒绝服务攻击的目的）。
- **变更管理自动化**：对基础设施的变更应该自动化进行。需要管理的变更包括对自动化的变更，从而可以跟踪并审查这些变更。

（4）性能效率支柱

性能效率支柱主要提供高效使用计算资源以满足系统需求的能力，以及在业务需求发生变化时，根据工作负载要求选择合适的资源类型和大小、监测性能并做出优化决策以维持这种效率的能力。在云环境下，以下原则有助于提高云应用系统的性能效率。

- **普及先进技术**：将复杂的任务托管给云服务供应商，可以降低用户团队实施先进技术的难度。与要求用户自身 IT 团队学习如何托管并运行某项新技术相比，考虑将新技术作为服务来使用是一种更好的选择。例如，NoSQL 数据库、媒体转码和机器学习等技术都需要专业知识才能使用。在云环境下，这些技术会转变为团队可以使用的服务，使团队得以专注于产品开发，而不是资源供应和管理。
- **数分钟内实现全球化部署**：用户可以在全球多个亚马逊云科技区域中部署工作负载，从而能够以尽可能小的成本为其客户提供更低的延迟和更好的体验。
- **使用无服务器架构**：无服务器架构不需要像传统计算活动那样运行和维护物理服务器。例如，无服务器存储服务可以作为静态网站（不需要使用 Web 服务器），而事件服务可以实现代码托管。借助无服务器架构，用户不仅消除了管理和运行物理服务器所带来的负担，并且可以凭借以云规模运行的托管服务来降低业务成本。
- **经常性试验**：利用虚拟和可自动化的资源，用户可以使用不同类型的实例、存储或配置快速执行对比测试。
- **考虑协同机制**：理解如何使用云服务，并始终使用最符合用户工作负载目标的技术方法。例如，在选择数据库或存储方法时考虑数据的访问模式。

（5）成本优化支柱

成本优化支柱着重于运行系统以最低成本交付业务价值的能力，包括理解并控制资金使用、选择最佳资源类型和数量、分析一段时间内的支出与增长以满足业务需求并避免超支。以下原则有助于优化云应用系统的运行成本。

- **实施云财务管理**：为取得财务上的成功并加速云上业务价值的实现，用户需要在云财务管理与成本优化上进行投资。用户需要投入时间和资源致力于构建其在这个技术与使用管理新领域的能力并精心管理。与安全或卓越运营能力类似，用户需要通过知识构建、程序、资源和过程来构建能力，从而成为一个具有成本效益的组织。

- **采用消费模型**：用户仅为需要的计算资源付费，并根据业务需求增加或减少使用量，而不是依靠复杂的预测。例如，开发和测试环境在工作周内每天通常只使用 8 个小时。用户可以在不使用这些资源时停用这些资源，这样有望节省大量潜在成本。
- **衡量整体效率**：衡量工作负载的业务产出以及与之相关的交付成本。用户使用这种衡量来了解其通过提高产出、增加功能与降低成本所获得的收益。
- **不再将资金投入到无差别的繁重工作上**：云服务供应商承担繁重的数据中心运营工作，如机架的安装、服务器的堆叠布放与供电等。这也相应消除了使用托管服务管理操作系统和应用程序的操作负担。因此，用户可以将精力集中在其客户和业务项目上，而不是 IT 基础设施。
- **分析并划分支出属性**：云环境使用户可以方便、准确地识别系统的用途和成本，从而可以将 IT 成本透明地归属给各个独立的工作负载所有者。这有助于衡量投资回报率（Return on Investment，ROI），并为工作负载所有者提供优化资源和降低成本的机会。

（6）可持续性支柱

可持续性支柱目的在于评估工作负载的设计、架构与运维，以减少系统能源消耗提高运营效率，解决用户业务活动对环境、经济和社会可能潜在的长期影响。云应用系统如何遵循联合国世界环境与发展委员会（WCED）所定义的"在不损害子孙后代满足其自身需求的能力的前提下，满足当前需求的发展"的可持续发展原则，助力社会乃至整个生态的可持续发展，主要有以下设计原则。

- **了解其影响**：衡量用户云工作负载的影响，并为其未来工作负载的影响建模，包括所有影响的来源。例如，客户使用产品所产生的影响，以及产品最终淘汰和停用会产生的影响。通过审查每个工作单元所需的资源和排放量，比较生产性输出与云工作负载的总体影响。利用这些数据来建立关键性能指标，评估在降低影响的同时提高生产力的方法，并评估更改随着时间的推移影响的变化。
- **建立可持续目标**：对每个云工作负载建立长期可持续性目标。例如，减少每项业务所需的计算和存储资源。对现有工作负载的持续性改进建立投资回报模型，并根据可持续目标为用户提供其所需要的资源。规划并构建工作负载的增长，以便采用适当的度量单位来衡量增长可以降低影响的程度，如每个用户或每项事务。目的是帮助用户支持其业务或组织更为广泛的可持续性目标、识别回归并确定潜在改进领域的优先级。
- **最大限度利用**：优化调整云工作负载并实施高效设计，以确保高利用率并最大限度提高底层硬件的能源效率。例如，鉴于每台主机的基准功耗，两台以 30% 利用率运行的主机比一台以 60% 利用率运行的主机效率要低。同时，关闭或尽可能减少空闲资源、进程和存储，以降低支持工作负载所需的总能量。
- **预测并采用更高效的新硬件和软件产品**：支持用户的上游合作伙伴和供应商开展改进，以帮助用户减少云工作负载的影响。监控和评估更高效的新硬件和软件产品。通过灵活的设计以允许快速采用高效的新技术。
- **使用托管服务**：在广泛的客户群中共享服务有助于更充分地利用资源，减少支撑工作负载所需的云基础设施数量。例如，用户可以通过将工作负载迁移到由亚马逊云科技负责运行的大规模、高效的亚马逊云科技平台，采用诸如用于无服务器容器的 Amazon Fargate 托管服务，来分散电源和网络等常见数据中心组件的影响。例如，使用 Amazon S3 生命周期配置将不经常访问的数据自动迁移到冷存储，或使用 Amazon EC2 Auto Scaling 来调整容量以满足需求。
- **减少云工作负载的下游影响**：减少用户使用服务所需要的能源或资源。减少或避免客户需要升级设备来适应其使用服务。使用设备场（Device Farm）进行测试，以了解预期影响，并对客户进行测试，以了解其使用服务的实际影响。

8.2.3 云转型案例简介

组织（企业）的云迁移与转型并非简单地将现有应用直接迁移上云，需要根据具体的业务特点，以云采用框架为云迁移与转型指导，系统性地制定上云策略和路径；以完善架构框架为设计原则，优化云应用系统架构。以期最终通过云迁移与转型，有效帮助组织（企业）实现全新的价值目标。

1. 业务流程转变——中金在线案例

（1）应用场景

福建中金在线网络股份有限公司（简称"中金在线"）是一家集财经资讯、投资服务、互联网金融、移动新媒体及技术研发于一体的大型互联网企业。2013 年，中金在线开始向移动互联网和互联网金融平台转型。然而，随着业务的快速增长，网站访问量也随之急剧增长。特别是近年，用户访问习惯和行为发生显著改变，移动端访问量呈现爆发式增长，平均每天新增用户数超过百万。这给依托传统数据中心构建服务平台的中金在线带来前所未有的巨大挑战。

- **服务可用性问题**：传统数据中心由于资源容量有限，一方面，系统响应速度难以达到毫秒级；另一方面，随时随地的访问，导致访问流量波动幅度和频度大幅度增加，特别是股市大涨或大跌的时候，访问量会急剧增加，可能给网站服务和业务部门带来严重影响。
- **灾难备份问题**：传统数据中心的硬件和网络故障可能给系统运维带来巨大压力。如果某台服务器发生故障，需要维修或者采购新机器再重新部署，整个周期时间较长，系统运行可能受到较大影响。此外，小规模 DDoS 攻击也可能造成带宽拥塞，导致系统无法访问。这难以保障付费订阅用户的服务级别协议（SLA）。

为此，中金在线决定采用云服务，将业务系统迁移到云服务平台，为用户提供更为良好的服务体验。

（2）云服务与业务流程转变

中金在线从可靠性、速度、售后服务支持等方面进行评估，确定亚马逊云科技作为云服务供应商，采用亚马逊云科技 Amazon EC2、Auto Scaling、Elastic Load Balacing、Amazon S3、Amazon ElastiCache、Amazon RDS 等云服务构建基础设施，并将运维和服务交给云服务供应商负责，而自身则专注于金融业务本身。图 8-3 是云迁移后的中金在线系统架构图。

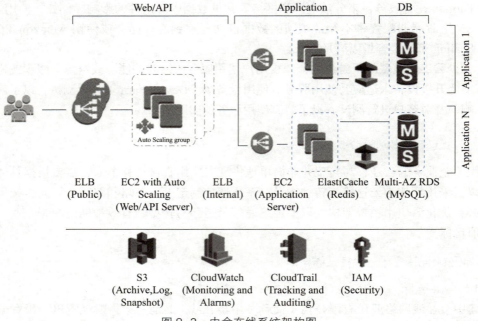

图 8-3 中金在线系统架构图

- **弹性系统架构提高服务可用性**：利用亚马逊云科技负载均衡服务 ELB、弹性伸缩服务 Auto Scaling 和监控服务 Cloud Watch，根据事先设定条件自动扩展 Amazon EC2 容量，从而构建可以根据业务负载自动伸缩的弹性架构。无论是用户访问峰值期间还是低谷阶段，系统不仅运行稳定，并且运营成本得以降低。
- **托管解决灾难备份问题**：Elastic Load Balancing 可以检测出系统中不健康的实例并自动更改路由，将应用访问流量导向健康实例。而基础设施完全托管于亚马逊云科技，由云服务商提供高效、及时的技术服务，可以帮助提高运营效率，大幅度减轻自身运维团队工作量，改进员工与客户的体验。

目前，中金在线的移动端产品和信息订阅服务（"中金圈子"）均已经迁移到亚马逊云科技平台。云采用不仅确保应用系统的高可用性和稳定性，而且解决了峰值期间高带宽需求与成本节省之间的矛盾，大幅提升了用户体验。

2. 组织（企业）架构调整——猎豹移动案例

（1）应用场景

猎豹移动成立于 2010 年，并于 2014 年在纽交所正式挂牌上市，主要核心业务为工具应用、互联网娱乐（游戏＋直播）、AI 和投资等，是中国移动互联网公司的出海领军者。目前，在保持原有业务优势的基础上，猎豹移动正在从移动互联网向以 AI 驱动的产业互联网进行战略升级,以安全工具+AI机器人场景为核心,构建覆盖工具应用、移动娱乐、人工智能、机器人等行业企业在内的猎豹生态。

从 2010 年成立至今,猎豹移动经历过几次业务扩展和转型。然而,在业务转型过程中,不可避免地会对一些应用进行关停并转。在传统的数据中心部署模式下,这不仅意味着将会面临资源闲置、浪费的情况,机房空间、带宽线路要等合约到期才能清退等问题,而且服务器、软件授权也很难处置。而使用云服务,则可以有效解决这些问题。

(2)云服务与企业转型

早在 2012 年,猎豹移动曾经考虑过在海外市场自行购买服务器建设机房,但经过评估发现这样无法满足业务增长的需要。亚马逊云科技覆盖全球的云基础设施,与猎豹移动的全球化需求相契合,而亚马逊云科技基础设施资源充足,可以满足猎豹移动突发性流量增长。猎豹移动正是充分利用亚马逊云科技,得以在历次转型过程中,实现业务的快速迭代、快速交付。图 8-4 所示是猎豹移动基于亚马逊云科技的云系统架构图。

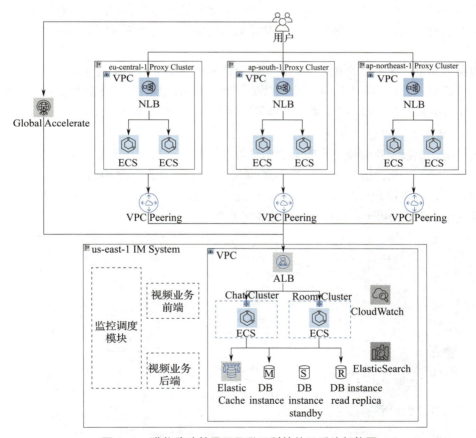

图 8-4　猎豹移动基于亚马逊云科技的云系统架构图

- **快速获取资源**:使用亚马逊云科技取代自行构建数据中心,云服务供应商 IT 基础设施全球覆盖,与猎豹移动的全球化需求相契合;传统数据中心扩容,从准备服务器采购、上架到部署上线,通常要一周时间,而云服务供应商 IT 基础设施充足,可以迅速满足猎豹移动突发性流量增长。猎豹移动曾经在一年时间内用户增长过亿,且分布世界各地。正是得益于使用云服务，猎豹移动能够轻松应对并抓住市场机会。
- **增强业务敏捷性**：猎豹移动利用亚马逊云科技 Amazon Lambda、Amazon Global Accelerator、Amazon Elastic Inference、Amazon EKS 等新服务、新功能，实现了微服务、容器化架构。基础架构的 DevOps 开发运维一体化，有利于业务团队和技术团队工作的快速编排组织，使公司通过新应用的快速开发、快速上线、快速迭代，获得业务的高速发展。同时，运维自动化，运维配置一致性，使公司能够通过自动化利用预留实例和竞价实例，将资源利用率提高 30%，成本降低 40%。

3. 改进产品与服务——格兰仕案例

（1）应用场景

格兰仕集团（简称"格兰仕"）创立于1978年，是一家国际化综合性健康家电和智能家居解决方案提供商。1992年，格兰仕转型微波炉生产。截至2021年，格兰仕连年保持微波炉行业品牌力第一名。目前，格兰仕已从微波炉制造企业发展成为综合性白色家电集团，同时融合先发的全产业链智能制造和"格兰仕+智慧家居"优势，加速从传统家电向数字化智慧家居产品转型。

作为我国家电产业龙头企业之一，格兰仕历经多次转型。特别是近年来，通过持续科技创新，格兰仕逐渐从"中国制造"向"中国智造"转变。通过软件、大数据赋予家电产品更多的贴心功能和人格特征，使用户切实感受到智慧家居带来的人情温暖和生活趣味。

（2）云服务与产品服务改进

企业（组织）数字化转型首先面临的不是技术问题，而是对新需求、新模式、新流程、新架构的认知问题。为此，格兰仕引入亚马逊云科技专业服务团队，采用的"逆向工作法"，以用户体验为中心，再落地到产品策划设计上，通过持续探索和迭代，直至获得解决方案。图 8-5 所示是格兰仕基于亚马逊云科技的云系统架构示意图。

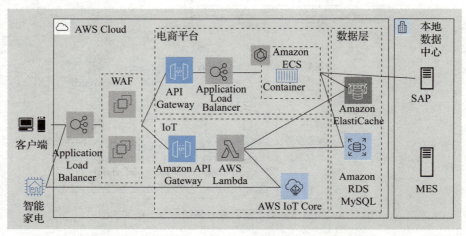

图 8-5　格兰仕基于亚马逊云科技的云系统架构示意图

- **专业培训达成共识**：亚马逊云科技专业服务团队通过教练式培训，帮助企业高层、中层和执行人员对业务、创新、客户需求、系统架构等方面达成共识，这有助于格兰仕在产品数字化转型过程中能够目标明确、沟通顺畅，加快项目实施进程。
- **面向未来构建系统**：亚马逊云科技丰富的功能和优异的可扩展性使格兰仕可以根据业务发展需要，向前、向后延展整个系统，涵盖从制造、供应链、产品、销售、客户服务所有方面，无须顾虑系统架构本身，专注于解决业务层面的问题，实现各个方面的创新。
- **重塑企业业务模式**：格兰仕通过在亚马逊云科技平台中部署人工智能、大数据等系统，可以在同一个平台上完成对生产、销售、服务的全面管理，不仅要实现从"制造"到"智造"的转变，还能为全球客户提供更加优质的服务。

参 考 文 献

［1］Hand, Eric. Head in the clouds［J］. Nature, 2007, 449（7/65）: 963.

［2］亚马逊云科技. 什么是云计算?［EB/OL］.［2023-11-9］. https://www.amazonaws.cn/what-is-cloud-computing/.

［3］MICHAEL A, ARMANDO F, REAN G, et al. Above the clouds: a Berkeley view of cloud computing[R]. Berkeley: University of California, 2009.

［4］IAN F, ZHAO Y, IOAN R, et al. Cloud computing and grid computing 360-degree compared［C］// Proceedings of the 4th Grid Computing Environments Workshop. 2008: 60-69.

［5］LUIS M V, LUIS R M, JUAN C, et al. A break in the clouds: towards a cloud definition［J］. ACM SIGCOMM Computer Communication Review, 2009, 39（1）: 50-55.

［6］POPEK G J, GOLDBERG R P. Formal Requirements for Virtualizable Third Generation Architectures［J］. Communications of the ACM, 1974, ACM 17（7）: 412-421.

［7］中国电信网络安全实验室. 云计算安全: 技术与应用［M］. 北京: 电子工业出版社, 2012.

［8］亚马逊云科技. 采用架构最佳实践进行学习、衡量和构建［EB/OL］.［2023-11-9］. https://aws.amazon.com/architecture/well-architected/.

［9］亚马逊云科技. 加速您的云驱动的数字化业务转型［EB/OL］.［2023-11-9］. https://aws.amazon.com/cn/professional-services/CAF/.

［10］亚马逊云科技. AWS 案例研究: 中金在线［EB/OL］.［2023-11-9］. https://aws.amazon.com/cn/solutions/case-studies/cnfol/.

［11］亚马逊云科技. AWS 案例研究: 猎豹移动［EB/OL］.［2023-11-9］. https://aws.amazon.com/cn/solutions/case-studies/cheetah-mobile/.

［12］亚马逊云科技. AWS 案例研究: 格兰仕［EB/OL］.［2023-11-9］. https://aws.amazon.com/cn/solutions/case-studies/galanz/.